KB139987

진화론을
자연과 대조하면
소설이 된다

진화론은
가상소설이다

김학충 지음

추천
이어령 박사
김경태 박사
김영호 박사
박성진 박사
서병선 박사
한윤봉 박사

진주 같은 아내 김영희,
당신 덕분이요

추천사

이어령 박사 (전 초대문화부장관)

저자는 이 책에서 자연이 책을 썼다고 하면 믿을 사람이 아무도 없을 것이다. 그런데 자연이 집필하는 것보다 훨씬 더 어려운 64개의 DNA코드를 발명하고, 40만 개의 DNA코드를 치밀하게 엮어서 대장균을 만들었다는 데도 아무런 의아심도 없는 것을 지적하며 진화론의 비논리성과 비과학적인 것을 폭로하고 있다. 지능과 손발도 없는 자연이 진화의 주체가 되어 창조하고 진화까지 시켰다는 진화론의 프레임은 공상소설 수준이라는 저자의 말에 공감이 간다. 그래서 이 책을 기쁘게 추천하는 바이다.

김영호 교수 (서울대학교 농생명과학부)

나는 자연 과학자로서 진화론의 핵심인 자연선택설을 구구하게 과학적인 잘못을 지적하여 그 허구성을 증명하려 하는데 그 한계를 느끼고 있었다. 이러한 상태에 있는 나에게 이 책을 읽는 중 본문 중에서 저자는 "자연이 어떻게 선택을 할 수 있겠는가?"라는 단 한 마디로 이의 잘못을 지적함으로써 다윈의 진화론을 무력화시키고 진화론의 허구성을 진화론자들이 자체적으로 인정하고 있는 객체인 자연이 선택의 주체가 될 수 없다는 말로 진화론의 핵심적인 오류를 지적하고 있다. 이 외에도 이 책에서는 진화의 이론은 자연의 변화와 맞지 않는 이론인 것을 논리적으로 잘 설명하고 있다. 따라서 실질적인 측면에서 진화론의 허구를 깨닫는 데 도움이 될 것으로 생각되어 이 책을 추천한다.

김경태 교수 (포항공과대학교 융합생명공학부)

저자는 다윈의 핵심 이론에 대해 탁월하게 분석하여 그 허구성을 잘 드러내고 있다. 특히 종 간의 진화과정에서 일어나야 할 수많은 변이가 동시에 일어나야 생존이 가능하다는 사실을 논리적으로 잘 설명함으로써 오랜 시간에 걸친 점진적인 변화로는 진화가 불가능함을 설득력 있게 전하고 있다. 생명의 기원에 대해 관심을 가지고 있는 모든 분에게 이 책을 추천하며, 생명의 소중함과 삶의 목적을 다시 한번 깊이 생각해보는 계기가 되길 바란다.

한윤봉 교수 (전북대학교 화학공학부, 한국창조과학회회장)

사람들은 과학시간에 진화론 교육을 받기 때문에 "진화는 과학적으로 증명된 사실이다"라고 믿는다. 진화론에 대한 믿음 때문에 원시바다에서 화학적 진화로 원시생명체가 우연히 발생하여 오랜 세월 동안에 변이의 누적과 자연선택에 의해서 사람으로 진화하였다고 주장한다. 그러나 진화론을 믿는 사람들에게 "진화론이 무엇인지? 과학적으로 생명체가 우연히 발생할 수 있는지? 진화론은 과학적으로 증명된 사실인지?"를 물어보면 제대로 답을 하지 못한다. 저자는 이런 근본적인 질문에 대한 답을 쉽게 논리적으로 잘 설명하고 있다. 우주와 생명체가 어떻게 시작되었는지, 기원에 대한 올바른 이해는 인생을 살아가는데 필요한 세계관을 형성하는데 가장 큰 영향을 미친다. 아무쪼록 이 책을 통하여 자신의 세계관과 삶의 목적을 점검하고 잘 정립하는 계기가 되길 바라며, 어린이에서부터 어른까지 읽을 수 있는 좋은 책으로 추천한다.

서병선 교수 (한동대학교 생명과학부, 한국창조과학회 부회장)

다윈의 진화론은 생명의 기원이나 발전에 대하여 모든 사람이 동의하는 진리가 아님에도 불구하고 과학계에서 대세로 인정되고 있다. 이 책은 과학자가 아닌 저자가 진화를 객관적 입장에서 논리적으로 분석하여 그 허구성을 변증한 귀한 서적이다. 비과학자의 입장에서 다양한 자료를 인용하여 진화론의 오류를 설명함이 오히려 더 설득력 있게 다가온다. 진화론의 영향으로 창조주의 존재가 부정되고 성경의 권위가 의심되어 젊은이들이 교회를 떠나게 되는 이 시대에 진화론을 올바로 이해할 수 있는 지침서로 목회자나 평신도, 교회학교 교사들에게 잘 활용되길 기대한다.

박성진 교수 (포항공과대학교 기계공학과)

생명세계를 연구하여 노벨생리의학상(1963)을 받은 존 커루 에클스 경은 창조주가 없다면 이렇게 일관되는 신비로운 원리는 있을 수가 없다고 고백했다. 우주를 연구한 스티브호킹은 이렇게 정밀한 우주 세계는 하나님이 개입할 틈이 없고 자연법칙만 있다고 주장하였다. 보는 관점에 따라 전혀 다른 결론이 나온다. 저자는 상식과 논리적 분석 그리고 합리적 비판으로 진화론은 잘 쓴 소설인 것을 보여주고 있다. 진화론을 다른 관점에서 바라볼 수 있는 책이라 추천한다.

서론

진화론은 가상소설이다. '가상'이란 단어의 뜻은 "사실이 아니거나 사실 여부가 분명하지 않은 것을 사실이라고 가정해서 생각함"이다. 진화론의 모든 이론은 과학적으로 검증된 적이 없다. 근거도 없다. 진화론만 진화를 거듭하고 있다. 그러므로 저자는 진화론은 사실이 아닌 것을 사실인 것처럼 착각하여 아주 그럴듯하게 쓴 소설과 같다는 것이다. 진화론은 현대인이 가장 많이 알고 있는 과학이론이다. 그러나 진화론은 과학이론이 아니라 사실은 소설이다.

과학계에서는 지금까지 형질변이나 돌연변이로 진화된다고 가르쳐 왔다. 그것을 기초로 한 수많은 연구와 발표가 있었다. 그런 관점에서 쓴 논문으로 석사와 박사학위를 받은 학자들이 많다. 그런 연구발표를 과학계에서 인정하였고 이의를 제기하는 진화론 과학자는 없었다. 그런데 지금의 진화론 과학계에서는 형질변이나 돌연변이로 진화되었다고 말하지 않고 있다. 지금은 변이된 유전자의 누적으로 진화된다고 한다. 그렇다면 그동안 형질변이나 돌연변이로 진화된다는 이론에 근거하여 발표된 수많은 논문은 과학논문인가, 가상소설인가?

과학이론은 수학이론처럼 불변이다. 그러나 진화론은 형질변이로 진화된다고 하다가 돌연변이로 진화된다고 진화의 중요한 메커니즘을 이미 한 번 수정했다. 그런데 지금은 변이된 유전자의 누적으로 진화된다고 주장한다. 진화의 중요한 메커니즘이 또다시 변경된 것이다. 다윈의 진화론이 발표된 지 160년 동안 진화의 중요한 메커니즘을 두 번이나 수정한 것이다. 형질변이로 종간(種間) 진화가 불가능한 것이 밝혀졌기 때문에 돌연변이설이 나왔다. 돌연변이설에 근거하여 수많은 연구와 실험을 했지만 새로운 종은 생성되지 않았다. 그래서 이제는 변이된 유전자의 누적으로 진화된다고 주장한다. 형질변이나 유전자 변이는 별로 다른 것이 없는 것 같다. 단어만 바꾼 것처럼 보인다. 유전자 변이는 발생하지만 변이된 유전자는 누적되지 않는다. 변이된 유전자가 계속해서 누적된다면 동종의 개체마다 유전자의 차이가 엄청날 것이다. 그러나 인간의 개인별 유전자의 차이는 0.01%밖에 되지 않는다고 한다. 변이된 유전자가 누적된다고 할지라도 진화로 발전하지 않는다. 만약, 형질변이나 변이된 유전자의 누적으로 진화된다면 지금은 그 어느 때보다 변형이나 진화가 가장 많이 일어나야 할 때다. 왜냐하면, 수천만 년 이상 누적되어 온 변이가 저절로 발현(속에 있거나 숨은 것이 밖으로 나타나거나 그렇게 나타나게 함)되기 때문이다. 모든 생물에서 누적된 변이가 다양한 형태의 변형이나 진화로 발현될 것이다. 그런데 자연에서는 진화론의 모든 이론과 다르게 새롭게 변형이나 진화된 생물체가 발견되지 않고 있으니 가설도 되지 못한다. 그래서 저자는 진화론은 사실로 확인되지 않은 것을 사실로 믿도록 발표한 가상소설이라는 것이다.

진화론에서는 물고기의 지느러미가 발로 변화되어 뭍에 상륙하여 네발 가진 육지동물이 되었다고 한다. 그리고 늑대는 다시 바다로 이민 가서 고래의 조상이 되었다고 한다. 이런 주장은 가상소설을 넘어 공상소설이라고 할 수 있다. 그런 일은 『인어공주』처럼 동화나 공상소설에서나 가능한 것이다. 이 책에서 이런 주장도 허구란 것을 구체적으로 밝혔다.

이 책의 전반부는 진화론의 핵심 이론 하나하나를 분석하여 논리적으로 모순되고 보편타당하지 않다는 것을 밝혔다. 그리고 진화론을 동식물의 생태와 대조하여 이론과 현실이 다른 것을 밝혔다. 또한, 자연선택의 근거라고 다윈이 제시한 수많은 사례는 진화론 과학자조차 인정하는 것이 하나도 없다는 사실을 폭로하였다. 후반부는 세포와 DNA 등으로 진화는 불가능하다는 것을 과학과 논리와 상식으로 설명했다. 나아가서 화석으로 진화가 없었다는 사실을 입증하였다. 이 책은 중학생 정도면 이해할 수 있도록 쉽게 설명하고자 노력했다. 그러므로 이 책을 정독한다면 누구나 그동안 진화론이란 가상소설을 과학으로 믿고 있었음을 공감하게 될 것으로 확신한다.

먼저 팔순이 넘은 고령이시지만 집필하시느라 바쁘신 가운데도 기꺼이 추천사를 써주신 한국의 석학이신 이어령 선생님께 큰 감사를 드린다. 감수 수준으로 원고를 자세히 살펴주시고 추천사까지 써주신 김경태 교수님께 특별한 감사를 드린다. 또한, 저자의 이름조차 들어본 적이 없지만, 추천사를 써주신 김영호 교수님, 한윤봉 교수님, 서병선 교수님, 박성진 교수님께 진심으로 감사드린다. 그리고 집필하는 동안 여러모로 많은 도움을 주신 서천석 목사님께 감사를 드린다. 여기에 참고한 자료는 대부분 인터넷에서 얻으며 출처를 일일이 다 밝히지 못한 점 양해를 구한다.

목차

제1장

그럴듯한 자연선택설

다윈은 그의 인생 역작 『종의 기원』에서 '자연선택'이란 진화의 메커니즘을 밝혀냈다. 모든 생물은 신의 창조물이 아니라 자연이 좋은 형질을 가진 개체를 반복적으로 선택하는 과정에 서서히 진화된 결과물이란 것이다. 그는 아주 다양한 사례를 제시하며 자연선택이 진화의 원리라고 주장했다. 그러나 자연은 아무것도 선택하지 않았고 선택할 수도 없으므로 '자연선택'이란 개념 자체가 성립되지 않는다.

자연선택(自然選擇, natural selection)이란?

자연선택설은 찰스 다윈(Charles Darwin, 1809~1882. 이후부터 다윈)이 1859년에 『종의 기원』이란 책을 통하여 주창한 진화의 메커니즘이다.

> 다른 개체에 비교해 뭔가 조그만 이점이라도 가진 개체가 생존과 번식을 위한 기회를 가장 많이 가진다고 생각할 수 없을까? 이와는 반대로 조금이라도 유해한 변이는 엄격하게 파괴된다는 것은 확실할 수 있다. 이렇게 유익한 개체적 차이와 변이는 보존되고, 유해한 변이는 버려지는 것을 가리켜 나는 '자연선택' 또는 '적자생존'이라고 부른다.[1]

---

1) 찰스 다윈, 『종의 기원』, 송철용 역, 동서문화사, p.96.

모든 생명체의 형질은 미세하게 변이되며 이 변이된 형질은 후대로 유전되고 누적된다. 그러다가 생활환경에 변화가 있을 때 그 환경에 잘 적응할 형질을 가진 개체는 생존과 번식을 하게 된다. 그렇지 못한 개체는 죽어 없어진다는 것이다. 또 동종이나 아종의 개체와 생존경쟁을 할 때 조금이라도 유리한 형질을 가진 개체가 승리한다. 승리한 개체가 우월한 유전자를 자손에게 유전시키는 과정이 반복되면서 점차 진화된다는 것이다. 즉, 자연선택이란 환경과 동종의 개체와 전투에서 이긴 우월하고 유리한 형질을 가진 개체는 그 형질을 후손에게 전달하는 과정을 수도 없이 반복하는 과정에 서서히 진화된다는 이론이다.

자연선택이란 모순된 개념

다윈은 '자연선택'이란 아이디어를 육종가(育種家, breeder)의 인위적인 선택에서 얻었다. 육종가는 상품성이 있는 품종을 개량하기 위하여 동물을 교배(동물의 암수를 인위적으로 교미)시킨다. 그렇게 출생한 새끼들 가운데 자기가 목적하는 방향에 맞는 새끼를 선택하여 품종을 개량한다. 다윈은 육종가의 이러한 작업을 보고 힌트를 얻어 자연선택설을 고안한 것이다. 진화의 원리라면 당연히 자연에 서식하는 다양한 동식물을 관찰하고 연구하는 과정에서 얻은 아이디어라야 한다. 그러나 다윈의 자연선택설은 자연을 관찰하고 연구한 결과로 나온 개념이 아니고 육종가의 인위적인 선택에서 얻은 아이디어이므로 출발부터 잘못된 것이다.

육종가는 목적을 가지고 번식시킨 동물 가운데 자기가 원하는 좋은 것은 선택하고 그렇지 않은 것은 버린다. 그러나 자연은 인격도 없고 주관자도 없고 능력도 없다. 그래서 자연은 어떤 목적을 갖고 특정한 생물을 선택하지 않는다. 자연환경은 모든 생물에게 동시에 같은 영향을 미친다. 그래서 자연은 어떤 특정한 종이나 개체만 선택할 수 없다. 그러므로 자연이 생존하고 번식할 개체를 끊임없이 선택하는 과정에 진화되었다는 '자연선택'이란 개념 자체가 성립될 수 없다. 그러므로 자연선택이란 용어 자체가 모순이고 허구다.

선택의 필수요소

비유적으로 다음과 같이 말할 수 있을 것이다. 자연선택은 날마다, 시간마다, 그리고 전 세계에서 아무리 사소한 것이라도 모든 변이를 자세히 검토한다. 나쁜 것은 버리고 좋은 것은 모두 보존하고 누적한다. 기회가 있으면 언제 어디서나 각각의 생물을 그 유기적 및 무기적 생활환경에 대해 개량하는 일을 묵묵히 눈에 띄지 않게 계속한다.[2]

다윈은 비유란 전제를 달았지만, 자연은 전 세계에서 일어나는 모든 사소한 변이를 자세히 검토하여 나쁜 것은 버리고 좋은 것을 선택하고 보존한다고 주장한다. 하지만 자연이 실제로 선택하는지 확인해 보면 그렇다고 선뜻 대답할 사람은 아무도 없을 것이다. 선택이란 결코 쉬운 일이 아니다. 선택하려면 반드시 두 가지 필수요소가 있어야 한다.

---

2) 위의 책, p.99.

첫째: 눈이 있어야 한다

사물이 두 개 이상 있을 때 눈으로 보아야 어느 것이 더 좋은지 분별할 수 있다. 물론 눈이 없어도 손으로 만져보고 감각으로 선택할 수도 있다. 다윈은 형질의 변이는 미세하다고 했다. 촉감만으로 미세한 변이를 감지할 수가 없다. 그러므로 선택하려면 반드시 눈이 있어야 한다. 그런데 자연은 눈도 촉감도 없다.

둘째: 선택을 하려면 안목이 있어야 한다

눈으로 본다고 누구나 최선의 것을 선택할 수 있는 것은 아니다. 눈과 지능이 있어도 그 분야에 대해 배우고 경험을 쌓지 않은 사람은 최고로 좋은 것을 구별할 능력이 없다. 음악을 잘 알지 못하는 사람은 어린이 연습용 바이올린이 내는 소리나 세계적인 명품 바이올린인 스트라디바리우스가 내는 소리를 구분하기 어렵다. 그처럼 그 분야에 조예가 깊은 자만이 분별할 수 있는 안목이 있다. 가장 좋은 것을 선택하려면 반드시 눈으로 본 것을 분석하고 판단할 안목이 있어야 한다. 그것은 그 분야에 대한 지식과 경험이 풍부해야 미세한 차이를 구별할 수 있다. 다윈은 인간이 할 수 있다면 자연도 할 수 있다고 했다. 그러나 동물 가운데 지능이 가장 높은 침팬지 같은 유인원도 못 하는 일을 눈도 없고 지능도 없는 자연이 선택할 수 있다는 말은 궤변이다. 수백만 종이 넘는 동식물의 개체 수는 헤아리기 어렵다. 그 많은 것을 자연의 누가 무슨 방법으로 분별하고 좋은 것을 선택하는지 설명할 수 있어야 자연선택의 개념이 성립될 수 있다. 인간은 수많은 선택을 하며 살아간다. 아침에 일어나서 어떤 옷을 입고 나갈까 하는 것부터 시작하여 점심은 무엇을 먹을까를 선택해야 한다. 그러다 보니 자연도 선택한다는 말을 자연스럽게 받아들였다. 하지만 자연은 주체도 없고 인격도 없으므로 아무것도 선택하지 않는다. 그러므로 자연선택이란 용어는 자연과 상관없는 개념이고 용어다.

다윈이 말하는 자연선택의 도구

다윈은『종의 기원』제4장 자연선택 또는 적자생존에서 자연선택의 방법이나 도구에 대하여 다음과 같이 설명하고 있다.

자웅선택

자웅선택은 자연선택보다 그리 엄격한 것은 아니다. 보통 가장 힘이 센 수컷, 곧 자연계에서 그 자리를 차지하는 데 가장 적합한 것이 가장 많은 자손을 남기게 마련이다. 그러나 거의 대부분 승리를 결정하는 것은 일반적인 힘이 아니라, 수컷이 소유한 무기에 의해서이다. 예컨대 뿔이 없는 수사슴과 발톱이 없는 수탉은 자손을 퍼뜨릴 기회가 매우 적다.[3]

자연선택 또는 적자생존

늑대를 예로 들어보자. 늑대는 여러 가지 동물을 먹는데 어떤 놈은 꾀를 내어, 어떤 놈은 체력에 의해, 또 어떤 놈은 빠른 주력(走力)으로 자신의 먹이를 획득한다. 먼저 1년 중 늑대가 먹이를 구하기가 가장 힘든 계절에 가장 빨리 달리는 먹잇감, 예컨대 사슴이 그 나라의 어떤 변화에 의해 그 개체 수가 증가하는 동시에, 다른 먹잇감은 줄었다고 가정해 보자.
이러한 상황에서는 가장 주력이 빠르고 민첩한 늑대가 1년 중 이 시기나 다른 어떤 시기에 다른 동물을 사냥하지 않으면 안

---

[3] 위의 책, p.103.

되게 되었을 때는, 그것을 사냥할 힘을 여전히 유지하고 있다고 가정하고-생존 기회를 가장 잘 포착함으로써 잘 보존되거나 선택되리라는 것을 의심할 이유는 아무것도 없다.[4]

개체 간의 상호교잡에 대하여
먼저 나는 육종가들 사이에서 거의 보편적인 견해와 합치하는 것으로서 다음과 같은 사항을 보여주는 매우 많은 사실을 수집했다. 그것은 동식물을 막론하고 서로 다른 변종 사이, 또는 변종은 같지만, 계통을 달리하는 개체 사이의 교잡에서는, 힘과 번식력이 강한 자손이 태어난다는 것이다.[5]

자연선택을 통해 새로운 형태를 만드는 데 유리한 환경
격리 또한 자연선택에 의해 종을 변이시키는 데 중요한 요인이된다.[6]

다윈이 제시한 자연선택의 도구가 진화의 효력이 있는지 검토해보자.

자웅선택에 대한 비판

다윈은 자웅선택 과정에서 진화된다고 주장한다. 제7장 "멋쩍은 성선택설"에서 구체적으로 다루겠지만 먼저 간단히 설명하고 넘어가는 것이 좋겠다. 자웅선택이란 암컷이 멋지고 강한 수컷을 선택하여 짝짓기를 함으로써 좋은 형질을 가진 수컷의 새끼를 반복적으로 낳는 과정에서 진화된다는 논리다. 거의 모든 동물은 암컷이 짝짓기

---

4) 위의 책, pp.105~106.
5) 위의 책, p.112.
6) 위의 책, p.118.

할 수컷을 선택한다. 자웅선택으로 진화되었다는 다윈의 이론이 맞는다면 몇억 년 전부터 지구에 살았다는 동물은 지금과 전혀 다른 모습이어야 한다. 왜냐하면, 그들은 자웅선택을 계속해 왔기 때문에 형태나 모양과 몸집이 공작이나 기린처럼 진화되었어야 한다. 그러나 우리는 몇억 년 전에 형성되었다는 화석에 있는 동물을 볼 때 전혀 낯설지 않다. 왜냐하면, 그 당시에 서식하던 동물의 형태나 모양도 거의 달라지지 않고 지금도 그 모양대로 살고 있기 때문이다. 멸치는 고등어로 진화되지 않고 멸치로 서식하고 있다. 토끼는 여전히 토끼로 서식하고 있다. 이런 것은 진화가 없었다는 것을 보여준다. 그러므로 자웅선택으로 진화된다는 다윈의 말은 조금만 살펴봐도 모순된 것을 발견할 수 있다. 다윈은 자연에서 자웅선택으로 진화되는 것을 확인한 후에 자웅선택을 진화의 중요한 요인이라고 발표한 것이 아니다. 육종가의 인위적인 선택으로 형태와 모양이 달라지는 것을 보고 자연에서는 암컷이 수컷을 선택하는 과정에 진화된 것으로 추측한 이론에 지나지 않는다.

> 인간이 단순한 개체적 차이를 어떤 일정한 방향으로 누적하여 확실하게 큰 결과를 낼 수 있는 것처럼, 자연도 그렇게 할 수 있다. 게다가 이 경우에는 비교도 안 될 만큼 오랜 시간을 들일 수 있어서 훨씬 용이하다.[7]

다윈의 이런 주장이 가능한지 검토해 보자. 육종가는 개량의 방향을 결정하고 일정한 방향으로 몰아가서 새로운 품종을 만든다. 육종

---

7) 위의 책, p.98.

가는 자기가 목적하는 것에 맞는 암수를 골라 인위적으로 교배시켜 품종을 개량한다. 그래야만 품종이 더 좋게 될 수 있다. 자연도 육종가처럼 일정한 방향으로 누적시킬 수 있는지 검토해 보아야 한다. 개체 간의 차이를 일정한 방향으로 누적시키는 육종가의 역할을 하는 주관자가 자연에 있어야 가능하다. 개량이나 진화의 방향을 결정하고 어떤 암컷이 어떻게 생긴 수컷과 교미하라고 지시하는 자가 있어야 한다. 그래야 개량이 될 수 있다. 자연에서는 교배시키는 자가 없어서 일정한 방향으로 동물의 형태를 개량할 수 없다. 자연에서 육종가의 역할을 하는 자가 있더라도 진화는 되지 않는다. 왜냐하면, 아무리 유능한 육종가라도 고양이로 개를 만들 수 없고 참새로 꿩을 만들지 못하기 때문이다. 그들은 멋진 개, 귀여운 고양이를 만들 수 있을 뿐이다. 하여튼 자연에서는 육종가의 역할을 할 주관자가 없다. 모든 동물은 자기가 원하는 짝과 짝짓기를 한다. 교잡하든 무엇을 하든 종간 진화는 없다. 더구나 파충류가 포유류로 진화되는 사건은 있을 수가 없다. 변이 된 유전자의 누적으로도 그런 일은 일어날 수 없다. 그러므로 자연에서는 진화는 고사하고 개량도 되지 않는다. 인간이 한다면 자연도 할 수 있다는 다윈의 말에 속으면 안 된다.

동물은 교잡하지 않는다

다윈은 변종이나 계통을 달리하는 개체 사이에 교잡하므로 보다 강한 자손이 태어난다고 주장한다. 그러나 모든 동물이 교잡하는 것은 아니다. 육종가는 의도적으로 교배시켜 품종을 개량하지만 자연에서 모든 동물이 다 교잡하는 것은 아니다. 자기와 다르게 생긴 동물과는 짝짓기를 하지 않는다. 비슷하게 생긴 것과도 짝짓기를 하지 않는다. 자기와 똑같이 생긴 것과 짝짓기를 할 뿐이다. 같은 나비라도 노랑나비는 노랑나비하고만 짝짓기를 한다. 흰나비는 같은 나비지만 노랑나비와 짝짓기를 하지 않는다. 호랑나비는 오직 호랑나비랑 짝짓기를 한다. 만약 나비가 나비란 것 때문에 색깔과 모양을 상관치 않고 교잡한다면 고유한 종은 다 사라지고 없을 것이다. 다윈의 주장이 맞는다면 우리는 호랑나비를 볼 수 없을 것이다. 흰나비나 노랑나비도 볼 수 없을 것이다. 나비 날개의 형태와 색깔이 뒤죽박죽된 나비만 날아다닐 것이다. 종을 나눌 수도 없게 될 것이다. 다람쥐도 같은 다람쥐끼리 짝짓기를 한다. 하늘다람쥐와 청설모가 짝짓기를 하는 일은 없다.

밀림에서 수컷 사자와 발정기에 이른 암컷 호랑이가 만난다면 첫눈에 반하여 바로 그 자리에서 짝짓기를 할까? 서식지가 달라서 두 짐승이 만날 확률도 거의 없고 만난다고 하더라도 그 둘이 교미하는 일은 있을 수가 없다. 만약 그런 일이 가끔이라도 있다면 야생에서 라이거(수사자와 암호랑이가 짝짓기를 하여 낳은 잡종)를 발견하는 것은 어렵지 않을 것이다. 그러나 야생에서 라이거를 발견하기는 불가능에 가깝다. 그런데 라이거가 전혀 없는 것은 아니다. 수컷 사자와 암컷 호랑이는 이종 간이지만 어릴 때부터 동물원의 같은 우리에서 자라다 보니 친밀해진다. 그래서 이종 간이지만 짝짓기를 하여 라이거가 태어나기도 한다. 그건 어릴 때부터 한 울타리 안에서 자랐기 때문에 가능한 일이다. 야생에서는 서식지가 겹치지 않으므로 사자와 호랑이가 짝짓기를 하는 일은 있을 수가 없다. 그리고 라이거나 노새처럼 이종교배로 태어난 것은 번식 능력이 없으므로 새로운 종이 되지 못한다. 자연에서 교잡이 흔하게 일어난다면 동물별로 종의 수는 수십만에 이를 것이고 지금도 새로운 변종이 발생할 것이다.

식물은 무엇으로 진화하는가?

다윈은 주로 동물을 중심으로 자웅선택이나 생존경쟁으로 선택된다고 하였다. 그럼 식물은 어떤 방법으로 진화될까?

·꽃의 구조

꽃잎은 구조적으로 크게 통꽃과 갈래꽃으로 나눈다. 통꽃은 호박꽃이나 백합처럼 꽃잎이 밑동에 붙어 있으며 꽃잎이 나팔처럼 생겼다. 갈래꽃은 목련이나 장미꽃처럼 꽃잎이 한 장씩 서로 떨어져 있다. 만약 통꽃잎에서 갈래꽃잎으로 진화되었다면 왜 그렇게 변형되어야 했는지 설명할 길이 없다. 갈래꽃잎이 통꽃잎으로 변형된 이유를 찾을 수가 없다.

·다양한 모양의 열매

열매의 모양도 다양하다. 과육 속에 씨앗이 있는 감이나 포도나 수박이 있는가 하면 밤이나 도토리처럼 겉이 단단한 껍질로 싸인 열매가 있고 완두나 팥처럼 긴 꼬투리 속에 맺히는 열매도 있다. 열매의 형태와 크기와 맛 등을 무슨 방법으로 그렇게 진화시켰을까? 열매의 모양이 어떤 형태든지 생존과 증식에 지장이 없는데 왜 그렇게 진화시켰을까? 환경에 적응하는 과정에 열매의 모양이 달라졌을까?

·꽃의 아름다움

꽃은 모양도 아름답고 색깔도 화려하다. 꽃은 눈이 없어 동종의 개체가 얼마나 아름다운지를 볼 수 없고 자기 자신의 몸조차 볼 수 없다. 그래서 동종의 개체와 경쟁하며 자신의 몸을 아름답게 진화시킬 수 없다. 자연은 눈도 없고 미적인 감각도 없는데 어떤 선택의 과정을 통하여 다양한 모양과 색깔을 가진 꽃으로 진화시켰을까? 화가가 아니면 아름다운 꽃을 그릴 수도 없다. 화가는 물감을 적절하게 배합하여 다양한 색깔을 낼 수 있다. 그러나 식물은 아무런 물감도 없이 화려하고 아름다운 꽃을 피우고 있다. 눈도 없고 코도 없고 손도 없는 자연이 물과 영양분만으로 그처럼 아름답고 향기로운 꽃을 만들 수 있을까?

같은 '종'이나 '속'이나 '과'에 속한 동물을 보면 진화된 것처럼 보인다. 그것들의 형태는 거의 같다. 크기와 모양과 무늬만 조금 다르다. 그래서 작은 것이 큰 것으로 진화된 것으로 보인다. 그래서 진화론 과학자들은 동물로 진화의 원리와 과정을 설명한다. 그러나 식물 진화의 방법이나 과정은 설명하지 못하고 있다. 그냥 녹조류[조류(藻類): 뿌리, 잎, 줄기가 구분되지 않는 수초]가 물에서 땅으로 올라와서 이끼식물로 진화하고 그것이 양치식물(뿌리, 잎, 줄기가 구분되고 포자에 의해 번식하는 식물)이 되었다고 대략적인 과정을 설명할 뿐이다. 식물은 동물보다 환경의 변화에 더 큰 영향을 받는다. 그런데도 식물의 종류는 동물의 종류보다 훨씬 적다. 이것은 환경이 식물의 진화와 관련이 없다는 증거로 볼 수 있다. 동물 진화의 원리를 식물 진화의 원리에 적용하지 못한다면 자연선택설은 진화의 메커니즘이 되지 못한다.

적자생존(適者生存)이란?

적자생존이란 용어의 뜻은 주어진 환경에 적합한 개체(嫡子, the

fittest)가 생존한다는 의미이다. 다윈의 이론을 따르면 형질의 변이가 유전되고 누적되다가 생활환경의 변화가 일어났을 때 그 환경에 적합한 형질을 가진 개체는 생존과 번식을 한다는 것이다.

자연선택이라는 용어는 인간의 선택행위를 연상시키면서 자연이 의도를 가지고 작동하는 모습을 연상시킨다는 점에서 다윈의 동료들은 『종의 기원』 출판 전부터 다윈에게 이 용어를 대체할 수 있는 개념을 생각해 보라고 제안했다. 월리스는 『종의 기원』이 출판된 후 1864년에 출판된 허버트 스펜서의 『생물학의 원리(Principles of Biology)』라는 책에서 '적자생존'이라는 용어를 발견하고 자연선택이라는 용어 대신 적자생존이라는 용어를 쓰는 게 어떻겠냐고 다윈에게 제안했다. 그 후 출판된 『종의 기원』 5판 이후부터 다윈은 자연선택과 적자생존이라는 두 용어를 함께 쓰면서 같은 의미로 해석하기도 했다. 하지만 적자생존이라는 용어는 자연선택이 의미하는 자연의 능동적인 힘을 보여주지 못하는 듯싶어 다윈은 불만스러워했다. 다윈의 가장 열렬한 지지자였던 토머스 헉슬리조차 자연선택이라는 기제를 종의 기원의 주된 힘으로 볼 수 있을지에 대해서는 의구심을 버리지 못했다.8)

다윈과 월리스의 주장은 살아남지 못한 개체의 형질이 자손에게 전달되는 데 실패하고, 살아남은 개체의 형질이 전달되며 진화가 일어난다는 기본 개념을 공유하지만, 몇몇 부분에서 차이를 보인다. 우선 다윈은 먹이를 둘러싼 개체 간 생존경쟁에서 이긴 개체가 살아남는다고 생각했지만, 월리스는 다양한 변이를 가진 개체 중 환경에 적응한 것만이 살아남게 된다고 생각했다. 사육 상태와 자연 상태에 대한 변이에 대해서도 두 사람의 의견은 차

---

8) 김기윤, "다시 돌아보는 『종의 기원』", the science times, 2013.07.10.

이를 보였다. 다윈은 인위적인 선택이 이루어지는 사육 상태에서 일어나는 변이를 확장해 자연 상태의 동물 진화를 설명하려 했지만, 월리스는 사육 상태와 자연 상태의 환경이 다르므로 한쪽의 원리를 다른 쪽에 적용할 수 없다고 주장했다.

또한, 다윈은 자연 상태에서 선택의 주체가 무엇인가에 대한 결론을 내리지 못하였지만, 월리스는 환경에 대한 적응 여부가 선택으로 이어지는 것이며, 선택의 주체는 없다고 생각했다. 마지막으로 다윈은 기후와 같은 전 세계적인 요인은 진화에 영향을 미치지 못한다고 생각했지만, 월리스는 이러한 요인도 좁은 지역 내에서 조금씩 다를 수 있어 진화에 영향을 미친다고 생각했다. 하지만 다윈이 주장했던 이론은 완벽하지 않았다. 우선 다윈의 진화론은 변이의 원인을 설명하지 못했다.9)

적자생존으로는 진화는 불가능하다

다윈의 이론에 호의적인 동료들조차 자연선택의 뜻은 자연이 의지를 갖고 주도적으로 선택한다는 뜻으로 알았다. 그들도 자연이 아무것도 선택할 수 없다는 것을 알았다. 그래서 '자연선택' 대신 '적자생존'이란 용어로 바꾸는 것이 좋겠다고 건의하자 다윈도 마지못해 자연선택과 적자생존이란 용어를 겸용했다. 그것은 자신이 보기에도 '자연선택'이란 개념은 성립할 수 없는 무리한 주장인 것을 인정한 것이다. 그런데도 다윈은 자연선택이란 용어를 버릴 수가 없어서 적자생존이란 용어와 겸용하였다. 그것은 자연선택이란 용어라야 독자를 설득하기 좋은 것을 알기 때문이다.

그러나 자연선택을 적자생존과 겸용하는 순간 자연선택설은 실종

---

9) 심혜린, "진화의 과학, 변화를 해석하다", 카이스트신문 [422호] 2016.08.17.

되었다. 왜냐하면, 적자생존으론 진화되지 않기 때문이다. 적자생존이란 환경에 적합한 자가 살아남는다는 뜻이다. 그러므로 적자생존으로 진화된다는 것은 지극히 비과학적이고 비논리적인 주장이다.

지금 살아 있는 모든 동식물은 각종 환경의 변화를 극복하고 살아남은 것들이다. 지금의 모든 생물은 적자이기 때문에 처음부터 지금까지 생존한 것이다. 적자생존은 진화의 요인이 아니라 환경의 변화를 극복할 체질을 가졌기 때문에 살아남은 것에 대한 설명일 뿐이다. 진화론적으로 지구상에 출현한 동식물은 그때부터 지금까지 그 모습 그대로 서식하고 있다. 그들은 적자이기 때문에 진화할 필요조차 없는 것이다. 바이러스부터 곤충과 어류 등 모든 생물은 변화조차 되지 않은 모습으로 지금까지 살고 있다. 그것은 그들 모두가 적자이기 때문이다. 다른 개체나 종보다 크고 강한 것이 적자라고 한다면 작고 여린 종들은 멸종되고 자연환경에 최적화된 크고 강한 종만 서식하고 있어야 한다. 그러나 자연을 보면 같은 종의 생물 가운데 작고 여린 종들도 여전히 서식하고 있다. 그러므로 적자만 살아남아 진화된다는 다윈의 이론은 실제와는 전혀 다르다.

만약 적자생존으로 진화된다면 각기 다른 환경의 변화가 수천만 번 이상 있어야 한다. 바이러스가 인간으로까지 진화하려면 수억 번의 각기 다른 환경의 변화가 있어야 한다. 왜냐하면, 변화된 환경에 살아남은 것의 후손은 같은 형질을 물려받기 때문이다. 그래서 똑같은 환경의 변화가 와도 다 살아남기 때문에 자연은 선택할 수 없다. 그래서 자연환경의 변화로 적자를 선택하려면 각기 다른 환경의 변화가 엄청나게 많아야 한다는 것이다. 그러나 지구에서 환경의 변화는 몇 가지밖에 되지 않는다. 추위와 가뭄과 전염병 외에 다른 환경의 변화는 없다. 물론 홍수나 무더위도 생물의 생존에 영향을 미치기도 한다. 이런 것들은 몇 년마다 반복된다. 모든 동식물은 그런 환경의 변화에 적응한 적자들이다. 그들은 처음부터 적자였기 때문에 그모습 그대로 지금까지 살아 있는 것이다. 적자는 진화할 필요가 없다.

적자생존이 아니라 적지생존(適地生存)이다

적자생존이란 환경에 가장 잘 적응한 개체나 집단이 살아남는다는 이론이다. 다윈이 말하는 적자는 남다른 좋은 형질을 가진 개체를 가리킨다. 그러나 그런 형질을 가진 개체는 없다. 그래서 적자가생존하는 것이 아니다. 생물의 생사는 서식지에 따라 결정된다. 즉, 적지생존이다.

예를 들면, 오랜 가뭄이 지속될 때에 산이나 건조한 지대에 사는 동물은 물을 마시지 못하여 죽게 된다. 가뭄이 들면 식물이 죽어 초식동물의 먹이가 없어진다. 초식동물이 굶어 죽게 되면 육식동물도굶어 죽게 된다. 아주 좋은 형질을 가진 개체라도 마실 물이 없거나먹을 것이 없을 때는 목말라 죽거나 굶어 죽게 된다. 그러나 넓고 깊은 강 주위에 사는 동물은 살아남는다. 근처에 마실 물이 있고 강 주위는 이슬이 내려 풀이 자라기 때문에 먹을 것이 있고 마실 물이 있으므로 생존할 수 있다. 아무리 허약한 개체라도 식물이 자생하는좋은 적지에 사는 것은 생존하게 된다.

아프리카의 땅은 농사를 짓기에 적당하지 않고 수시로 가뭄이 들어 굶어 죽는 동물과 사람이 있다. 그러나 다른 대륙은 땅도 기름지고 비도 자주 내려 농사짓기 좋은 땅이다. 온도도 생활하기 적당하다. 그래서 풍족하고 여유롭게 살아가는 것과 같은 이치다. 아프리카 대륙 외에 사는 사람은 적자라서 살아 있는 것이 아니라 적지에 살기 때문에 굶어 죽는 사람은 없다. 유럽인을 아프리카 원주민과 동일한 환경과 조건 속에 살게 하면 그들 가운데도 굶어 죽는 사람이 나오게 된다. 반면, 유럽으로 끌려온 아프리카인의 후손들은 유럽에서 건강하게 장수하며 살아가고 있다. 그러므로 적자생존이 아니라 적지생존이다.

격리는 종을 변이시키는 데 중요한 요인이 아니다

> 격리 또한 자연선택에 의해 종을 변이시키는 데 중요한 요인이 된다. … 마지막으로 격리는 이주를 방해하고, 따라서 또한 경쟁을 방해함으로써, 새로운 변종이 서서히 개량될 시간을 준다.[10]

격리를 대표할 만한 곳은 호주 대륙이다. 호주에는 세계 어느 곳에서도 서식하지 않는 여러 동물이 살고 있다. 캥거루와 코알라와 오리너구리는 오직 호주에만 사는 동물이다. 캥거루는 여러 종이 있다. 캥거루는 붉은캥거루와 몸집이 거대한 왕캥거루가 있다. 그리고 토끼만 한 쥐캥거루가 있다. 그리고 몸집이 쥐처럼 아주 작은 냄새 쥐캥거루가 있다. 그러나 여기서 우리가 확인해야 할 것이 있다. 캥거루는 크기와 모양이 다양하게 생긴 것은 사실이지만 캥거루가 다른 동물로 진화되지는 않았다는 것이다. 덩치가 크든 작든 캥거루와 왈라비란 아종만 있다. 격리된 지역에 서식하는 캥거루도 다른 동물로 진화된 흔적은 없다. 코알라도 마찬가지다. 나무에 사는 코알라가 원숭이나 판다로 진화되었거나 코알라와 비슷하게 생긴 동물로

---

10) 찰스 다윈, 『종의 기원』, 송철용 역, 동서문화사, p.118.

진화된 것은 없다. 다윈의 주장처럼 격리가 변이를 촉진하는 중요한 요인이라면 호주에만 사는 동물은 다른 동물로 다양하게 진화되었을 것이다. 그러나 다윈의 주장과 달리 그런 동물은 찾아볼 수 없다.

그리고 캥거루나 오리너구리와 비슷하게 생긴 동물은 세계 어느 곳에도 없다. 캥거루는 뒷다리로만 뛰며 두 다리를 동시에 옮겨 깡충깡충 뛴다. 호주 대륙은 다른 대륙으로부터 아주 멀리 떨어져 있다. 캥거루의 조상은 어디에 사는 무슨 동물일까? 다윈의 주장과 달리 캥거루의 조상은 찾을 수가 없고, 캥거루가 진화된 종도 찾아볼 수가 없다.

오리너구리는 알을 낳지만 젖을 먹여 키운다. 주둥이는 오리처럼 생겼고, 몸은 수달을 닮았고 꼬리는 비버를 닮았다. 그래도 이름은 오리너구리다. 오리와 너구리를 합친 것처럼 생겼기에 오리너구리란 이름을 붙였을 것이다. 오리너구리는 오리와 수달과 비버를 닮았지만, 조류나 파충류처럼 알을 낳는다. 그리고 부화한 새끼는 젖으로 키우는 포유류다. 여러 동물을 조합한 것처럼 아주 특이하게 생겼다.

오리너구리

출처: Brisbane City Council, 위키미디어

격리가 변종의 요인이라면 오직 호주 대륙에서만 서식하는 코알라나 캥거루나 오리너구리도 다른 동물로 변종이 돼야 했다. 그런데 그것들이 변종이 된 동물은 없다. 캥거루는 몇 종이 되지만 현재 코알라나 오리너구리는 한 가지 종만 있다. 다윈이 제시한 자연선택의 도구인 격리조차도 진화를 입증하는 데 별 도움이 되지 않는다.

지역에 따라 고유한 동식물이 있는 것은 사실이지만 물리적으로 거리가 아주 많이 떨어져 있어도 대부분의 동식물은 거의 비슷하게 생겼다. 전혀 다른 대륙에 서식하는 동물인 개구리, 여우, 다람쥐, 참새 등 대부분 동물은 서식지와 상관없이 같은 '종'은 형태가 비슷하다. 모든 동물을 살펴보면 지역에 따라 조금 다르게 생겼으나 그 정도로 차이가 나는 것을 변종이나 진화의 근거로 삼기는 빈약하다. 흑인과 백인의 차이를 진화의 근거라고 제시하는 과학자는 없다. 진화라면 '과'를 뛰어넘는 변화가 있어야 진화의 근거로 삼을 수 있다.

자연은 육종가가 아니다

지구상에 있는 인공적인 사물은 저절로 있는 것이 아니다. 누군가 목적이 있어서 만든 것이다. 필요에 따라 만든 것이다. 진화론에서는 자연에 있는 모든 동식물은 저절로 만들어졌다고 한다. 또한, 저절로 만들어진 생물을 자연이 선택하는 방법으로 개량하고 진화시켰다는 것이다. 그러나 자연이 원핵생물과 진핵생물을 만들었다는 소리는 안 하고 있다. 저절로 생성되었다고 한다. 그런데 그때부터 자연이 그걸 활용하여 지구상에 산천초목이 무성하고 각종 동물이 뛰어다니는 평화로운 세계를 만들어야겠다는 구상을 할 수 있을까? 육종가는 더 좋은 종을 개량하려고 필요에 따라 선택하거나 버린다.

그런데 자연은 육종가가 아니라서 무엇을 선택할 필요성도 없고 능력도 없다. 자연은 필요한 것을 만들거나 개량할 이유나 목적이 없어서 아무것도 선택하지는 않는다.

생명과 직결되는 눈, 코, 귀와 입은 뇌와 가장 가까운 곳에 있다. 그리고 그것들은 얼굴에서 가장 합리적인 곳에 위치해 있다. 생존에 가장 필수적인 기관은 입이다. 먹어야 생존할 수 있기 때문이다. 만약 입이 먼저 생겼다면 얼굴의 한가운데에 생겼을 것이다. 만약 입이 눈 위에 있다면 안질에 걸릴 위험이 크다. 그리고 먹을거리가 눈에 잘 보이지 않아 입으로 먹기가 불편하게 된다. 이런 구조가 저절로 되었거나 자연이 선택했다고 하기에는 구조와 위치가 너무 완벽하다. 자연이 이런 구조와 위치까지 선택할 능력이 있을까? 얼굴의 골격은 단단한 뼈로 되어 있다. 유골을 보면 머리뼈가 마지막까지 남아 있는 것을 볼 수 있다. 그만큼 단단하다. 처음부터 그런 구조로 되지 않았다면 수정하기가 불가능하다. 얼굴의 구조는 파충류나 포유류로 진화되었을 때 지금의 구조로 완성된 것이 아니다. 초기 척추동물인 물고기도 눈, 코, 귀와 입이 있다. 위치도 지금과 같다. 유능한 육종가도 눈, 코, 입의 위치를 바꾸지는 못한다. 그런데 자연이 이목구비의 위치와 기능을 설계하고 생성했다는 것은 공상의 수준이다. 자연선택설은 그럴듯한 이론이지만 자연과 대비해 보면 맞는 것이 하나도 없다.

자연은 육종가와 달라서 생물을 만들거나 개량할 의지와 능력이 없다. 자연은 인격체가 아니라서 선택하는 일은 하지도 않고 할 수도 없다. 그러므로 자연선택이란 개념은 허구다.

제2장

진화론은 근거가 없다

과학은 사상이나 철학과 달라 어떤 이론에 대해 과학적인 근거가 있어야 이론을 발표할 수 있다. 학계에서는 그 이론을 객관적으로 검증한 후에 학설로 인정해 준다. 그럼에도 명확한 근거도 없는 다윈의 자연선택설은 검증하는 과정이 없이 학설로 인정해 주었다. 그때는 생물은 신의 창조물이 아니라 진화의 산물이란 생각이 확산하는 시기였기 때문에 그랬던 것 같다. 다윈 이전에도 여러 사람이 생물은 진화된 것이라고 연구 결과를 발표하기도 했다. 그러나 진화의 메커니즘을 명쾌하게 설명하지 못하였기 때문에 공감을 받지 못했다.

　그런데 다윈은 형질이 미세하게 변이 되며 변이된 형질은 유전되고 누적되어 형체가 달라진다. 그 달라진 것을 자연이 선택하는 과정에서 진화되었다며 다양한 사례를 들어가며 진화의 원리를 아주 그럴듯하게 설명하였다. 다윈이 제시한 진화의 메커니즘은 명쾌한 원리와 다양한 사례까지 제시하자 학계에서는 별다른 검증 없이 다윈의 주장을 받아들인 것 같다. 다윈이 『종의 기원』에서 자연선택의 사례를 아주 다양하게 들었다. 그러나 진화의 근거로 명확하게 인정할 만한 사례는 없었다. 그 후 다윈이 제시한 자연선택설의 근거 가운데 오직 핀치만이 인정을 받고 있었다. 그런데 지금은 그 핀치마저 자연선택의 근거가 되지 못한다는 연구 발표가 있었다. 그러니까 자연선택설은 공상소설처럼 근거가 하나도 없는 이론이다.

다윈의 핀치

갈라파고스제도에 사는 핀치는 다윈의 상징물이자 진화론의 상징물이다. 다윈은 1835년에 갈라파고스제도에 도착하여 약 4주 동안 머물면서 그곳에서 13종류의 작은 새들을 채집하여 표본으로 만들었다. 항해가 끝나고 영국으로 돌아온 그는 자신이 채집해 온 13종류의 표본을 조류 전문가에게 보여주었다. 그것을 살펴본 조류 전문가가 그 모두가 핀치류라고 알려줄 때 다윈은 깜짝 놀랐다고 한다. 다윈은 부리의 모양이 제각기 다르므로 각기 다른 종으로 알고 채집했다. 그 후 다윈은 핀치가 서식지의 먹이 환경에 적응하기 위하여 새의 부리가 변이된 것으로 생각하고 생물의 진화에 대해 확신하게 된 것 같다.

1. Geospiza magnirostris   2. Geospiza fortis
3. Geospiza parvula   4. Certhidea olivacea

Finches from Galapagos Archipelago

핀치 – 부리의 모양이 각기 다르게 생겼다.

교잡된 핀치

다윈은 『비글호 항해기』의 제2판에서 "만약 그냥 한 종류의 조상이 와서 이만큼의 다양성을 가진 상태에 이르렀다고 하면 종의 불변성은 흔들릴지도 모른다"라고 말하며 진화의 가능성에 대해 언급했다. 갈라파고스제도는 에콰도르에서 1,000km 정도 멀리 떨어진 곳에 흩어져 있는 섬이다. 그래서 다윈은 핀치 한 쌍이 우연히 날아가서 그곳에서 번식한 것으로 보았다. 지리적으로 고립된 곳이므로 그들끼리 번식하여 살면서 먹이에 따라 무려 13종류의 핀치로 변이된 것으로 잘못 판단한 것이다. 다윈은 한 쌍이 날아갈 거리라면 다른 핀치도 날아갈 수 있다는 것을 전혀 고려하지 않았다.

육지로부터 아주 멀리 떨어진 크고 작은 섬에도 각종 동물이 살고 있다. 심지어 다리도 날개도 없는 각종 식물도 자생하고 있다. 소나무를 비롯하여 여러 종류의 나무와 잡초도 자생하고 있다. 소나무가 헤엄쳐 건너가서 뿌리를 내린 것이 아니다. 사람이 가져다 심은 것도 아니다. 날개가 없는 소나무는 씨앗이 바람에 날려 떨어져 자생하는 것이다. 다른 식물들도 마찬가지다. 그렇다면 날개 달린 새가 1,000km 떨어진 갈라파고스제도까지 날아가는 것은 어렵지 않다.

> 피터(Peter)와 로즈마리 그랜트(Rosemary Grant) 부부가 40년간 갈라파고스제도에서 핀치를 관찰하고 연구했다. 그들이 연구한 결과가 다윈의 날에 맞추어 Nature(2015.2.11.)지에 게재되었다. 그것은 갈라파고스의 섬들과 본토의 여러 곳에서 수집된 15종의 120마리의 핀치들의 유전체를 비교한 연구였다. 연구 결과는 갈라파고스제도에 사는 여러 종류의 핀치는 핀치 공통의 조상으로부터 다양하게 진화한 것이 아니라 잡종 교배, 즉 유전적 혼

합을 진행했기 때문이라고 발표했다.[11]

　다윈의 추측은 피터와 로즈마리의 연구로 보기 좋게 어긋났다. 다윈은 오직 한 쌍의 핀치만이 갈라파고스제도로 날아가서 정착하여 대를 이어가는 동안 부리의 크기와 모양이 다양하게 진화된 것으로 착각한 것이다. 그러나 연구에 의하면 여러 종류의 핀치가 그곳으로 날아가 서식한 것이다. 다윈이 제시한 자연선택의 유일한 근거로 인정받던 핀치도 서식하는 곳의 먹이에 맞게 진화된 것이 아니라 유전적으로 혼합된 탓이라고 밝혀졌다. 부리가 먹이의 상태에 맞게 진화된 것이 아니라 자기 부리로 먹이활동을 하기 좋은 곳을 선택하여 각기 다른 곳을 찾아가 서식한 것이다. 그러므로 이제는 자연선택의 근거는 하나도 없는 것이다. 설령 다윈이 제시한 근거가 맞는다고 할지라도 한 가지 사례를 가지고 마치 모든 생물이 그와 같이 변이되고 진화되는 것처럼 우기면 안 된다. 자연환경에 따라 변형되는 것이 진화의 메커니즘이라면 그런 사례는 수도 없이 제시할 수 있었을 것이다. 그러나 자신이 보기에도 핀치 외에는 자연선택설의 명확한 근거가 없으니 다윈은 그의 책 『종의 기원』의 제1장의 제목은 '사육과 재배하에서 발생하는 변이'로 육종가가 품종을 개량할 때 나타나는 변이에 대해 길게 말하고 있다.

　다윈은 오리, 비둘기, 고양이, 닭, 말, 개 같은 가축의 사례를 들면서 가축의 야생종은 어떠했는지를 장황하게 설명하고는 야생종과 가축 사이에 이렇게 큰 차이가 생기게 된 까닭은 바로 사

---

11) "다윈의 핀치새: 진화한 것은 새인가? 진화 이야기인가?" 한국창조과학회 인용.

람의 '선택' 때문이라고 말한다. 불과 몇 세대 동안에 이루어진 선택에 의해서도 이렇게 큰 차이가 발생했는데 오랜 세월 동안 진행된 자연선택의 힘이 얼마나 클지 능히 짐작할 수 있지 않겠냐는 것이다. 다윈은 수없이 많은 육종가의 인위선택 이야기를 반복한다. 육종에 관심이 없는 내게는 지겨운 이야기지만 육종에 관심이 많은 사람에게는 풍부한 사례인 것이다. 독자들은 어느 순간 '육종가'를 '자연'으로, '인위선택'을 '자연선택'으로 바꿔 읽고 있는 자신을 눈치채게 된다.[12]

종의 기원을 보면 제1장 "사육 재배하에서 발생하는 변이"에 대해 33쪽(pp.27~59)에 걸쳐 설명하고 있다. 반면, 제2장 "자연 상태에서 발생하는 변이"에 대한 설명은 19쪽(pp.60~78)에 지나지 않는다. 자연 상태에서 일어나는 변이보다 사육 재배하에서 발생하는 변이에 관해 더 많은 사례를 제시하고 있다. 자연선택이 자연에서 일어나는 진화의 원리라면 당연히 육종가가 목적을 가지고 인위적으로 선택하는 사례는 언급할 필요조차 없다. 그런데 다윈은 육종가의 인위적인 선택 사례를 자연선택 사례보다 더 많이 들고 있다. 그것은 명확한 자연선택의 사례를 찾을 수 없으니 인위적인 선택 사례를 잔뜩 늘어놓은 것이다.

다윈은 자신이 제시할 자연선택의 근거가 보잘것없는 것을 알기 때문에 먼저 육종가의 인위적인 선택 사례를 지루하게 나열하였다. 그가 자연선택을 말하면서 먼저 인위적인 선택을 다양하게 예를 들어 설명한 목적이 있다. 그것은 인간이 선택을 통하여 품종을 개량하는 것처럼 자연도 오랜 세월 동안 선택하는 과정에 진화된다고 설

---

12) 이정모, "세상에서 가장 지루한 과학책입니다!" 프레시안(Pressian), 2016.08.29.

득하기 위한 것이다. 인간이 짧은 기간에 다양하게 변형시킨 것처럼 자연은 오랜 세월 동안 서서히 다양하게 변형시킬 수 있다는 것을 인식하도록 사전 정지작업을 한 것이다. 자연선택이 진화의 메커니즘이라면 다윈은 그 당시 학자로는 누구보다도 많은 지역을 탐사하고 관찰하였기 때문에 아주 다양한 사례를 제시할 수 있었을 것이다. 하지만 그는 그런 것을 발견하지 못하였기 때문에 명확한 근거를 전혀 제시하지 못한 것이다.

그러나 다윈은 자기가 발상한 자연선택이란 가설을 관철하기 위하여 명확한 근거가 없음에도 무리하게 '자연선택'을 진화의 원리라고 발표한 것이다. 다윈은 논리정연하게 글을 잘 쓰는 사람이지만 『종의 기원』은 독자가 제대로 갈피를 잡을 수 없도록 횡설수설하듯 글을 쓴 것 같다. 그러나 그 당시 학계에서는 다윈이 제시한 진화의 과정에 대한 명쾌한 개념과 논리에 매혹되어 그가 제시한 엉성한 사례를 문제 삼지 않고 그대로 학설로 인정해 준 것으로 생각된다.

케틀웰의 후추나방 실험은 가치가 없다

최재천 교수는 [자연선택은 살아 있다]에서 다음과 같이 말했다.

다윈주의 진화생물학자들이 기다리던 결정적인 증거는 『종의 기원』이 출간된 지 거의 정확하게 100년이 흐른 뒤에야 나타났다. 1955년부터 출간되기 시작한 옥스퍼드 대학의 곤충학자 케틀웰(H. B. D. Kettlewell)의 회색가지나방(Boston betularia, peppered moth)에 관한 논문들은 진화의 현장을 생생하게 보여준 최초의 연구 보고서였다.[13]

다윈의 열렬한 추종자인 최재천 교수도 다윈이 『종의 기원』에서 자연선택의 근거로 제시한 그 수많은 사례가 자연선택의 결정적인 증거가 되지 못함을 고백하고 있다. 그러면서 케틀웰의 실험 결과가 자연선택론의 결정적 증거라는 것이다.

케틀웰의 실험

의사이자 열정적인 아마추어 인시류(나비와 나방) 연구가였던 버나트 케틀웰(H. B. D. Kettlewell)은 『종의 기원』 출간 100주년에 맞춰 1959년 대중적인 과학 잡지인 사이언티픽 아메리칸(Scientific American)에 "다윈의 잃어버린 증거(Darwin's missing evidence)"라는 제목의 논문을 발표하며 다윈의 자연선택설을 실험적으로 입증하였다. 케틀웰은 1953년 처음으로 후추나방에 관한 계량적 실험을 했다. 케틀웰은 오염된 지역과 청정한 지역 모두에서 실제로 새들이 나방을 잡아먹는 걸 관찰했다. 두 형태의 나방을 동일한 수로 나무에 풀어줬더니 오염된 지역에서는 43마리의 밝은 형태가 새들에게 잡아먹히는 동안 검은 형태는 불과 15마리만 잡아먹혔다. 한편 청정한 지역에서는 각각 164마리의 검은 형태와 26마리의 밝은 형태의 나방들이 잡아먹혔다. 케틀웰은 생태학자들이 개체군의 크기를 측정할 때 흔히 사용하는 방법인 '표지-방사-재포획법(mark release recapture method)'을 사용하여 두 형태에 미치는 포식압(predation pressure)의 차이를 조사했다. 밝은 형태의 나방은 오염 지역에서 모두 64마리가 방사되어 16마리가 재포획(25%)된 데 비해 청정 지역에서는 393마리 중 54마리가 재포획(13.7%)되었다. 반면, 검은 형태의 나방은 오염 지역에서는 154마리 중 82마리(53%)가 재포획된 데 비해 청정 지역에서는 406마리 중 겨우 19마리(4.7%)만 재포

---

13) 최재천, "진화의 현장 - 자연선택은 살아 있다" (최재천 교수의 다윈 2.0) 네이버.

획되었다. 다윈의 가설을 상당히 잘 지지하는 연구 결과였다.[14]

케틀웰의 실험결과를 그대로 신뢰하기는 문제가 많다. 비전문가인 저자가 보기에도 문제점이 보이는데 생물을 전공한 분들이 그걸 보지 못했다니 어이없다.

나방은 날개가 있다

케틀웰은 흰색 후추나방과 검은색 후추나방을 청정 지역과 오염된 지역에 풀어주고 다시 포획한 개체 수를 비교하는 실험을 했다. 다시 포획되지 않은 개체는 새에게 잡아먹혔다고 추정하였다. 저자의 견해로 나방은 날개가 있으므로 반드시 방사된 지역에서만 머물렀다는 가정은 잘못된 것 같다. 날개가 있는 나방은 자기 나름대로 좋은 곳을 찾아 멀리 이동했을 수도 있다. 또한, 나방이 은밀한 곳에 숨어 있어서 그가 찾을 수가 없어 포획하지 못한 것도 있을 것이다. 그러므로 포획되지 않은 모든 개체가 반드시 새에게 잡아먹혔다고 볼 수는 없다. 그러므로 그가 제시한 데이터는 참고할 가치가 없다.

케틀웰은 나방의 '나' 자도 모르는 것 같다

케틀웰은 나무줄기에 앉아 쉬는 후추나방 사진을 실험의 증거로 제시하였다. 이 사진은 조작된 것이라고 확인되었다. 케틀웰은 나방의 생태에 대해 전혀 모르는 자 같다. 나방은 밤에 날아다니며 먹이활동을 하고 낮에는 나무 곁가지의 나뭇잎 아래쪽에서 잠을 잔다. 나방은 야행성이라 햇빛도 피하고 새들도 피하고자 그늘진 곳에서 쉰다. 주행

---

14) 위의 글.

성인 사람도 햇빛이 비치는 곳에서는 낮잠을 자기가 쉽지 않다. 야행성인 나방은 더욱 밝은 햇빛이 비치는 곳에서 깊은 잠을 자기 어려운 것이다. 나방도 자기가 어디에서 쉬어야 안전한지 본능적으로 잘 안다. 그래서 눈에 잘 띄고 햇빛이 그대로 비치는 나무줄기에서 쉬는 경우는 거의 없다. 나방은 곁가지에 핀 나뭇잎 뒷면에서 잠을 잔다. 이런 나방의 생태에 대해 조금만 알아도 터무니없는 그런 사진을 증거라고 제시하지 않았을 것이다. 그런 사실을 알면서도 나무줄기에 앉은 나방의 사진을 증거라고 제시한 것은 다른 목적이 있는 것 같다.

> 한편 정지는 움직이지 않고 가만히 있는 행동기술이에요. 시각 포식자는 가만히 있는 먹잇감보다 움직이는 먹잇감을 훨씬 쉽게 알아채거든요. 새들은 나방의 모양을 보고 가만히 쉬고 있는 나방을 찾을 수도 있지만, 이 방법은 어렵고 시간이 많이 걸린다는 단점이 있어요. 그래서 나방은 주행성 포식자를 피하기 위해 낮 동안 자신의 몸 색과 비슷한 장소에서 가만히 앉아 있어요. 이렇게 위장은 적절한 행동기술이 더해질 때 최대의 효과를 발휘할 수 있답니다.[15]

새나 박쥐는 나무에 앉아 쉬는 나비나 나방을 수색하여 잡아먹지 않는다. 새가 곁가지에 달린 나뭇잎 뒷면에서 자는 나방이나 나비를 잡기 위하여 나무 주위를 날아다니며 찾아 잡아먹는 경우는 거의 없다. 무엇이든 움직이면 포식자의 눈에 잘 보인다. 움츠리고 가만히 있으면 눈에 잘 띄지 않는다. 눈이 밝은 매나 부엉이와 올빼미도 소리를 듣고 먹잇감의 위치를 파악하기도 하지만 움직임을 포착하여

---

15) 장이권, '나방과 박쥐의 끝없는 생존경쟁', 『어린이과학동아』, 16호, 2015.

먹잇감을 발견한다. 움직이지 않고 가만히 있으면 눈이 밝은 올빼미도 멀리 떨어진 곳에 있는 먹잇감을 찾기 어렵다. 설령 케틀웰의 주장처럼 나방이 나무줄기에 앉아 쉬어도 움직이지 않으면 새의 눈에 잘 보이지 않아 쉽게 잡아먹히지 않는다. 낮에 날아다니는 나비나 곤충이 거의 없다면 새가 먹고 살기 위해 눈을 부릅뜨고 나무줄기나 나뭇잎 앞뒤를 샅샅이 수색해서 나방을 잡아먹을 것이다. 그러나 낮에 날아다니는 곤충이 많은데 잘 보이지 않는 나무줄기나 나뭇잎 뒤에 숨어 쉬는 나방을 힘들게 수색할 어리석은 새는 없다.

나방의 주 포식자는 새가 아니고 박쥐다

나방은 야행성이다. 주행성인 나비나 곤충은 새들이 주된 포식자이고 야행성인 나방의 주된 포식자는 박쥐다. 야행성인 박쥐도 밤에는 잘 보이지 않으므로 초음파를 발사하여 돌아오는 신호를 분석하여 먹잇감의 크기와 위치 등을 파악하여 먹이를 잡아먹는다. 그러므로 밤에 먹이를 잡아먹는 박쥐에게는 나방의 날개 색깔이 흰색이든 검은색이든 전혀 문제가 되지 않는다. 나무줄기에 낀 이끼의 색깔이 푸른색이든 검은색이든 전혀 문제가 되지 않는다. 박쥐도 밤에는 그런 색깔을 구분할 수 없기 때문이다. 그러므로 케틀웰의 실험 데이터와 실험 결과 보고는 전혀 가치가 없는 것이다. 후추나방에 대해 광범위하게 연구한 영국 과학자인 시릴 클라케(Cyril Clarke)는 다음과 같이 기록했다.

문제는 낮 동안에 나방이 쉬고 있는 장소를 모른다는 사실이다. … 25년 동안 우리는 우리의 포획망 근처에 있는 벽이나 나무줄기 위에서 단지 두 마리의 가지나방만을(하나는 적절한 배경 위에, 다른 하나는 그렇지 않은 채) 발견했다는 것이다.16)

미국 매사추세츠대의 동물학자 테오도르 사전트 교수는 1960년대에 여러 차례 후추나방을 가지고 재현실험을 했지만, 새의 선택압 현상을 관찰하지 못했다고 보고했다. 그러면서 케틀웰의 실험이 너무 인위적이라고 주장했다. 즉, 야행성인 나방이 낮에 주로 쉬는 장소는 나무 기둥이 아닐 뿐 아니라 실험에서처럼 고밀도로 나방이 존재하지도 않는다는 것이다. 또 야생에서 충분한 개체 수를 확보하지 못해 실험실에서 키운 나방을 같이 쓴 것도 문제라고 지적했다.

2012년 미국의 저널리스트 주디스 후퍼의 책 『나방과 인간』에서 케틀웰의 실험의 결함은 물론이고 데이터도 조작됐음을 암시했다. 이 책에서 그는 "우리 시대 가장 저명한 진화생물학자들 몇몇이 공유한 인간의 야심과 자기기만이 얼룩나방 주위로 몰려들었다"라는 책의 문구를 인용하고 있다.17)

그러므로 나방을 통한 케틀웰의 실험 결과는 전혀 가치가 없다. 검은 나방과 흰 나방의 비율에 변화가 있다고 해서 흰 나방이 검은 나방으로 진화했다는 증거가 될 수 없다. 그래서 학교에서 공업암화(공업이 발달하면서 매연으로 환경이 검은색으로 변한 현상)로 나방

---

16) C. A. Clarke, G. S. Mani and G. Wynne, Evolution in reverse: clean air and the peppered moth, Biological Journal of the Linnean Society 26:189~199, 1985; quote on p.197. Carl Wieland, Goodbye, peppered moths: A classic evolutionary story comes unstuck, 굿바이, 가지나방: 추락한 한 고전적인 진화 이야기. 한국창조과학회 재인용.

17) [강석기의 과학카페 275] 나방과 인간.

이 자신이 앉는 나무껍질이나 나뭇잎의 색깔과 무늬에 맞도록 자신을 진화시켰다고 가르치는 것을 즉각 중단해야 한다. 핀치나 후추나방은 진화의 증거가 못 된다. 다윈의 자연선택설에 대한 근거는 하나도 없다. 그래서 자연선택설은 허구란 것이다.

나방의 색깔이 변이 된 것이 아니고 오염된 것일 수도 있다

초원의 녹색은 거의 기대할 수 없다. 헤엄치는 물고기가 안 보이는 개울은 시커멓고 상태가 안 좋다. 평지에는 이곳저곳 석탄과 광산에서 나온 폐기물 더미가 솟아 있다. 얼마 안 되는 나무도 제대로 못 자랐다. 보이는 새라고는 꾀죄죄한 참새 몇 마리가 전부다. 수 킬로미터에 걸쳐 시커먼 폐기물이 널려 있다. [1851년 영국의 철도 안내문에서]

공업암화로 초원의 풀조차 시꺼먼 검댕이 묻을 정도라면 당연히 나방의 날개에도 검댕이 묻을 수밖에 없다. 검댕이 가득한 공중을 날개로 휘저으며 날아다니는 나방의 날개는 검댕이 묻게 된다. 또한, 낮 동안 나뭇가지에서 쉴 때도 검댕은 나방의 날개에 묻게 된다. 그래서 검은색 후추나방의 비율이 급격하게 늘어나게 된 것이다. 흰색 나방이 새에게 잡아먹혀서 흰색 후추나방이 급격하게 줄어든 것이 아니다. 겉으로 보기에는 흰색 후추나방이 줄어든 것처럼 보이지만 사실은 흰색 후추나방의 날개가 검댕에 오염되어서 검어진 것으로 보아야 한다.

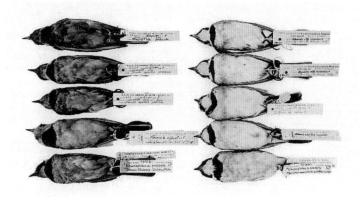

출처: Carl Fuldner와 Shane DuBay

시카고자연사박물관에 보관된 해변종다리

위의 사진은 미국에 사는 해변종다리의 사진이다. 두 종류의 해변종다리 사진이 아니다. 검은색 해변종다리가 흰색 해변종다리로 변형된 것이 아니고 흰색 해변종다리가 검은색 해변종다리로 변종이 된 것도 아니다. 왼쪽의 사진은 20세기 초 미국의 중공업 지역에서 채집된 해변종다리이다. 해변종다리의 원래 모습은 오른쪽 사진에서 보이는 것처럼 하얀 배와 노란 턱을 가졌다. 그런 해변종다리가 그을음이 가득한 공중을 날아다니다가 검댕이 묻어서 왼쪽 사진처럼 되었다. 노란 턱과 하얀 배도 검은색으로 색깔이 바뀐 것처럼 보인다. 변종이 된 것이 아니라 오염된 것이다.

그렇다면 검은색 후추나방도 흰색 후추나방이 변이 된 것이 아니라 흰색 나방의 날개에 검댕이 묻어서 검은색 나방으로 변이 된 것처럼 보였을 수도 있다. 검댕은 나무나 이끼나 해변종다리의 몸에만 묻는 것이 아니라 모든 동식물에 묻기 때문이다. 매연은 어느 곳에나 묻게 된다. 매연이 아주 심한 지역에 사는 나방은 며칠 만에도 흰색 날개가 검은색으로 변색한 것처럼 보일 수도 있다. 나방의 날개는 미세한 비늘이 덮여 있다. 그러므로 새의 날개나 깃보다 검댕이 더 잘 묻을 것 같다. 그러므로 매연이 줄어들면서 다시 흰색 나방이 많아진 것은 자연스러운 현상일 수 있다.

환경에 따라 변색하는 동물은 이미 알려진 사실이다

케틀웰의 실험이 진실하다고 할지라도 그것이 진화와 무슨 상관관계가 있는지 묻고 싶다. 동물이 생존을 위해 서식지를 바꾸거나 몸의 색깔을 바꾸는 것은 잘 알려진 사실이다. 바다에는 오징어나 문어가, 육지에는 카멜레온이나 청개구리 등이 주위 환경에 따라 자신의 피부색을 변색하는 능력을 갖췄다. 더구나 문어는 포식자로부터 자신을 보호하기 위하거나 먹이를 잡기 좋게 다양한 형태로 자신의 몸과 피부색을 변형시키는 능력도 있다. 그러므로 후추나방이 생활환경에 맞게 날개 색깔을 바꾸었다고 진화의 증거물인 양 호들갑을 떠는 것은 그만큼 근거가 빈약하다는 것을 스스로 인정하는 것이다. 후추나방의 날개가 흰색에서 검은색이 되거나 검은색이 흰색이 되는 것은 진화와 아무 상관이 없다. 원래부터 가지고 있던 능력으로 날개의 색깔을 바꿀 수 있는 것이다. 없던 능력이 나타난 것은 아니다. 이처럼 진화된 결과라 보기 어려운 단 하나의 사례를 제시하면서 모든 생물이 진화되었다고 주장하는 것은 과학자의 기본자세가 아니다.

여기서 한 가지 생각해 보고 넘어가야 할 것이 있다. 흰색 후추나방이 박쥐에게 잡아먹힐 때 자기의 날개 색깔이 흰색이라 박쥐의 눈에 잘 띄어 잡아먹히는 것이란 것을 눈치챌 수 있을까? 나방에게 문제의 원인을 파악하는 지능이 있을까? 설령 그렇다고 할지라도 그 짧은 기간 동안 변색하는 능력이 생길 수는 없다. 만약 그런 능력이 필요에 따라 동물에게 생긴다면 모든 피식자는 포식자의 눈에 잘 띄지 않는 보호색으로 변색이 되었을 것이다. 그러면 포식자는 굶어 죽게 된다. 모든 포식자는 제대로 먹지 못하여 개체 수가 급격하게 줄어들다가 나중에는 멸종되고 말 것이다.

케틀웰은 자기 실험의 결과를 "다원의 잃어버린 증거(Darwin's missing evidence)"라는 제목의 논문으로 발표하였다. 이 제목의 뜻은 다원의 주장은 증거가 없으나 자신이 입증했다는 뜻이다. 정확히 말하면 다원의 자연선택설은 증거가 없었다는 것이다. 최재천 교수나 케틀웰도 다원의 자연선택설에는 증거가 없다는 것을 인정하고 있다. 증거가 없는 학설은 가설이다. 케틀웰의 실험은 전혀 가치가 없으니 자연선택설은 아직도 근거가 없는 가설에 불과하다. 많은 진화론 과학자가 연구를 열심히 하고 있으나 지금까지도 자연적으로 형질이 변하는 명확한 사례를 제시하지 못하고 있다. 그것은 진화론의 가장 기본적인 이론이 추측에 지나지 않았다는 것을 보여준다. 그렇다면 자연선택으로 인한 진화란 메커니즘도 폐기하는 것이 마땅하다. 또한, 자연선택설로 시작된 진화론은 폐기해야 한다.

설령 인위선택이 자연선택의 개연성을 보여주는 유추일 수 있다 하더라도, 인위선택을 통해 새로운 종을 만들 수 있는 것 역시 아니었다. 자연선택을 통한 종의 변화를 보여주는 많은 사례는 독자들의 상상력은 물론 알려진 사실과 분명치 않은 사실 사이의 유추를 요구하는 내용이었으며, 다윈은 독자들의 상상력을 촉구했고 설득 조의 가정법 구문을 동원했다.[18]

자연선택으로는 종과 종 사이에 진화할 수 없는 것이 밝혀졌다. 그런데도 여전히 다윈의 가르침에서 벗어나지 못하는 지금의 다윈주의자는 다윈이 씌워준 안경을 벗어야 할 것이다. 다윈의 주장처럼 형질의 변이가 수억 년 동안 유전되고 누적됐다면 지금은 아주 다양하게 변형된 동물을 볼 수 있을 것이다. 그러나 야생의 동물에게서나 축사에서 기르는 가축도 변형된 것을 볼 수가 없다. 다윈의 주장이 사실이라면 지금도 그런 일들은 흔하게 나타날 것이다. 그러나 그런 것을 발견한 자는 아무도 없다.

———

명제와 이론이 아무리 그럴듯해도 근거가 없으면 과학이론은 못 된다.

---

18) 김기윤, "다시 돌아보는 『종의 기원』", the science times, 2013.07.10.

제3장

형질의 변이란 이상한 용어

다윈은 '자연선택'이란 용어 외에 '형질의 변이'란 새로운 용어도 만들어 학자들을 설득하는 데 성공하였다. 동종의 개체 간에 생김새가 서로 다른 것은 형질이 변이 된 탓이란 것이다. 그러나 형질은 자연적으로 변이 되지 않는다.

> 같은 부모로부터 자식에게 나타나는 것이 잘 알려져 있으며 개체적 차이라고 불리는 것과, 같은 한정된 지역에 사는 같은 종의 여러 개체에서 빈번하게 관찰되는 것으로 위의 경우와 똑같이 태어난 것으로 추측되는 것 등 많은 사소한 차이가 있다. 같은 종의 모든 개체가 전적으로 같은 형(形)으로 생성되었다고 생각하는 사람은 아무도 없다. 이러한 개체적 차이는 우리에게 매우 중요하다. 왜냐하면, 그것은 자연선택을 위해, 인간이 사육 재배 생물의 개체적 차이를 어떤 방향으로든 누적시킬 수 있는 것과 똑같은 누적 재료를 제공하기 때문이다.19)

'형질'은 '생김새와 성질'이라고 사전에서 설명하고 있다. 위키백과에서는 변이를 "개체 간에 혹은 종(種)의 무리 사이에서 나타나는 형질의 차이다"라고 한다. 즉, 형질의 변이란 생김새와 성질이 차이

---

19) 찰스 다윈, 『종의 기원』, 송철용 역, 동서문화사, pp.61~62.

가 난다는 뜻이다. 사람마다 얼굴 생김새가 다 다르다. 쌍둥이의 얼굴도 서로 다르게 생긴 부분이 있다. 얼굴이 서로 다른 것을 얼굴이 차이가 난다고 표현하지 않는다. 그냥 다르게 생겼다고 생각할 뿐이다. 형제끼리 생김새가 다른 것을 생김새가 차이가 난다거나 형질이 차이가 난다고 말하는 사람은 다윈 외에 아무도 없다. 부모와 자녀의 생김새가 다르다고 형질이 변이되었다고 억지를 부리는 사람도 다윈 외에 아무도 없다. '차이'란 뜻은 "둘 이상의 사물을 견주었을 때 서로 다른 수준이나 정도"를 말한다. '견주다'란 뜻도 둘 이상의 사물을 질이나 양 따위에서 어떠한 차이가 있는지 알기 위해 맞대어 보거나 비교한다는 뜻이다. 예를 들면, 키가 차이가 난다거나 실력이 차이가 난다고 할 때 사용한다. 생김새가 차이가 난다거나 성질이 차이가 난다는 표현은 없다. 생김새가 다르다고 하지 생김새가 차이가 난다고 하지는 않는다. 한배에서 태어난 새끼들도 각기 다르게 생겼지만 다른 어미에게서 태어난 동종의 새끼들과 크게 다르지 않다. 부모와 자녀의 생김새는 똑같지 않다. 그렇다고 변질이 되거나 변형되어 달라진 것은 아니다. 근본적인 형태는 똑같다. 더구나 구조나 내부기관은 완벽하게 똑같다. 그것을 차이가 난다고는 하지 않는다.

변이의 변(變) 자는 '변할 변'이다. 변이의 이(異)는 '다를 이'란 뜻이다. 즉, 변이의 의미는 변하여 다르게 되었다는 뜻이다. 다르게 표현하면 변질이 되었다는 뜻이다. 형질은 자연적으로 변이나 변질이 되지 않는다. 생김새가 다른 것은 변질된 것은 아니다. 그러므로 다윈이 말하는 형질의 변이는 없다. 다윈은 형질의 변이는 모든 생물에게 있는 것이고 변이된 형질은 유전되고 누적된다고 주장했다. 개체마다 형질이 계속해서 변이된다면 고유한 종은 존재할 수 없다.

종마다 변종과 아종이 있는 것은 사실이다. 딱정벌레는 35만여 종이 있다. 그러나 전 세계적으로 분포되어 서식하는 여우는 37종이 있을 뿐이다. 다윈의 주장처럼 형질의 변이로 진화된다면 여우도 100,000종은 넘어야 할 것이다. 물론 그동안 멸종된 것도 분명히 있다. 그러나 변종이 계속해서 발생한다니 종의 수는 점점 늘어나야 한다. 그러나 오히려 종의 수가 줄어들고 있다. 그것은 변이가 누적되어 변형되거나 진화되지 않는다는 것을 보여줄 뿐이다.

그리고 변종이 발생해도 고유한 종의 범위는 벗어나지 않는다. 만약 여우가 고유한 형태와 다르게 변형이 되면 여우의 '종'에 포함을 시키지 않는다. 여우가 변형되어도 다른 동물로 진화되지 않기 때문에 37종이 있는 것이다. 더구나 동식물의 원종(原種)으로 보는 것은 변종이나 아종과의 생존경쟁에 패배하여 멸종되지 않고 지금도 그대로 서식하고 있다. 그러므로 형질의 변이로 진화되었다는 다윈의 주장은 허구다.

형질은 변하지 않는다

"같은 종의 모든 개체가 전적으로 같은 형(形)으로 생성되었다고 생각하는 사람은 아무도 없다"라는 다윈의 말을 검토해 보자. 모든 동물은 공장에서 양산한 제품처럼 똑같은 것은 없다. 심지어 한배에 태어난 새끼들도 각기 다르게 생겼다. 우리가 흔히 보는 반려동물이나 가축의 생김새가 다른 것을 잘 안다. 그런데 동물은 개체마다 다르게 생긴 것을 쉽게 알 수 없다. 곤충이나 물고기나 조류를 보면 다 똑같이 생긴 것처럼 보인다. 까마귀나 제비나 참새를 보면 다 똑같이 생겼다. 파충류나 포유류도 마찬가지로 그냥 보면 다른 것을 알기 어렵다. 자세히 관찰하지 않으면 다르게 생긴 것을 알 수 없다. 피부에 무늬가 없는 동물은 인간들이 구분하기가 더욱 어렵다. 펭귄처럼 집단으로 서식하는 동물은 비슷한 시기에 같이 태어난 새끼들의 생김새가 똑같아서 새끼 특유의 냄새로 자기 새끼를 분별한다고 한다. 생김새가 비슷하여 어미조차 생김새로는 자기 새끼를 알아보지 못할 정도로 미세하게 다른 것을 형이 다르다고 할 수 없다. 그런 것을 변이나 변형된 것이라고 하면 안 된다.

같은 종에 속한 동물은 생김새는 각기 달라도 모양은 똑같다. 형질도 똑같다. 같은 종의 개체끼리는 생김새는 조금씩 달라도 형질은 똑같다. 형태도 똑같다. 다윈의 말과 달리 형태는 변하지 않는다. 형질도 변하지 않는다. 모든 동물은 부모의 형질을 그대로 물려받는다. 생긴 모양이 다르면 다른 종으로 분류한다. 원숭이는 10과 50속, 200여 종이 있다. 원숭이는 서식지에 따라 다르게 생긴 것이 있다. 원숭이도 생김새는 각기 다르나 원숭이는 200여 종만 있다. 다윈의 말처럼 개체마다 형질이 다르고 그것이 누적된다면 원숭이 종류도 20,000종 이상이 되어야 할 것이다.

다윈의 말처럼 형태와 형질의 변이가 누적되어 형태가 달라진다면 지금 서식하는 동물은 원형과 아주 많이 달라져 있어야 한다. 원숭이만 하더라도 천만 년 전부터 서식하던 것이라고 한다. 그렇다면 그 긴 세월 동안 변이된 형질이 누적되었다면 원숭이는 화석에서 보는 것과 전혀 다른 모습을 하고 있어야 하고 종의 수도 수만 종은 되어야 한다. 그러나 원숭이는 200여 종만 서식하고 있다. 다른 동물도 마찬가지다. 종의 수가 많지 않다. 특히 고등동물은 종의 수가 많지 않다.

자연선택설이 맞는다면 변형이나 진화된 새로운 종이 더 많이 나타나야 한다. 그러나 멸종되는 종만 늘어나고 있는 것이 현실이다. 공룡의 멸종처럼 급격한 환경의 변화도 없다. 그런데도 종의 수는 늘어나지 않고 오히려 줄어들고 있는 것은 형질의 변이가 누적되어 변형이나 진화되지 않는다는 증거다.

> 자연의 힘은 모든 내부기관과 체질적 차이, 생명의 모든 기구에 작용할 수 있다.[20]

다윈은 얼굴 생김새가 다른 것을 가지고 심지어 생물의 구조와 내부기관까지 형질의 변이가 일어난다고 주장한다. 나아가서 생명의 모든 기구에도 변이가 있다는 것이다. 생물의 내부기관까지 작용할 수 있는 '자연의 힘'은 무엇인가? 그것이 무엇이냐고 다윈에게 질문하면 그는 무엇이라고 대답했을까 궁금하다. 실체도 없는 것을 마치 대단한 능력이 있는 것처럼 말하고 있다. 그러면서 다윈은 형질이 변이 된 사례를 제대로 보여주지 못하고 있다. 다윈은 여러 동물을 해부해 보지도 않고 신체구조와 내부기관까지 변이가 발생한다고 주장한 것이다. 다윈은 동종의 개체마다 생김새가 다르게 생긴 것을 이용하여 형태와 내부기관까지 변이 되는 것처럼 독자를 그릇된 길로 인도하고 있다. 『종의 기원』을 읽은 순진한 독자들은 사람이나 반려동물이나 가축의 생김새가 각각 저마다 다른 것은 누구나 잘 알고 있으니, 형질과 내부기관까지 차이 난다는 다윈의 말을 조금도 의심하지 않고 수긍한 것이다.

---

20) 위의 책, p.98.

다윈이 생김새가 다른 것을 형질이 다르다고 무리한 주장을 하는 목적이 있다. 그래야 형질은 변이되고 누적되어 진화된다는 공식을 세울 수 있기 때문이다. 만약 다윈이 생김새가 다른 것들이 누적되어 진화된다고 주장한다면 설득당할 사람이 아무도 없을 것이다. 만약 다윈이 "모든 생물은 개체 간에 생김새가 다르게 생겼다. 생김새가 서로 다른 것들이 누적되어 진화된다"라고 발표했다면 자연선택설은 진작 멸종되었을 것이다. 공감하는 사람이 없기 때문이다.

요즘은 유전학이 발달하여 형질이 저절로 변이 된다고 생각하는 학자는 없다. 다윈의 열렬한 추종자라도 그렇게는 생각하지 않을 것이다. 요즘은 형질의 변이란 용어 자체를 사용하지 않는다.

다윈이 주장하는 변이의 원인

> 나는, 생활의 모든 조건이 직접적으로 체제에 작용하고, 또 간접적으로 생식 계통에 작용함으로써, 변이성을 일으키는 데 가장 큰 중요성을 가지고 있다고 믿는다.[21]

다윈은 형질변이의 원인을 생활의 모든 조건 탓이라고 주장한다. 다윈은 변이를 지배하는 많은 법칙이 있다고도 했으나 변이가 발생하는 가장 큰 원인을 생활의 조건, 즉 생활환경이라고 한다. 즉, 기후와 먹이와 다른 동물과의 공생관계에서 그 원인이 있다는 것이다. 그러나 환경이나 지역과 상관없이 고유한 생김새는 변함이 없다. 생활환경으로 생식 계통에 변이가 발생하거나 유전되지 않는다.

예를 들면, 시베리아호랑이나 열대지역인 인도에 사는 벵골호랑

---

21) 위의 책, p.58.

이가 유명하다. 그 외에도 남중국호랑이, 수마트라호랑이, 말레이호랑이, 인도차이나호랑이가 있다. 이들 호랑이는 아종으로 유전적 차이는 없다고 한다. 어느 지역에 서식하는 호랑이든 털의 무늬와 색깔은 거의 같다. 몹시 추운 시베리아에 서식하는 호랑이나 무더운 인도에 서식하는 호랑이의 생김새나 체형도 똑같다.

곰을 예로 들어 살펴보자. 우리나라에 사는 반달곰이나 아메리카 흑곰이나 동남아시아 열대우림에 사는 말레이곰이나 북극에 사는 북극곰의 근본적인 형태는 다르지 않다. 누가 봐도 곰이란 것을 알 수 있다. 몸집이나 털의 색깔은 다르지만, 형태는 곰이란 것에는 변함이 없다. 그래서 사는 지역에 따라 '~곰'이라고 하는 것이다. 생활의 조건에 따라 생김새에 약간의 변화는 있지만 다윈의 말처럼 형태나 구조나 내부기관까지 달라지지는 않는다. 더구나 곰이 다른 동물로 진화한 경우는 없다. 그러므로 모든 생물은 생활환경에 따라 형질변이가 된다는 주장은 사실이 아니다. 형태뿐만 아니라 내부기관도 생활환경과 상관없이 똑같다. 초식동물인 토끼나 사슴 등은 어느 지역에 살든지 거의 비슷한 생김새를 가졌다. 그러므로 모든 동물은 서식지와 상관없이 생김새든 성질이든 고유한 것에서 벗어나지 않는다. 다윈의 주장과 달리 모든 동물은 장구한 세월이 지났지만 고유한 형태는 조금도 변하지 않고 기본적인 그 모습 그대로 살고 있다.

개체마다 다르게 생긴 이유

모든 생물이 개체마다 다르게 생긴 것은 사실이다. 똑같이 생긴 것은 하나도 없다고 봐야 한다. 일란성 쌍둥이도 부모와 형제나 친구들은 그 미묘한 차이를 안다. 생김새만 다른 것이 아니라 성격은 생김새보다 더 다르다. 부모 형제 사이에도 생김새가 서로 다른 근본적인 이유가 있다. 생물의 개체마다 생김새와 성질이 서로 다른 것은 서식환경과 상관없이 유성생식 하는 모든 생물에게 항상 일어난다. 무성생식을 하는 경우에는 차이가 일어날 가능성은 적다. 후생유전학에서는 유전자 서열에 변화가 없더라도 유전자 발현 정도에 차이가 나서 개체 간 변이가 생길 수 있다고 한다. 그렇다고 그런 변이가 유전되거나 누적되어 새로운 종이 탄생하는 것은 아니라고 본다. 단성생식은 자가복제가 되기 때문에 공장에서 상품을 제작하듯이 똑같은 모습이라고 해도 틀린 말이 아니다. 그러나 유성생식을 하는 양성(兩性) 동물은 부모의 유전자가 혼합된 형태로 자녀에게 나타난다. 유성생식의 과정에서 부모에게서 물려받은 양쪽 유전자가 재조합(recombination)되기 때문에 생김새가 다를 수밖에 없다. 그래서 자식은 부모를 그대로 닮지 않고 형제간에도 서로 다르게 생긴 것이다. 이것은 형질이 변이 된 탓이 아니다.

사람은 모두 46개의 염색체를 가지고 있다. 수정될 때 아버지의 염색체와 어머니의 염색체가 난자에서 합쳐진다. 이때 부모의 유전자가 뒤섞이게(shuffling) 된다. 그러므로 자녀들은 아버지와 어머니의 형질을 물려받으나 아버지나 어머니를 완벽하게 닮은 자녀는 없다. 자녀들 가운데 아버지를 닮은 자녀가 있고 어머니를 닮은 자녀도 있다. 또 아버지와 어머니를 섞어 닮은 자녀도 있다. 자녀를 여럿을 낳다 보면 아버지나 어머니도 닮지 않은 자녀도 태어난다. 그러므로 유성생식을 하는 동물이 부모와 자녀, 형제간의 생김새가 다른 것은 당연하다. 이런 것을 진화의 근거인 변이라고 하는 것은 궤변이다. 생활환경이나 외부적인 자극으로 형태가 달라져도 유전이 되지 않는다는 것이 밝혀졌다. 그러므로 형질의 변이가 자연선택설의 기초라면 자연선택설은 허구다. 다윈은 형질의 변이가 없다면 선택도 없다고 했으니 형질의 변이도 선택도 없으니 진화도 없었다.

변이된 형질은 유전되고 누적되는가?

다윈은 생물의 형질은 변이가 발생하게 되고 그 변이된 형질은 세대를 이어가며 유전되고 누적이 된다고 주장했다. 형질이 유전되는 것은 사실이다. 그래서 자녀는 부모의 외모나 성격이나 지능조차 닮기도 한다. 자녀가 부모를 닮은 것은 부모의 유전자를 물려받았기 때문이라고 할 수 있다. 그러나 형질은 계속해서 변이가 되거나 누적되는 것은 아니다. 유전자를 검사해 보면 알 수 있다.

다윈의 주장대로 조상의 형질이 유전되고 누적된다면 조상의 좋은 형질만 누적되는 것이 아니라 약하거나 병적인 형질도 유전되고 누적될 것이다. 자녀가 부모의 유전적 질병을 갖고 태어나기도 한다. 좋은 형질만 물려받는 것이 아니라 유전병을 물려받는 증거다. 지금까지 밝혀진 유전병의 종류는 무려 10,000가지가 넘는다고 한다. 다윈은 좋은 형질만 물려받는 것처럼 말했지만 형질이 유전되고 누적된다면 좋지 않은 형질도 유전되고 누적될 것이다. 만약 좋지 못한 형질도 계속하여 유전되고 누적된다면 기형이나 괴물이 되거나 여러 가지 질병으로 건강에 해롭게 될 것이다. 형질의 변이에는 얼굴 생김새가 다른 것도 포함된다. 얼굴 생김새가 누적된 것이 발현된다면 어떤 얼굴이 될까? 좋은 형질이 누적되어 발현된 사례는 어떤 것이 있을까? 적어도 수억 년 전부터 서식하던 동물은 좋은 형질이 누적되어 얼굴이나 생김새가 더 멋진 새로운 종이 나타나야 한다. 그런데 그런 것을 발견한 자는 아무도 없다. 물론 좋지 못한 형질이 누적된 것이 발현되어 원형보다 추한 동물을 본 자도 없다. 할아버지의 얼굴에 난 까만 점이나 혹이 유전되어 대대로 까만 점이나 혹을 달고 사는 사람도 없다. 그것은 다윈의 주장과 달리 변이된 것이 유전되거나 누적되지 않기 때문이다.

형질변이의 한계

다윈은 생물체의 구조와 내부기관까지 형질의 변이가 일어난다고 한다. 생활조건에 따라 다르게 변이된 것이다. 사는 지역에 따라 형태가 다르게 생긴 동물은 있기는 있다. 낙타는 크게 두 종류가 있다. 단봉낙타가 있고 쌍봉낙타가 있다. 낙타의 등에 난 혹이 한 개인 것을 단봉낙타라 하고 두 개의 혹이 있는 낙타를 쌍봉낙타라고 한다. 낙타의 90% 이상이 단봉낙타이다. 단봉낙타는 중동지역에 살고 쌍봉낙타는 주로 몽골의 고비사막에 산다. 그곳은 무척 추워서 혹에 지방을 많이 저장하기 위해 봉이 두 개가 있다. 그러나 서식지에 따라 낙타가 다른 동물로 진화되는 것은 아니다. 기본적인 골격이나 형태는 변함이 없다. 얼굴이나 다른 형태는 똑같다. 특히 내부기관과 장기의 구조와 기능도 똑같다. 지금은 다윈의 주장처럼 동물의 내부기관도 변이가 일어나 다른 개체보다 생존경쟁에 유리한 독특한 장기(腸器)를 가진 개체가 있다고 믿는 자는 없을 것이다.

서식지에 따라 생김새가 다르게 생긴 것도 있다. 물론 모든 동물이 사는 곳에 따라 다 다르게 생긴 것은 아니다. 서식지에 따라 동종의 동물이 다르게 생긴 것도 있지만 다른 종으로 진화되었다고 할수 없을 정도로 비슷하게 생겼다. 동물은 개체 간에 생김새가 다르게 생겼다. 같은 동물이지만 차이나 변화라고 할 정도로 다르게 생긴 것도 있다. 생김새가 확연히 다른 것은 다른 '종'으로 구분한다. 원숭이 가운데 80g밖에 나가지 않는 '아기여우원숭이'가 있다. 크기가 다른 종과 차이가 아주 많이 나지만 고유한 형태를 벗어나지 않았기 때문에 '아기여우원숭이'를 다른 동물로 분류하지 않고 원숭이의 다른 종으로 보는 것이다. 원숭이의 종류가 많은 것을 보고 원숭이가 침팬지나 고릴라로 진화되는 것으로 착각하면 안 된다. 그런일은 없다. 그러니 과거의 원숭이는 여전히 원숭이로 살고 있다. 유전자의 변이로 변형된다고 해도 고유한 형태는 벗어나지 못한다.

다음 사진은 여러 종류의 다랑어를 찍은 것이다.

다랑어의 지느러미의 모양과 크기와 색깔이 각기 다른 것을 볼 수 있다. 형질의 변이로 없던 지느러미가 생기기도 하고 저절로 다양한 모양으로 변형될 수 있을까? 지느러미가 짧다고 멸종된 것도 아니다. 만약 지느러미가

출처: NOAA, 위키미디어

긴 것이 생존에 더 유리하다면 모든 다랑어, 나아가서 모든 어류의 지느러미가 길어졌을 것이다. 짧은 것은 동종과의 경쟁에서 패배하여 사멸되었을 것이다. 그러나 지느러미의 모양과 길이와 상관없이 공존하는 것을 볼 수 있다. 이런 현상은 모든 동물에게서 볼 수 있다.

지금 있는 동식물은 수억 년 전부터 동종의 개체가 서로 다르게 생긴 채로 살아왔다. 그러나 다윈의 주장과 다르게 다른 종이나 동물로 진화되지 않고 그 모습 그대로 살고 있다. 심지어 화석에서 보이는 그 모습과 똑같다. 다윈의 주장과 현실은 다르다. 이것만 알아도 다윈의 주장은 허구란 것을 깨닫게 된다. 지금 진화론 과학자들은 '형질의 변이'란 명제가 잘못된 것을 알고 있을 것이다. 멘델의 유전법칙에 따르면 교잡해도 고유한 형태에서 벗어나지 못한다는 것을 그들도 잘 알고 있다. 멘델의 법칙을 배워서 알지만 그걸 무시하는 것이다.

멘델의 연구

멘델은 자신의 연구를 위해서 완두콩을 그 재료로 사용했다. 우선 완두콩을 잘 키워서 키가 큰 완두콩과 키가 작은 완두콩을 서로 분리해낸다. 이렇게 키가 큰 것과 작은 것이 각각 완두콩의 형질이 된다. 키가 큰 것은 큰 것대로 따로 키우고 작은 것은 작은 것대로 따로 키워서, 몇 세대 후에는 무조건 키가 큰 종자와 무조건 키가 작은 종자를 얻는다. 이 완두콩들을 서로 교배를 시켰더니 키가 큰 완두콩이 나오는 종자만을 얻을 수 있었다. 기존 발상으로는 키가 큰 것과 작은 것의 중간 키 정도가 되는 완두콩이 나와야 했는데 그렇지 않은 결과가 나온 것이다. 이런 식으로 한 가지 형질만이 겉으로 드러나는 것을 우열의 법칙이라고 하며, 이때 나타나게 되는 키가 큰 형질을 우성, 반대로 나타나지 않는 키가 작은 형질을 열성이라고 한다. 다음에는 이렇게 얻은 완두콩을 제꽃가루받이를 거쳐 다시 키워보았다. 그러자 키가 큰 완두콩과 작은 완두콩의 비율이 3 대 1로 나타났다. 이를 분리의 법칙이라고 한다. 또한, 멘델은 완두콩의 키 이외에도 다른 형질로도 실험했다. 둥근 완두콩과 주름진 완두콩, 그리고 녹색 완두콩과 노란 완두콩에서도 같은 결과를 얻을 수 있었다. 더군다나 이러한 서로 다른 형질은 상관관계가 없이 서로 독립적으로 우열의 법칙과 분리의 법칙을 나타냈다. 이것을 독립의 법칙이라고 한다. 이 세 가지가 바로 멘델의 법칙이다.[22]

멘델의 법칙에서는 이종 간에 교잡해도 고유한 형태는 없어지는 것이 아니라 후대에 나타난다는 것이다. 그리고 자연에서는 교잡하는 일조차 없으므로 형태의 변형이나 진화는 없다. 다윈이 말하는 형질의 변이나 내부기관까지 변형이 일어나는 그런 변이 따위는 없다.

———

개인 간의 DNA 염기서열은 99.9% 일치한다.
이것은 변이가 누적되지 않는 것을 확실히 보여준다.

---

22) [네이버 지식백과] 멘델의 법칙(Mendelism/Mendel's law) (두산백과).

제4장

변하다가 멸종된다

진화란 서서히 발전적으로 변화된다는 뜻이 담겨 있다. 진화의 과정에는 두 가지 이론이 있다. 생물의 진화는 서서히 점진적으로 진화된다는 자연선택설과 돌발적으로 변이된다는 돌연변이설이 있다. 두 가지 이론 모두 모순이 있다. 돌연변이로 한순간에 변종이 발생할 요인이 없다. 그래서 서서히 점진적으로 변형된다는 것은 돌연변이설보다 더욱 그럴듯한 이론이다. 그러나 점진적으로 변화가 일어나는 과정은 생존에 불리하고 번식이 중단되므로 진화될 수 없다. 예를 들면, 난생동물이 태생동물로 진화되려면 생식기관에 아주 복잡한 대규모 공사가 필요하다. 그런 큰 변화가 서서히 변형되려면 아주 많은 시간이 필요하다. 그동안은 생식이 중단되어 멸종하게 된다. 난생동물이 한순간에 태생동물로 진화될 수도 없으니 진화는 불가능하다.

동일과정설(同一過程說, uniformitarianism)

다윈이 살던 시대에 유럽인들은 성경을 근거로 지구의 역사는 6,000년이 되는 것으로 알고 있었다. 다윈은 생물이 창조된 것이 아니라 진화된 것으로 확신하고 있었지만 그걸 설명할 방법이 없었다. 그 6,000년 동안에 세균이 사람으로까지 진화되었다 발표하면 공감

할 사람이 아무도 없다는 것은 짐작하고도 남는다. 그런데 다윈은 영국의 지질학자인 라이엘이 1830년에 출판한 『지질학 원리』란 책에서 그의 진화론을 완성하는 데 필요한 장구한 세월이란 시간을 얻게 되었다.

17세기 후반에는 G. 퀴비에가 제기한 격변론이 지질학계를 주도하고 있었다. 그러나 영국의 허턴(James Hutton, 1726~1797)이 1785년 발표한 『지구의 이론』에서 "현재는 과거를 푸는 열쇠이다"라고 주장하면서 현재 일어나는 변화로 과거의 지질학적 역사를 알 수 있다고 하였다. 현재 지표면에서 일어나는 풍화 → 침식 → 운반 → 퇴적 → 암석화 → 융기 → 풍화는 매우 느리게 일어날 뿐만 아니라 끊임없이 반복되기 때문에 현재를 보면 과거의 지질학적 사건을 알 수 있다는 것이다. 지질학적 변화는 과거나 현재나 같은 방식으로 일어났다는 동일과정설을 주장했다. 여기서 잠깐 동일과정설에 대해 검토해 보고 넘어가자. 풍화 → 침식 → 운반 → 퇴적 → 암석화 → 융기 → 풍화란 동일과정설의 공식에서 풍화 → 침식 → 운반 → 퇴적이 되는 것은 인정이 된다. 암석이 풍화된 모래나 흙이 빗물에 휩쓸려 강을 거쳐 바다로 들어가 근해의 해저에 쌓이는 것은 사실이다. 그것이 오랜 시간이 지나면 암석이 될 수 있다.

그러나 융기가 반복되는 증거는 없다. 융기가 반복되지 않는다면 동일과정설은 성립될 수 없다. 지구 표면을 덮은 약 10장의 강한 판이 다른 판과 충돌할 때 땅에 주름이 잡힌 것처럼 굴곡이 생긴다. 로키산맥, 안데스산맥, 히말라야산맥, 알프스산맥과 같은 산맥은 두 판이 부딪힐 때 지각이 어그러져서 생긴 것이다. 그런데 이런 판의 충돌은 반복적으로 일어나지 않았고 조산운동도 없었다. 지금까지 세

번의 조산운동이 있었다고 한다. 석탄기에 일어났다. 3억 년 전에 일어났다는 것이다. 그 후에는 대규모 조산운동은 없었다. 풍화 → 침식 → 운반 → 퇴적은 계속되고 있지만, 융기가 일어나지 않았다면 이 공식은 허구다. 융기까지 반복적으로 일어나야 동일과정설은 사실이 된다.

점진적 진화란?

그 후 라이엘(Charles Lyell, 1797~1875)은 허튼의 동일과정설을 보완하여 1830년에 출판한 『지질학 원리』에서 지층은 장기간에 걸쳐 서서히 형성되었다는 동일과정설을 주장하여 동일과정설이 지질학계를 주도하게 되었다. 동일과정설의 핵심 이론은 '장기간'과 '서서히'라는 단어에 함축되어 있다. 라이엘은 그의 저서에서 "지구 역사는 언제 시작되었는지 알 수 없고 또 언제 끝날지 예측할 수 없다"라고 주장했다. 그래서 지구 역사는 그 당시 유럽인들이 생각하던 것보다 무한히 길다는 것이다. 다윈은 5년간의 긴 항해 동안 라이엘의 『지질학 원리』를 탐독하여 진화론에 필요한 장구한 시간과 서서히 변화된다는 개념을 얻었다. 많은 과학자가 라이엘의 주장을 따라 지구의 역사가 6,000년이 아니라 수십억 년이 된 것으로 알게 되었다. 그래서 다윈은 눈에 보이지 않을 정도의 미세한 변이가 몇십억 년 동안 유전되고 누적되어 서서히 조금씩 진화되었다고 주장하자 과학자들은 그 이론이 타당한 것처럼 보여 과학으로 받아들였다. 그러나 동일과정설이 허구이므로 다윈이 얻은 몇억 년의 시간도 무지개에 지나지 않는다.

동물 번식 과정의 변화

세포분열로 증식하던 세균이 단성생식 하는 동식물로 진화하고 단성생식을 하던 동식물이 양성생식 하는 구조를 갖추려면 아주 복잡한 과정을 거쳐야 한다. 자연은 눈도 지능도 없고 창의성도 없고 손발도 없어서 어떤 작업을 시작할 수도 없다. 양성생식이 좋겠구나 하는 판단조차 할 수 없다. 또 그런 판단을 할 지능과 창의성이 있다고 할지라도 자연은 단성(單性)의 생명체를 암수의 몸으로 구조를 설계하고 변경시킬 능력이 없다. 양성생식은 없던 다리가 생겨나는 정도가 아니라 고도로 정밀하고 복잡한 구조변경이 필요하다. 그러므로 자연이 양성을 가진 동물로 구조를 변경시키는 것은 불가능하다. 단성생식을 하던 생물의 판단과 의지와 상관없이 저절로 양성생식 하는 생물로 진화되었다는 것은 흑백텔레비전을 많이 생산하는 과정에 직원이 실수로 회로도와 다른 부품을 몇 가지 잘못 연결했더니 천연색텔레비전이 되었다는 것과 같은 말이다.

단성생식을 하던 생물이 양성생식 하는 생물이 되려면 고도로 정밀한 구조변경이 필요하다. 단성생식을 하던 동물의 몸에 엄청난 변화가 일어나야 한다. 우선 수컷의 몸에 DNA가 저장된 정자 생산과 그리고 정액을 배출할 수 있는 생식기가 생성되어야 한다. 암컷의 몸에는 난자와 자궁이 준비되어야 한다. 또한, 암컷은 배란기가 되면 암내를 풍겨 수컷이 찾아오게 하고 수컷은 암컷이 배란기인 것을 알게 해야 한다. 나아가서 난자는 정자를 유인하는 기능이 있어야 정자가 그곳을 향해 가게 된다. 그렇지 않으면 뇌도 본능도 없는 정자가 난자를 찾아 이동할 이유가 없다. 그리고 정자가 난자까지 도달할 추진력을 갖게 해야 한다. 이런 것까지 미리 알고 준비하고 몸의 구조와 기능이 동시에 준비되지 않는다면 생식은 불가능하다. 기계와 도구를 개발하듯이 사용해 보고 수정 보완하는 동안 번식이 불가능하므로 멸종하게 된다.

난자와 정자의 신비한 수정

동물이 유성생식을 하려면 난자와 정자가 있어야 한다. 유성생식을 하려면 먼저 성체의 몸이 암수가 따로 있어야 한다. 암컷의 몸이 있어야 난소에서 난자가 생성된다. 고환에 있는 정소에서 정자가 만들어진다. 고환을 가진 수컷의 몸이 있어야 정자를 생산할 수 있다. 그러므로 암수의 몸이 따로 있어서 난소와 정소에서 각각 난자와 정자가 만들어져야 양성생식을 할 수 있다. 그러므로 처음부터 암수의 몸이 따로 있지 않으면 양성생식은 불가능한 것이다. 단성생식 하던 생물의 몸이 암수의 몸으로 따로 진화한다는 것은 불가능하다. 암수의 몸이 처음부터 따로 존재해야 양성생식이 될 수 있다.

난자의 모양은 구형이나 타원형이며 크기는 0.1mm 정도다. 정자는 기본적으로는 머리와 몸통과 꼬리로 이루어져 있다. 머리에는 염색체가 든 핵이 있고 머리 앞에는 이를 감싸는 첨체(acrosome)가 있다. 이 첨체는 정자 머리가 난자의 벽을 뚫고 들어갈 때 중요한 역할을 한다. 몸통에는 미토콘드리아가 있어 정자 운동에 필요한 에너지(ATP)를 생성하고, 꼬리는 난자를 향하여 나가는 기능이 있다. 여성의 질은 산성이라 산성에 약한 정자는 난자의 근처에 가기 전에 대부분 죽게 된다. 이것은 약한 정자가 수정되지 못하게 하는 신비한 기능이다. 난자에 제일 먼저 도착한 정자의 머리 부분에서 히알루로니다아제(hyaluronidase)라는 효소가 분비된다. 이 효소는 난자를 감싸고 있는 표면을 녹이기 시작하여 난자 속으로 들어가 수정된다. 이때 불필요하게 된 정자의 꼬리는 떨어져 없어진다. 난자 속에 정자가 들어가면 정말 눈 깜짝할 사이에 수정막이라는 얇은 투명 층이 생겨 다른 정자가 난자에 침입하지 못하게 막는다. 이런 기능이 없다면 인간도 돼지처럼 한 번에 열 명의 자식을 낳게 될 것이다.

여기서 생각해 보아야 할 것이 있다. 정자는 앞으로 나아가고 난자에 침투하기 좋은 모양으로 생겼다. 난자는 정자를 받아들이기 좋게 원형으로 생겼다. 정자가 원형이고 난자는 화살 모양으로 생겼다면 수정이 어렵다. 정자와 난자의 모양은 누가 설계하였을까? 정자의 머리에 히알루로니다아제란 효소가 있다. 이런 효소가 없다면 수정이 불가능하다. 이런 화학적 효소가 저절로 생성될 수 있을까? 또한, 수정되는 순간 난자에 수정막이 생겨서 정자가 더 이상 침입하지 못하도록 하는 기능도 저절로 생길 수 있을까? 단성생식을 하던 생물의 몸이 각기 암수의 몸으로 개조되고 정소와 난소가 만들어지고 수정할 수 있는 모든 기능을 갖추려면 몇만 년은 더 걸릴 것이다. 그동안 단성생식도 하지 못하고 양성생식도 하지 못하므로 양성생식으로 진화되어 가던 동물은 바로 멸종하게 된다.

식물도 양성생식을 한다. 대부분 꽃마다 암수가 한 꽃송이 안에 있다. 그러나 제꽃가루받이보다는 대부분이 딴꽃가루받이를 한다. 제꽃가루받이보다 딴꽃가루받이가 생존에 더 유리하다는 것을 뇌도 없는 식물이 어떻게 알았을까? 한 꽃송이 안에 암술과 수술이 있고 제꽃가루받이가 되지 않도록 암술이 수술보다 더 높은 위치에 있도록 자연이 그런 모양으로 진화시켰을까? 아니면 다양한 변이가 되던 중에 암술이 수술보다 높은 곳에 있게 된 것일까? 그렇다면 한 꽃은 우연히 그렇게 될 수 있으나 딴꽃가루받이 하는 모든 꽃이 그런 구조로 저절로 되었다는 것은 상식적으로 불가능하다. 그리고 제꽃가루받이 하는 식물은 지금도 멸종되지 않고 그대로 자생하고 있다.

단성생식이나 제꽃가루받이를 하던 동식물이 양성생식 방식으로 대를 이어가며 생존하게 하려면 이 모든 과정을 예상하고 치밀한 준비를 한 후에 한 세대 안에 양성생식 할 수 있는 구조와 기능을 갖추어야 번식을 시작할 수 있다. 만약 한 세대 안에 이 모든 것을 갖추지 못한다면 멸종되고 만다. 시험적으로 낳아보다가 잘 안 되면 수정하는 방식을 사용하면 번식이 중단되므로 멸종하고 만다.

동물의 생김새만 보면 점진적으로 진화되는 데 별 어려움이 없어 보인다. 같은 '속'이나 '과'에 속한 동물의 진화는 쉬울 것처럼 보인다. 그러나 파충류에서 포유류로 진화하려면 먼저 여러 가지 작업이 선행되어야 한다. 파충류의 알에서 난황[알에 포함된 배아(胚芽)의 성장에 필요한 영양물질]이 제거되고 단단한 껍질도 없어져야 한다. 그리고 난황이 없으면 태아가 어떻게 생존과 성장을 할 수 있을까 궁리해 보아야 한다. 탯줄로 태아와 어미의 자궁과 연결하는 것을 고안해 내야 한다. 고안한다고 저절로 될 수 없는 것은 당연하다. 사실 파충류나 양서류나 자연이 그런 것을 고안한다는 것 자체가 공상과학소설 수준을 뛰어넘는다. 그들은 그런 상상을 할 수 없거니와 한다고 해도 그걸 실현할 능력은 없다. 그냥 세월이 가는 동안 서서히 점진적으로 진화되다 보면 파충류의 알은 점차 작아지고 탯줄이 있는 구조로 바뀐다는 것은 상상 속에서나 가능한 일이다.

지상으로 상륙한 어류의 몸에서 네 개의 다리와 발이 동시에 생성되어야 한다. 그것도 이동하기 가장 좋은 자리에 생성되어야 한다.

만약 가장 좋은 자리에 한 개나 두 개의 다리와 발이 생기면 이동하기에 오히려 거추장스러울 것이다. 다리와 발의 구조도 복잡하다. 관절이 있어야 하고 발가락과 발톱도 있다. 이런 복잡한 구조로 된 발과 다리가 최적의 장소에서 한꺼번에 생길 가능성은 전혀 없다. 가장 최적의 위치에 다리 네 개가 동시에 생성되지 않는다면 생존은 어렵다. 네 개의 다리가 서서히 생성되는 동안에 이동하기 불편하여 생존이 불리하게 된다. 네 개의 발이 옆구리에도 생겼다가 엉덩이에도 생겼다가 점차 지금의 자리에 생겨날 가능성은 없다.

무엇보다도 DNA의 변경이 없이는 생물의 구조가 변경될 수 없다. DNA를 모를 때나 그런 일이 있는 것으로 착각한 것이다. 생물의 형체는 DNA의 지시대로 형성된다. 그러므로 저절로 필요한 지체가 만들어진다는 것은 DNA를 모를 때나 통하던 주장이다. 다윈이 장구한 세월이 흐르는 동안 서서히 점진적으로 진화된다고 하니 파충류에서 포유류로 간단하게 진화된 줄 알지만 실제로는 아주 복잡하고 많은 과정을 거쳐야 한다. 지금까지 번식하는 데 아무 문제나 불편함이 없었다. 그런데 그런 복잡하고 번거로운 과정을 거쳐 알 대신 새끼를 낳는 방법으로 변경할 이유는 한 가지도 없다.

난생동물에서 포유류로 진화되는 과정 동안 난생동물의 번식은 불가능하게 된다. 마치 공장의 생산시설 구조를 변경하는 동안 공장 가동을 멈춰야 하는 것과 같다. 그동안 어떤 상품도 생산할 수 없다. 그처럼 알을 만들고 알을 품던 난생동물의 배 속이 자궁으로 변화가 되려면 아주 긴 세월이 필요하다. 가게를 리모델링할 때도 며칠 동안 문을 닫고 수리해야 한다. 그동안은 장사할 수 없다. 하물며 자궁의 구조가 아주 확 달라지려면 아주 많은 시간과 노력이 필요하다.

서서히 점진적으로 구조가 변형되려면 짧은 시간으로는 불가능하다. 더구나 정자와 난자와 자궁만 준비된다고 되는 것은 아니다. 태아의 복부에 탯줄이 생겨야 하고 그 탯줄은 또 자궁의 한 부분에 부착되어 어미로부터 산소와 영양을 공급받는 구조가 되도록 DNA에 코딩이 되어야 한다.

최초의 포유류 암컷의 자궁과 태반을 연결하는 탯줄이 생길 동안 암컷과 수컷이 짝짓기를 하여 수정된다 해도 탯줄이 없어서 그 수정란은 죽어버린다. 탯줄이 생길 동안은 태아는 영양과 산소를 공급받지 못하므로 그 종은 멸종될 수밖에 없다. 양서류와 파충류가 포유류로 진화하는 동안 그 과정에는 어느 동물도 새끼를 낳을 수 없으니 멸종되어 버린다. 그러므로 파충류에서 포유류로 진화하는 것은 불가능하다. 돌연변이로도 그런 변형이나 진화는 불가능하다.

동물의 몸속으로 들어가 장기의 구조와 위치와 기능 등을 자세히 알면 진화로 된 것이 아님을 알 수 있다. 포유류는 알이나 난황이 없이 새끼를 낳으려면 먼저 배아에 어떤 방법으로 영양과 산소를 공급할 것인가에 대해 궁리해야 한다. 생존에 필수적인 본능만 있는 동물에게는 그런 창의성은 없다.

탯줄의 신비

포유류의 특징은 탯줄이 있는 것이다. 탯줄은 태아가 태반에서 성장할 수 있도록 모체와 태아를 연결해 주는 줄로 태아가 5주가 되었을 때 탯줄이 형성된다. 탯줄은 유태반 포유류에만 있다. 일반적으로 탯줄은 와튼 젤리로 둘러싸인 3개의 혈관, 즉 2개의 배꼽 동맥과 1개의 배꼽 정맥으로 구성된다. 이 혈관은 배와 태반 사이를 순환하면서 영양분과 산소를 공급한다. 포유류의 태아는 어미 자궁 속에 있을 때 탯줄로 어미로부터 영양분과 산소를 공급받는다. 탯줄의 한쪽은 태아의 복부와 연결되어 있고 다른 쪽은 태반을 통하여 모체의 자궁내막에 연결되어 있다. 인간은 신생아가 태어나면 산모나 조산원이 가위로 탯줄을 잘라준다. 그러나 동물은 그런 도구도 없고 그렇게 해야 하는지도 모른다. 그런데 놀라운 것은 태아가 출산한 직후 탯줄이 바깥 온도에 노출되면 젤라틴 와튼 젤리 물질은 생리적인 변화를 겪게 된다. 이 변화는 이전의 조직경계가 붕괴하여 탯줄이 자연적인 집게처럼 되어 태반 혈액이 갓 태어난 새끼에게 되돌아가는 것을 막는다. 자동으로 탯줄과 태반의 연결고리가 끊어지게 되는 것이다. 이런 것을 자연이 고안하고 그렇게 되도록 DNA의 정보를 생성할 수 있을까?

포유류 유방의 진화

포유란 뜻은 어미가 제 젖으로 새끼를 기르는 것을 뜻한다. 양서류나 파충류는 알을 낳으면 그만이다. 알을 돌볼 필요도 없고 새끼가 알에서 부화해도 먹이고 가르칠 필요가 없다. 그래서 포유류가 아닌 동물은 가슴에 유방이 없다. 그러나 포유류는 다른 동물에 비교해 수정란을 오랫동안 자기 몸에 있는 영양으로 키워야 한다. 그리고 태어난 새끼는 바로 풀이나 고기 등을 먹고 소화할 수가 없으므로 모유를 먹여 양육하여야 한다. 그러려면 반드시 유방이 필요하다.

유방이란 겉모양을 보면 없던 유방이 금방 생성될 것처럼 보인다. 그러나 그 내부구조는 아주 복잡하게 되어 있어 단기간에 생성될 수 없다. 유방은 복합적인 장기(complex organs)이기 때문에 복잡한 전체 시스템이 완성되기 전까지 젖(milk)을 만들 수 없다. 젖의 생산은 유방에서뿐만이 아니라 뇌하수체(pituitary gland)와 같은 여러 장기와 밀접한 관계를 맺고 있다. 만약 진화가 사실이라면 유방이 완성되기까지 수천 년이 걸릴 것이다. 그러면 그동안 태어난 포유류 새끼는 태어나도 먹을 것이 없어서 굶어 죽게 된다.

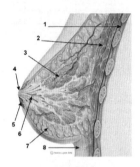

유방 단면도

1. 흉벽, 2. 흉근, 3. 유엽, 4. 유두, 5. 유륜, 6. 유관, 7. 피하지방, 8. 피부c
출처: Patrick J. Lynch, 위키미디어

유두는 어릴 때부터 있지만 사춘기가 되면 호르몬의 작용 때문에 유선이 발달하면서 부피가 커져 반구형의 유방의 모습을 갖추게 된다. 여성은 사춘기에 유방이 발달하기 시작하여 완전한 유방이 되기까지는 약 3~4년이 걸린다. 유방에 대한 DNA가 있는 상태에서도 유방이 완성되기까지 약 3~4년이 걸린다면 유방이 없는 양서류나 파충류에서 포유류로 진화되면서 유방이 완성되기까지는 아무리 짧게 잡아도 1천 년은 걸린다. 그러면 그동안 번식은 불가능하다. 새끼가 태어나도 모유가 없어서 굶어 죽게 된다.

또한, 새끼를 몇 마리를 낳게 될지 미리 알고 그 수에 맞게 젖꼭지가 만들어져야 한다. 소형포유류는 새끼를 많이 낳는다. 그러므로 젖꼭지가 많아야 한다. 그런데 처음에는 인간처럼 젖꼭지가 두 개만 생겼다면 새끼를 많이 낳아도 굶어 죽는 새끼가 많게 된다. 그걸 보고 부랴부랴 젖꼭지를 많이 만들 수 있는 것은 아니다. 돼지는 14개의 젖꼭지가 있다. 그러나 영장류는 두 개의 젖꼭지가 있다. 진화되는 과정에 젖꼭지가 저절로 줄어든 것일까? 암컷 성체라도 모유가 항상 나오는 것이 아니라 새끼를 낳은 후에 모유가 자동으로 나온다. 이런 구조와 시기까지 미리 설계되지 않으면 포유류의 번식은 불가능하다.

포유류로 진화해야 할 이유가 있을까?

진화는 생존에 유리한 방향으로 진행된다는 것이 진화론의 이론이다. 포유류 어미는 수정된 태아를 자기 몸의 영양분으로 길러야 한다. 또 태어난 새끼를 젖으로 몇 달 이상 먹여 키워야 한다. 그리고 생존하는 방법을 가르쳐야 한다. 포유류 어미는 자기희생이 많다. 이기적인 것이 아니라 자기희생적이다. 어류나 양서류와 파충류는 알을 낳고 잊어버려도 스스로 부화하고 스스로 먹이활동을 하며 살아도 멸종되지 않고 여전히 서식하고 있다. 그런데 왜 그토록 복잡한 과정을 거쳐 자기희생적인 수고를 해야 하는 포유류가 되었을까? 이런 것도 진화라고 봐야 하냐? 이런 것도 이기적이라고 해야 할까?

개구리나 거북이와 달리 덩치가 큰 동물은 어미의 영양분으로 오랫동안 양육해야 하므로 포유류로 진화되었다고 대답할 수도 있을 것이다. 큰 동물은 어미의 배 속에서부터 크게 자라서 태어나야 하므로 포유류가 될 수밖에 없었던 것이라고 말할 수도 있을 것이다.

그러나 덩치가 큰 동물로 진화되려면 반드시 모유를 먹여 키워야만 하는 것도 아니다. 악어는 알에서 태어나지만 큰 것은 6m 넘게 자란다. 아나콘다도 마찬가지다. 공룡은 파충류다. 공룡은 모든 동물 가운데 체구가 가장 크다. 그런데 공룡은 알에서 태어난다. 공룡은 모유를 먹지 않았다. 알을 낳아도 거대한 공룡이 되는데 굳이 자궁에서 자기 영양분으로 수정란을 키우고 새끼를 낳는 출산의 고통과 태어난 새끼를 또 자기 젖으로 키우는 것은 분명 어리석은 짓처럼 보인다. 작게 낳아서 크게 키우는 것이 더 현명한 방법이다. 그런데 왜 난생동물이 포유동물로 바뀌었을까? 정말 진화된 것일까?

만약 다윈이 한순간에 진화되었다고 했다면 자연선택론을 학계에서 받아들이지 않았을 것이다. 그러나 점진적으로 오랜 세월 동안 서서히 진화되었다고 하니까 그럴 수도 있겠다고 수긍한 것이다. 다윈이 제시한 진화의 전개도를 보면 아주 그럴듯한 논리 전개로 진화의 메커니즘을 잘 설명한 것처럼 보인다. 그러나 구체적으로 검토해 보면 상식이나 논리적으로도 맞지 않는 것을 알 수 있다. 해양생물이 육상생물이 되는 과정이나 양서류가 파충류로 또는 파충류가 포유류로 진화되는 과정을 구체적으로 살펴보면 점진적 진화는 불가능한 것을 알 수 있다.

돌연변이로 진화되었다는 이론도 마찬가지다. 달맞이꽃에서 왕달맞이꽃이 발생하는 것은 간단하고 단순한 것처럼 보인다. 다른 돌연변이도 단순하게 생각하기 때문에 돌연변이로 진화된다고 착각한 것이다. 눈이 없던 동물에게 갑자기 눈이 생성되는 것은 불가능하다. '눈' 하면 간단해 보이지만 눈의 구조를 보면 돌발적이나 점진적으로 복잡하고 정밀한 '눈'이 형성될 수 없음을 인정하게 될 것이다.

동물의 겉모습은 비슷한 것이 많으니 돌연변이로 형태가 한순간에 바뀐 것처럼 보이지만 신체의 각 기관은 한순간에 돌발적으로 생성될 수 있는지를 검토해 보면 돌연변이로 진화는 불가능한 것을 알 수 있다. 없던 눈이 갑자기 생성될 수는 없는 것이다. 선캄브리아기에 살던 삼엽충의 눈은 잠자리 눈처럼 아주 복잡하고 정밀하다고 한다. 변이로 그렇게 복잡하고 정밀한 변이가 일어날 수 있다고 볼 수는 없다.

난태생이 포유류로 진화되는 과정만큼 어류가 양서류나 파충류로 진화되는 과정도 아주 복잡하다. 그래서 시간이 아주 많이 필요하다. 아가미가 폐로 변화되어야 한다. 다리는 뼈로 되어 있다. 물고기의 지느러미가 변하여 뼈가 되어야 한다. 이렇게 진화되려면 몇 년이 필요할까? 물에 사는 동물이 육지에서만 살려면 추위를 견딜 가죽과 털이 있어야 한다. 변온동물이 정온동물로 변화되어야 한다. 이 모든 과정이 한순간에 이루어지지 않는다면 생존 자체가 불가능하다. 물고기의 수명은 그리 길지 않다. 그러므로 진화되는 오랜 세월 동안에 진화되지 못하고 멸종된다.

파충류가 포유류로 변경되어야 할 요인도 목적도 없다.
서서히 구조변경이 되는 동안 번식하지 못해 멸종하게 된다.

제5장

생
존
경
쟁
은

없
다

생존경쟁(Struggle for Existence)은 자연선택설의 핵심 이론 가운데 하나다. 동물은 필요 이상으로 많은 새끼를 낳기 때문에 결국엔 먹이가 부족하여 끊임없이 경쟁하게 된다는 것이다. 동물은 기하급수적으로 번식하나 먹이와 서식지는 고정되어 있어서 필연적으로 동종(同種)이나 아종(亞種)의 개체와 생존경쟁을 하게 된다. 생존경쟁이 벌어질 때 조금이라도 유리한 형질을 가진 개체가 승리하게 되고 패배한 개체는 사멸된다. 형질이 우수한 개체가 생존경쟁에서 승리하여 생존과 번식을 하게 된다. 아주 오랜 세월 동안 이런 생존경쟁이 되풀이하는 과정에서 점점 더 좋은 형질을 가진 개체가 살아남는 과정에 진화된다는 것이다. 이 이론도 아주 그럴듯하지만, 생존경쟁에 패배한다고 사멸되지 않고 생존경쟁에 승리한다고 진화되는 것도 아니다. 더구나 다윈의 주장과 달리 생존경쟁에 유리한 형질이 따로 있는 것은 아니다. 『종의 기원』제3장 영어 제목은 "Competition For Existence(생존을 위한 경쟁)"가 아니라 "Struggle For Existence(생존을 위한 전투)"이다. 그러므로 다윈의 뜻을 살려 생존경쟁이 아니라 '생존을 위한 전투'라고 하겠다.

생존을 위한 전투를 통한 자연선택설의 이론적 배경

다윈은 여러 해 동안 여러 곳을 탐사한 결과를 볼 때 진화된 것이 분명하다는 판단이 들었지만 그걸 논리적으로 풀어낼 마땅한 발상이 떠오르지 않아서 한동안 고심했다.

> 1838년 10월, 체계적으로 질문을 시작한 지 15개월이 지나서 나는 우연히 맬서스의 『인구론』을 재미 삼아 읽었다. 동식물의 습성을 오랫동안 관찰해 온 덕에 생존투쟁에 대해 공감하는 바가 컸던지, 이런 상황에서라면 유리한 변이는 제대로 보존될 것이며 불리한 경우 사라지고 말 것이라는 생각이 곧바로 떠올랐다. 그리고 그 결과는 새로운 종이 만들어지는 일이라고 생각했다. 이 시점에서 나는 작업에 쓸 만한 이론을 하나 얻게 된 셈이었다.

다윈은 맬서스가 쓴 『인구론』에서 인간은 기하급수적으로 늘어난다는 말에 힌트를 얻었다. 그렇다면 동물도 당연히 기하급수적으로 늘어나는 것으로 보았다. 반면에 먹이와 서식지는 한계가 있으므로 필연적으로 같은 먹이를 먹는 동종이나 아종과의 생존을 위한 전투가 치열하게 벌어지는 것으로 알았다. 그런데 문제는 자연에서 그런 일이 벌어지느냐는 것이다. 무리를 지어 사는 맹수들 세계에서는 다른 무리를 공격하는 일이 가끔 일어난다. 늑대나 개코원숭이처럼 무리 지어 사는 동물은 약한 무리를 공격하기도 한다. 그들은 먹을 것이 부족해서 공격하는 것은 아니다. 맹수들은 자기 영역을 지키거나 빼앗기 위해 목숨을 걸고 혈투를 벌이기도 한다. 다윈은 맹수들의 혈투를 보고 모든 동물이 생존을 위한 전투를 벌이는 것처럼 오해한 것이다.

동물은 기하급수적으로 번식하는가?

다윈은 동물의 개체 수가 기하급수적으로 많아지면 먹을 것이 부족해져 먹이를 차지하려고 치열한 전투가 벌어진다고 했다. 다윈의 주장이 사실인지 확인하려면 먼저 동물이 기하급수적으로 번식하는지 살펴봐야 한다. 동물은 인간보다 새끼를 더 많이 낳는다. 사람들은 한 번에 한 명의 자녀를 낳는다. 때로는 쌍둥이가 태어나기도 하지만 흔하지는 않다. 그러나 동물은 한배에 보통 2~3마리 많게는 7~8마리를 낳기도 한다. 물론 더 많이 낳는 동물도 있다. 또한, 작은 동물은 일 년 동안 몇 번이나 출산한다. 토끼는 1년에 최대 6회까지 출산할 수 있고 임신 기간은 평균 30일 정도다. 한 번에 4~10마리의 새끼를 낳는다. 출산 경험이 많거나 대형 종은 새끼를 더 많이 낳는다고 한다. 암컷 쥐의 생식기관은 생후 약 30일 만에 성장하며 45일이 지나면 암컷 쥐는 임신할 수 있게 된다. 임신 기간은 22일 정도이며 이론상으로는 매달 임신이 가능하지만 보통 2~3달에 한 번 새끼를 낳는다. 그리고 한 번에 6~10마리 정도 새끼를 낳는다. 따라서 어미와 새끼들이 모두 문제없이 번식에 성공한다면 1년에 최소 몇백 마리까지 개체 수가 늘어나게 된다. 일만 년이면 지구를 뒤덮을 정도로 번식할 것이다.

다윈은 맬서스의 『인구론』에서 힌트를 얻어 동물은 사람들보다 더 기하급수적으로 번식하는 것으로 보고 진화론의 골격을 세웠다. 그런데 맬서스는 아주 중요한 사실을 간과하고 인구론을 정립했다. 그 당시 사람들은 인류의 역사가 6,000년으로 알고 있었다. 그렇다면 아담과 하와와 그 자손들이 6,000년 동안 낳은 자손들이 몇 명쯤 될 것인지 검토해 보았어야 했다. 그의 판단대로 인구가 기하급수적으로 늘어났다면 아담과 하와 두 사람이 낳은 자손들로 이미 인구가 폭발할 지경이 되었다는 것을 알았을 것이다. 그가 이론과 실제가 맞는지 확인해 보았다면 맬서스는 자기의 판단이 잘못된 것을 알고 『인구론』을 발표하지 않았을 것이다. 만일 지구 역사 6,000년 동안 동물과 사람이 기하급수적으로 늘어왔다면 지구는 사람과 동물들 때문에 송곳 하나 꽂을 곳이 없을 것이다. 다윈은 맬서스와 달리 동물이 기하급수적으로 늘어나는 것을 계산해 본 적이 있다.

> 코끼리는 세상의 모든 동물 가운데 가장 번식이 느린 것으로 알려져 있다. 나는 자연증가율에 대해 최저확률을 계산해 보았다. 코끼리는 30세에 생식을 시작하여 90세까지 계속하면서 모두 6마리의 새끼를 낳는다. 이들이 100세까지 살면 740년에서 750년 뒤에는 최초의 한 쌍에서 생산된 코끼리는 아마 1,900만 마리가 될 것이다.[23]

다윈은 자기가 계산해 본 것과 달리 코끼리가 기하급수적으로 번식하지 못한다는 사실을 잘 알고 있었다. 다윈은 코끼리의 수가 엄청나게 많지 않은 것을 탐사하는 과정에서 보았을 것이다. 그리고 그는 모든 동물은 먹이사슬 때문에 기하급수적으로 번식하지 못하는 것도 알고 있었을 것이다. 그 당시 생물학자 가운데 다윈보다 더 많이 탐사하고 관찰한 사람은 없었을 것이다. 현실을 보았을 때 그런 일이 일어나지 않고 있는 것을 다윈은 누구보다도 잘 알고 있었다. 코끼리가 먹이 때문에 다른 코끼리 무리랑 생존을 위한 전투를

---

23) 찰스 다윈, 『종의 기원』, 송철용 역, 동서문화사, p.82.

하는 것을 본 적이 없을 것이다. 지금도 아프리카 초원에서는 그런 일은 일어나지 않는다. 독자들도 먹을 것이 부족해서 목숨 걸고 싸우는 초식동물을 본 적이 없을 것이다. 먹이사슬 정도는 다윈도 잘 알았을 것으로 본다. 그러나 포식자가 거의 없는 코끼리 한 쌍이 750년 뒤에는 1,900만 마리로 증식될 것처럼 계산으로 보여주고 있다. 그는 자기가 한 발상을 인정받기 위하여 동물의 개체 수가 단순히 기하급수적으로 늘어나는 것처럼 수학적으로 설명하고 있다. 그는 먹이사슬에 대해서는 침묵하고 있다.

동물은 기하급수적으로 번식하지 못한다

생물은 필요 이상으로 자손을 많이 낳는 것처럼 보인다. 예를 들면, 물고기나 개구리 등은 한 번에 수천 개의 알을 낳는 것도 있다. 개복치란 물고기는 한 번에 3억 개의 알을 낳는다. 자기 새끼를 열 마리만 남겨두어도 충분하다. 그런데 3억 개의 알을 낳는 것은 불필요한 일처럼 보인다. 물고기는 수천 개의 알을 낳지만 다른 물고기가 그 알이나 치어(稚魚)를 먹어버리기 때문에 성체가 되는 개체는 어미가 낳은 알의 수에 비하면 소수밖에 되지 않는다. 개복치가 낳은 3억 개의 알 가운데 성체가 되는 것은 한두 마리에 지나지 않는다. 그래서 많은 알을 낳는다. 초식동물은 포식자의 먹이가 되기 때문에 새끼를 많이 낳지 않으면 멸종되고 만다. 포식자의 먹이가 되는 것 외에도 기후나 먹이의 부족 등으로 새끼를 잃을 때도 있다. 그러므로 동물은 당연히 새끼를 최대한 많이 낳아야 한다.

작은 동물일수록 포식자가 많다. 그래서 작은 동물일수록 한 번에 새끼를 많이 낳기도 하고 자주 낳기도 한다. 예를 들어 쥐의 경우를 보면 뱀이나 부엉이나 올빼미, 여우, 고양이 등 쥐를 먹이로 삼는 동물이 많다. 그래서 쥐는 새끼를 많이 낳으나 기하급수적으로 늘어나지 못한다. 대형 초식동물인 코끼리, 기린, 얼룩말, 물소 등은 임신기간도 길고 새끼를 양육하는 기간도 길어서 한 번에 한 마리 정도 새끼를 낳는다. 그래도 그들이 멸종되지 않는 것은 그들을 먹이로 삼는 포식자는 사자 외에는 거의 없기 때문이다. 모든 동물이 필요 이상으로 새끼를 많이 낳는 것은 아니고 필요 적절하게 새끼를 낳는다. 현실을 보더라도 동물은 밀집 상태로 살지 않는다. 다윈도 이 정도는 알면서도 모른 척하고 동물이 기하급수적으로 늘어나서 먹이 때문에 생존을 위한 결투에서 유리한 형질을 가진 개체가 승리하고 번식한다는 교묘한 논리를 편 것이다. 다윈의 독자들은 먹이사슬 때문에 동물은 기하급수적으로 번식하지 못하는 것을 잊어버리고 다윈의 주장을 그대로 받아들인 것이다.

생존을 위한 전투는 같은 종의 개체 사이 및 변종 사이에서 가장 치열하다?

> 같은 속의 종은 절대적이라고는 할 수 없지만, 일반적으로 습성과 체질, 그리고 구조에 있어서 유사한 점이 많으므로 같은 속의 종이 서로 경쟁하게 된 경우에는, 그들 사이의 투쟁은 일반적으로 속을 달리하는 종 사이의 투쟁보다 치열하다.[24]

다윈은 동물이 새끼를 많이 낳기 때문에 동물이 기하급수적으로 늘어나므로 필연적으로 생존을 위한 전투가 치열하게 벌어질 것이

---

24) 위의 책, p.92.

란 논리를 내세웠다. 그러나 먹이사슬 때문에 동물의 개체 수가 적절한 수준을 유지하므로 동종의 개체끼리 먹이가 모자라거나 서식지가 부족하여 목숨을 걸고 싸울 일은 없다. 물론 기근으로 먹이가 부족할 때는 그럴 수도 있지만 그래도 먹이 때문에 치열한 생존을 위한 전투는 거의 일어나지 않는다. 야생에선 약육강식은 늘 있는 일이다. 그러나 동종의 개체 간에 먹이 때문에 치열한 전투는 없다. 초식동물의 먹이는 거의 같다. 물론 기린처럼 키가 큰 것은 먹이가 다르지만 대부분 풀과 나뭇잎을 먹는다. 초식동물은 전부 풀과 나뭇잎을 먹지만 자기들끼리 또는 다른 초식동물과 먹이 때문에 싸우지는 않는다.

영역 다툼으로 인한 생존을 위한 전투

> 자연 상태에서 자란 식물은 해마다 씨앗을 생산하며, 동물도 해마다 짝을 짓지 않는 것이 거의 없다. 그래서 우리는 확신하고 다음과 같이 주장할 수 있다. 즉, 모든 동식물은 기하급수적 비율로서 증가하는 경향을 보이고, 따라서 생존할 수 있는 모든 장소를 신속하게 차지해 버리며, 그 기하급수적 증가의 경향은 그 생애의 어느 시기에 파괴에 의해 제한을 받게 된다는 것이다.[25]

다윈은 동식물이 기하급수적으로 증가하여 모든 장소를 신속하게 차지해 버려 서식지가 부족하여 생존을 위한 전투가 일어나는 것처럼 말하다가 뒷부분에는 "그 기하급수적 증가의 경향은 그 생애의 어느 시기에 파괴에 의해 제한을 받게 된다는 것이다"라고 말하고

---

25) 위의 책, p.83.

있다. 이 말은 동식물이 기하급수적으로 번식하여 영역을 선점하지만 그들의 생애에 파멸이 와서 기하급수적으로 번식하지 못한다는 말이다. 앞에서는 동물이 기하급수적으로 번식한다고 말하곤 뒤에서는 기하급수적 증가의 경향은 제한을 받게 된다니 앞뒤 말이 맞지 않는다. 동물은 기하급수적으로 번식한다는 말인지 아니면 기하급수적으로 번식하지 못한다는 말인지 헷갈리게 한다. 아무튼, 동물은 먹이사슬과 질병 등으로 기하급수적으로 번식하지 못하기 때문에 먹이나 서식지가 부족한 경우는 거의 없다. 그래서 생존을 위한 치열한 전투를 벌이는 일은 없다.

여러 종의 초식동물이 아프리카 들판에서 평화롭게 풀을 먹는 장면은 텔레비전을 통하여 많이 보았을 것이다. 한배에 태어난 새끼나 형제들과만 그런 것이 아니라 여러 종의 초식동물이 뒤섞여 풀을 먹고 있다. 그들이 다른 개체나 이종의 초식동물이 가까이 왔다고 내쫓는 경우를 본 적이 없다. 자기보다 약하고 작은 동물이 자기 주변에서 먹이활동을 한다고 쫓아내는 초식동물을 본 적은 없다. 반면에 호랑이나 사자 등 육식동물은 자기 영역을 표시하고 순찰하며 경쟁자가 침입하지 못하게 관리한다. 만약 다른 개체가 자기 영역에 침입한 경우는 목숨을 걸고 싸운다. 심지어 어미와 성체가 된 자식 간에도 영역 때문에 싸운다. 먹을 것이 있고 없고를 떠나 무조건 자기 영역을 침범한 자는 싸워서 내쫓는다. 그러므로 생존을 위한 전투는 맹수들 사이에서 벌어진다. 그래서 맹수는 목숨을 걸고 남의 영역을 침범하는 경우는 흔하지 않다.

초식동물은 짝짓기 할 권리를 얻기 위한 다툼 외에는 누구하고도 목숨을 걸고 싸우지 않는다. 그리고 가뭄이 오랫동안 계속되어 먹이가 부족할 때는 생존을 위한 전투가 일어날 수 있지만 그런 경우는 흔치 않고 그런 상황이 닥쳐도 초식동물의 성격상 먹이 때문에 전투를 벌인다고 볼 수 없다. 사람도 굶어 죽어가면서도 이웃을 약탈하거나 죽이거나 내쫓지는 않는다. 옛날에는 오랜 가뭄이나 전쟁 등으로 굶어 죽는 사람들이 많았다. 최근 북한에 고난의 행군 시기(1996~2000년)에 약 33만 명이 굶어 죽었다. 그러나 이웃집에 침입해서 이웃을 죽이고 먹을 것을 빼앗아 먹는 살인강도 사건은 거의 없었다. 죽은 사람의 인육을 먹은 경우는 보도가 되었다.

더구나 인간보다 양순한 모든 초식동물이 먹이 때문에 싸우는 일은 없다고 해도 과언이 아니다. 생존을 위한 전투 과정에 진화된다면 초식동물은 동종이나 아종과 생존을 위한 투쟁이 없으니 초식동물의 진화는 없다고 해야 할 것이다. 곤충이나 파충류 등도 마찬가지다. 다윈의 주장은 사실에 근거한 학설이 아니라 대부분 추측과 가정에 근거하고 있다. 과학적 원리라면 사실에 근거하고 또한 보편타당해야 한다. 어느 곳에서나 어떤 동물도 다 그와 같은 형태를 보여야 할 근거로 삼을 수 있다. 그런데 먹잇감 때문에 동종이나 아종의 개체와 싸우는 육식동물을 보고 마치 모든 동물에게도 일어나는 것처럼 하나의 원리를 만들었다. 그리고 자기 영역에 침범한 개체와 목숨을 걸고 싸우는 맹수는 진화되지 않았다. 모든 육식동물은 여우나 삵이나 호랑이도 진화되지 않았다. 그러니 생존경쟁으로 진화된다는 주장은 허구다.

생존을 위한 전투에서 이겼다고 진화되지 않는다

자연선택의 핵심은 생존을 위한 전투(아래에서는 전투)이다. 전투에서 승리한 후에 진화해야 할 이유가 있을까? 생활환경이나 동종이나 아종과의 전투에서 이긴 개체는 진화할 필요성이 없다. 오히려 전투에서 패배한 개체는 생존하기 위한 진화가 필요하다. 그런데도 전투에서 이긴 종이 진화를 했다니 어이가 없다. 그건 좋은 지역을 두고 다른 부족과 싸워 승리한 후에 승리한 부족이 다른 지역으로 옮겨갔다는 것과 다름이 없다.

현재 서식하는 동물은 수억 년 전부터 살던 것이란다. 그들은 항상 전투에서 승리하였기 때문에 대를 이어 생존하고 있다. 그렇다면 수도 없는 전투에서 승리한 것이니 그들은 아주 여러 번 진화되고 또 되었을 것이다. 그런데 화석에서 보는 동물이나 현생의 동물은 차이가 없다. 생김새 등이 다르지 않다. 이것은 진화된 것은 없다는 사실을 보여주고 있다. 전투에서 이겼거나 환경에 적응하여 살아남는다고 진화되는 것이 사실일까? 그럴 필요성이 있을까?

승리한 개체는 진화의 필요성을 느끼지 못한다. 오히려 패배한 개체가 승리하기 위하여 진화의 필요성을 느낄 것이다. 장수말벌은 꿀벌을 죽이고 약탈하나 장수말벌은 더 진화하지도 않았고 꿀벌이 멸종된 것도 아니다. 꿀벌은 여전히 말벌에게 약탈당하지만 진화되지 않았고 멸종되지도 않았다. 생존을 위한 전투에서 패배하는 '종'이라고 진화된 동물은 없고 도태된 동물도 없다. 그러므로 동종과 아종과 생존을 위한 전투가 일어난다고 진화된다고 할 수 없다.

다윈이 제시한 생존을 위한 전투 사례들

동물이 기하급수적으로 번식해야 그들끼리 생존을 위한 전투를 하는 것이다. 그런데 인간들과 마찬가지로 동물도 기하급수적으로 늘어나지 않으니 당연히 생존을 위한 전투는 없다. 다윈이 『종의 기원』 제3장 생존경쟁에서 생존을 위한 전투의 사례로 제시한 것은 다윈이 손바닥만 한 밭을 만들고 자생하는 잡초를 관찰했더니 잡초 357포기 가운데 297포기 이상이 달팽이나 곤충에 의해 파괴되었다고 한다. 달팽이 때문에 잡초가 80% 이상이나 죽었다고 한다. 그 말이 사실이라면 들판에 남아 있는 풀은 한 포기도 없을 것이다. 풀의 80%를 달팽이가 먹고 나머지는 초식동물이 다 먹어버리니 풀 한 포기 남아 있지 않을 것이다. 결국, 초식동물은 달팽이 때문에 다 굶어 죽을 것이고 마지막엔 달팽이도 먹을 것이 없어 굶어 죽을 것이다. 잡초는 뿌리째 뽑지 않고 줄기나 잎을 낫으로 잘라내도 다시 자란다. 잡초는 뿌리가 남아 있으면 죽지 않는다. 달팽이가 잡초의 잎을 먹어도 뿌리는 먹지 않기 때문에 잡초는 죽지 않는다. 시간이 지나면 잎이 다시 자란다. 잡초의 생명력은 끈질기다. 그래서 다윈의 말은 신뢰가 안 된다.

다윈은 추위 때문에 많은 새가 죽어버리는 것을 직접 목격한 것을 종의 기원에서 기록하고 있다.

> 나는 1854년에서 1855년 사이의 겨울에 나의 소유지인 땅에 살던 새의 5분의 4가 죽어버린 것을 발견했다. 인류의 10%가 전염병에 의해 사망하는 것과 비교할 때 5분의 4라는 죽음은 실로 놀랄 만한 것이다. 기후의 작용은 언뜻 보면 생존경쟁과는 전혀

상관없는 것처럼 보이지만, 실은 먹이를 감소시키는 작용을 하여 종이 같든 다르든 같은 종류의 먹이로 살아가는 개체 사이에 극심한 경쟁을 불러일으킨다.[26]

여기서 다윈의 상식 수준을 의심하게 된다. 다윈의 주장은 날씨가 무척 추워지면 새들의 먹이가 부족하게 된다는 것이다. 그래서 같은 먹이를 먹는 개체들끼리 극심한 생존경쟁을 하다가 약한 개체는 굶어 죽었다는 것이다. 다윈은 새의 먹이가 추위에 영향을 받는 것으로 잘못 알고 있다. 추위하고 먹이하고는 상관이 없다. 겨울에는 다른 계절에 비교해 먹이가 넉넉하지 않은 것은 사실이다. 그러나 겨울에 새가 먹는 것은 가을에 맺힌 곡식의 이삭이나 풀이나 나무의 씨앗이나 열매다. 그러므로 겨울의 추위 때문에 새의 먹이가 갑자기 부족해지는 것은 아니다.

더구나 한 해 겨울에 5분의 4나 되는 새가 굶어 죽었다는 것도 상식적으로 맞지 않는 말이다. 아주 과장하여 말하고 있다. 새가 초롱에 갇혀 있는 것도 아닌데 먹이가 부족하여 굶어 죽었다? 다윈은 자기 소유지에 사는 모든 새의 발목을 줄로 나뭇가지에 묶어두고 먹이를 주지 않았나 보다. 그렇지 않고야 그처럼 많은 새가 굶어 죽을 수는 없다. 그러나 다윈은 그런 짓을 할 사람이 아니다. 그러므로 그처럼 많은 새가 굶어 죽는 것을 목격했다는 다윈의 말은 케틀웰의 말처럼 믿기지 않는다. 우리나라 속담에 하나를 보면 열을 안다는 말이 있다. 자기가 발상한 자연선택설을 관철하기 위하여 터무니없는 말도 서슴지 않고 하고 있다.

---

26) 위의 책, p.86.

2014년 겨울에 북극에 서식하는 눈올빼미가 미국 내 25개 주에 몰려온 것이 확인된 적이 있다. 이는 북극전역을 휩쓴 혹한 때문에 북극 새들이 따뜻한 아메리카 대륙으로 남하한 것이다.

이처럼 새들은 추위를 피하여 자유롭게 멀리까지 이동하며 겨울을 극복하며 산다. 먹이가 부족하면 다른 곳으로 날아간다. 그러니 다윈의 목격담을 믿을 수가 없다.

생존을 위한 전투에 패배한 동물은 도태되지 않는다

다윈은 생존을 위한 전투에서 승리한 개체는 생존과 번식을 하고 패배한 개체는 도태된다고 주장한다. 이런 다윈의 주장을 학자들도 아무 의심 없이 받아들였으나 이 주장에 심각한 문제가 있다. 현실에서는 전혀 일어나지 않는 사실을 마치 늘 일어나는 것처럼 설명했기 때문이다.

먹이 쟁탈전에서 패배한 약한 동물은 식물이 아니다. 덩치가 작거나 힘이 모자라 다른 개체와 싸워서 패배한 동물은 발이 있거나 날개가 있어서 다른 곳으로 이동할 수 있다. 그러므로 자기 서식지의 먹이가 부족하거나 생존을 위한 전투에 지면 다른 곳으로 이동하여 살면 된다. 오래전에 돈이 없고 농지도 없는 가난한 이들은 산간지대로 가서 풀과 나무를 태우고 그 자리에 밭을 일구어 농사를 지으며 살았다. 그들을 화전민이라고 한다. 산에 살면 불편하고 모자란 것이 많지만 돈이 없고 농지가 없으니 화전을 일구고 산 것이다. 농토가 없다고 마을에서 굶어 죽기를 기다리지 않았다. 부족 간의 전투에서 패배한 약한 부족은 더 깊은 밀림이나 산속으로 이주해 살아간다. 이전에 살던 곳보다 여러 가지로 열악한 환경이지만 그곳에 정착하여 산다. 아니면 유목민처럼 생활할 수 있는 곳을 찾아 떠돌며 산다. 돈이 없고 힘이 없는 사람도 그 자리에서 굶어 죽지는 않고 살길을 찾아 나선다.

그처럼 동물도 동종이나 아종과의 생존을 위한 전투에 패배하면 다른 곳으로 옮겨가서 산다. 비록 자기가 살던 곳보다 여러 가지로 열악한 환경이라도 그 자리에서 죽는 것보다 낫기 때문이다. 마사이마라에 서식하는 200만 마리가 넘는 초식동물은 먹을 것이 부족한 건기가 오면 초지와 물을 찾아 수천 km를 이동하며 서식한다. 다윈의 주장과 달리 전투에 패배했다고 그 자리에서 꼼짝하지 않고 굶어 죽는 어리석은 동물은 단 한 마리도 없다. 먹을 것이 부족하면 먹을 곳이 있는 곳으로 이동하며 서식한다.

또한, 고대에는 잠자리의 길이가 1미터 정도나 되었다고 한다. 또 작은 빌딩만 한 각종 공룡이 살았다는 것은 그만큼 생활환경이 좋았다는 것을 알 수 있다. 먹을 것이 넉넉했다는 것을 짐작할 수 있다. 그 당시는 동물이 밀집되지 않았기 때문에 먹이나 영역 때문에 치열한 생존을 위한 전투를 할 필요가 없었다. 그 시기는 환경도 좋고 먹을 것도 풍부하니 먹이 때문에 목숨을 건 혈투를 할 이유가 없다. 그러므로 생존을 위한 전투에 이길 수 있는 유리한 형질을 가진 개체가 승리하여 번식하는 과정에 진화되었다는 말은 터무니없는 말이다. 지금도 서식지가 비좁거나 먹을거리가 모자라서 혈투가 벌어지지 않는다. 그렇다면 몇억 년 전은 지금보다 개체 수가 적고 생활환경도 좋았으니 생존을 위한 혈투가 없었을 것이다. 그렇다면 진화할 필요나 이유도 없는 것이다.

동종 간에 치열한 싸움이 벌어질 때가 있다. 그것은 모든 동물에게서 볼 수 있다. 짝짓기 철이 되면 모든 수컷은 암컷과 짝짓기 할 권리를 얻기 위하여 동종의 수컷과 치열하게 싸운다. 그때는 초식동물도 싸우고 심지어 곤충도 싸운다. 맹수들은 영역을 차지하고 지키기 위하여 평소에도 목숨을 걸고 싸우지만 초식동물이나 곤충은 짝짓기 철이 되면 동종의 수컷끼리 치열하게 싸운다. 싸움에서 패배한 자는 도망친다. 승리한 수컷은 경쟁자를 죽이지는 않는다. 결투 중에 입은 상처로 죽기도 하지만 패배한 도전자를 끝까지 쫓아가서 죽이는 동물은 없다. 그러므로 짝짓기를 위한 우열을 가리는 싸움에서 패배한 동물도 죽지 않는다.

도적이나 강도는 인간세계에만 있는 것이 아니다. 동물의 세계에도 있다. 육식동물 중에는 다른 개체가 잡은 먹이를 빼앗아 먹는 강도 같은 동물이 있다. 그때도 힘이 약한 개체는 먹이를 빼앗기고 만다. 목숨을 걸고 먹이를 지키지는 않는다. 그러므로 생존을 위한 전투는 거의 일어나지 않을 뿐 아니라, 그런 전투가 벌어져도 패배하거나 약한 동물은 다른 곳을 찾아 떠나기 때문에 죽거나 멸종되지 않는다. 이런 전투는 육식동물에게만 있는 것이므로 마치 모든 동물이 생존을 위한 전투를 하고 패배한 개체는 도태된다고 하면 안 된다.

바다에서 생존을 위한 전투

모든 생물의 출발은 바다에서 시작되었다고 한다. 해양생물이 생성되기 전에 바다에는 조류(藻類: 뿌리, 줄기, 잎이 구분되지 않고 꽃도 피지 않고 포자에 의해 번식하는 식물)가 울창하여 산소가 많이 발생했다고 한다. 그 정도면 바다도 생활하기에 좋은 환경이었다는 것을 알 수 있다. 그러므로 해양생물이 먹이 때문에 동종이나 아종과 생존을 위한 전투를 할 필요가 없다. 또한, 바다에 살던 동물 가운데 생존을 위한 전투에서 패배했다고 하더라도 그 자리에 머물러 굶어 죽는 물고기는 없다. 다른 곳으로 이동해 살아간다.

생존을 위한 전투에 유리한 형질을 가진 개체

보통 가장 힘이 센 수컷, 곧 자연계에서 그 자리를 차지하는 데 가장 적합한 것이 가장 많은 자손을 남기게 마련이다. 그러나 대부분 승리를 결정하는 것은 일반적인 힘이 아니라, 수컷이 소유한 특별한 무기에 의해서이다. 예컨대 뿔이 없는 사슴과 발톱이 없는 수탉은 자손을 퍼뜨릴 기회가 매우 적다.[27]

뿔이 없는 수사슴이 있다? 발톱이 없는 수탉이 있다? 암탉도 발톱이 있는데 발톱이 없는 수탉이 있다? 그런 닭을 본 사람은 없을 것이다. 다윈의 눈에만 그런 수탉이나 수사슴이 보였나 보다. 뿔의 굵기와 길이는 개체마다 차이가 나지만 뿔이 없는 수사슴이 있다? 혹 있다고 하더라고 극히 드물 것으로 보인다. 그러므로 기껏 예를 든 것이 보편타당성이 없다. 더구나 발톱이 없는 수탉? 정말 어이없다. 뿔이 있는 수사슴이나 발톱이 있는 수탉은 유리한 무기를 가졌기 때문에 암컷을 차지하기 위한 싸움에서 이기기 때문에 많은 후손을 낳는다는 것이다. 수사슴 대부분은 뿔이 없으나 뿔이 있는 수사슴이 가끔 있다면 생존을 위한 전투에 유리한 형질을 가진 사례로 들 수 있다. 그러나 뿔이 없는 수사슴은 희귀한 것을 알면서도 뿔이 있는 수사슴이 전투에 유리한 형질을 가졌다는 말을 여우가 듣는다면 미

---

27) 찰스 다윈, 『종의 기원』, 송철용 역, 동서문화사, p.103.

소 지을 것이다. 수사슴은 다 뿔이 있어 수사슴끼리 싸울 때 유리한 형질을 가진 개체가 있다고 말할 수 없다.

생존을 위한 전투의 핵심은 다른 개체보다 유리한 형질을 가진 개체가 있다는 것이다. 다윈은 수컷끼리 싸울 때 힘이 아니라 특별한 무기를 가진 수컷이 이긴다고도 하였다. 이런 유리한 형질을 가진 개체가 승리하고 그 형질은 유전되고 오랜 세월 동안 유리한 형질이 계속해서 덧붙여져 결국 진화된다는 것이다. 눈에 보이지도 않는 형질, 더구나 미세한 형질의 차이로 싸움에서 승패가 결정되는 것은 아니다. 동종의 개체끼리 싸울 때 덩치가 크고 근육이 발달하고 운동신경이 좋은 개체는 승리한다. 좋은 형질을 가졌기 때문에 이기는 것이 아니라 체격이 건장한 것이 이기는 것이다. 젊고 힘이 있는 수컷도 노련한 우두머리 수컷에게 지기도 한다. 우두머리 수컷은 싸움을 많이 해보았기 때문에 기술(know-how)이 있으므로 이기는 것이다. 덩치가 크다고 반드시 이기는 것도 아니다. 스포츠의 세계를 보면 잘 알 수 있다. 덩치가 크다고 반드시 승리하는 것도 아니다. 운동신경이나 연습량에 따라 승패가 결정되기도 한다. 동물 가운데 아주 사납고 용맹한 개체가 자기보다 덩치가 훨씬 큰 상대를 쫓아내기도 한다. 그러므로 전투에 유리한 형질이 따로 있는 것은 아니다.

다윈은 형질은 미세하게 변이 되고 유전되고 누적되어 전투에 유리한 형질을 가진 개체가 있다고 한다. 이전에는 눈에 보이지 않는 형질의 차이를 확인할 방법이 없었다. 그러나 지금은 DNA를 볼 수 있으니 개체마다 다른 형질이 있는지 확인할 수 있다. 수천만 년 동안 변이 된 형질이 개체마다 다르게 누적됐으니 DNA를 조사해 보면 개체마다 DNA가 서로 달라야 한다. 수천만 년 이상 누적된 변이된 형질이니 DNA가 서로 달라도 아주 달라져 있을 것이다. 그러나 같은 지역이나 다른 대륙에 사는 동일한 종의 DNA를 검사해 봐도 조상 대대로 누적되어 온 다른 유전자를 발견할 수가 없다. 다른 종으로 진화할 정도로 다른 DNA를 가진 동물은 찾아볼 수 없다. DNA는 민족별로 다르고 개인 간에도 완벽하게 일치하지는 않는다. 그러나 전투에 유리한 형질이 따로 있는 것은 아니다.

더구나 다른 인간이나 다른 동물로 진화할 정도로 유전자의 차이는 없다. 그건 자연에 사는 모든 동물의 DNA를 비교해 봐도 의미를 둘 정도의 차이는 발견할 수 없다. 변이 된 형질이 누적됐다면 DNA는 개체마다 매우 다를 것이다. 그러나 그런 보고는 아직도 없다. 다윈은 눈에 보이지 않지만 그런 형질을 조금이라도 더 가진 개체가 승리한다고 한다.

> 이 싸움은 특히 다쳐 동물의 수컷들 사이에 맹렬하며, 그러한 동물은 그들 나름의 특수한 무기를 가진 것으로 추측된다. 육식동물의 수컷은 대부분 충분한 무장을 하고 있는 것이 보통이다.[28]

다윈은 여기서는 특수한 무기를 가진 수컷이 이긴다고 추측하고 있다. 그리고 육식동물의 수컷은 충분한 무장을 갖추고 있다고 주장한다. 육식동물의 무기는 똑같다. 날카로운 이빨과 발톱이다. 육식동물 가운데 이빨과 발톱이 없는 개체는 하나도 없다. 초식동물의 무기는 뿔이다. 뿔의 길이와 굵기 차이가 있다. 아무래도 뿔이 굵거나

---

28) 위의 책, p.104.

길면 싸움에서 유리하다. 그러나 육식동물은 뿔이 없다. 이빨이나 발톱의 크기와 길이는 똑같다. 그러므로 육식동물의 수컷 대부분은 충분한 무장을 갖추었다는 말은 정확한 말이 아니다. 육식동물은 수컷이나 암컷이나 전부 다 똑같이 날카로운 이빨과 긴 발톱을 가지고 있지만 차이는 별로 없다. 수컷은 암컷보다 덩치가 크고 힘이 센 차이만 있을 뿐이다.

다처 동물의 수컷 가운데 암컷을 차지하기 위한 싸움에서 상대를 이길 만한 특수한 무기란 것은 따로 없다. 덩치나 힘이나 용맹성의 차이로 승패가 결정되는 것이다. 그러므로 전투에 유리한 형질이나 무기를 가진 개체가 승리한다는 말은 근거가 전혀 없는 주장이다.

생존을 위한 전투에 승리한 개체만 진화하는가?

생존을 위한 전투가 있을 때 그 가운데 가장 유리한 형질을 가진 개체가 승리하여 생존과 번식을 하고 이런 일들이 반복되면서 품종이 바뀌고 진화되는지 살펴보자. 우리가 잘 알고 있는 사례를 살펴보자. 운동선수들을 보면 알 수 있다. 시합과 경쟁이 있는 각종 육상경기나 권투나 태권도 등에서 국가대표나 세계 챔피언의 자손들은 아버지나 할아버지를 닮아서 자동으로 세계 챔피언이 되는지 살펴보면 알 수 있다. 그런 경우가 전혀 없는 것은 아니지만 흔하지 않다. 전설적인 권투선수인 무하마드 알리(1942~2016)의 자손들 가운데 유명한 권투선수가 없는 줄로 안다.

동물은 단성생식 하는 것이 아니고 양성생식 한다. 그러니 수컷이 아무리 우람하고 좋은 형질을 가졌더라도 암컷이 약하거나 수컷과 같은 좋은 형질을 갖지 못했다면 그들 사이에 태어나는 새끼들은 아비의 형질을 다 물려받지 못한다. 아비의 좋은 형질을 물려받은 개체도 몇 대를 내려가며 평범한 형질을 가진 개체와 짝짓기를 하고 새끼를 낳다 보면 평범하게 된다. 좋은 형질을 물려받아도 운동을 좋아하지 않거나 힘든 훈련을 견뎌낼 마음이 없는 자손은 운동선수가 될 수 없다. 그래서 세계적인 선수의 자녀라고 다 아버지를 닮는 것은 아니다.

탁월한 형질을 가진 수컷이 탁월한 형질을 가진 암컷과 짝짓기를 해도 수컷이나 암컷의 부모나 조부모를 닮기도 한다. 부모의 미모가 빼어난 영화배우라도 부모의 미모를 닮지 않은 자녀가 태어나기도 한다. 그러므로 생존경쟁에 유리한 형질을 가진 특별한 개체가 대대로 이어가며 진화된다는 다윈의 주장은 사실과 다르다. 다윈의 주장이 맞는다면 전설적인 권투선수인 무하마드 알리의 후손은 계속해서 권투 챔피언이 되고 우사인 볼트(육상 단거리 세계 챔피언)의 자손들은 특별히 훈련하지 않아도 대를 이어 치타처럼 빨리 달리는 단거리 챔피언이 되어야 한다. 그러나 그런 일은 없는 걸 누구나 경험적으로 알고 있다. 상식이다. 세계적인 학자인 다윈의 후손에서 노벨상을 탄 학자들이 많이 나와야 그의 주장이 옳다. 그러므로 다윈은 생존경쟁에서 이긴 개체는 그 형질을 후대에 물려주므로 대를 이어가다가 진화된다는 논리는 아주 그럴듯해 보이지만 현실에서는 찾아볼 수 없는 완전한 허구다.

다윈과 월리스의 주장은 살아남지 못한 개체의 형질이 자손에게 전달되는 데 실패하고, 살아남은 개체의 형질이 전달되며 진화가 일어났다는 기본 개념을 공유하지만, 몇몇 부분에서 차이를 보인다. 우선 다윈은 먹이를 둘러싼 개체 간 생존경쟁에서 이긴 개체가 살아남는다고 생각했지만, 윌리스는 다양한 변이를 가진 개체 중 환경에 적응한 것만이 살아남게 된다고 생각했다.[29]

다윈은 생존을 위한 전투에서 승리한 개체만이 생존과 번식을 하게 되며 그런 과정들이 반복될 때 결국 진화된다고 억지 주장을 펼친 것이고 윌리스는 적자생존이란 합리적인 판단을 한 것이다. 그러나 적자라고 진화되는 것은 아니다.

희귀한 종은 일정 기간 더욱 느리게 변화되고 개량될 것이다. 그리하여 그러한 종은 생존을 위한 전투를 할 때 더욱 보편적인 종의 변이 또는 개량된 후손에게 결과적으로 패배하는 것이다.[30]

생존을 위한 전투는 평소에는 없다. 가뭄이 들었을 때는 먹이가 부족해서 먹이 때문에 싸우는 일은 있을 수 있겠지만 그렇다고 전투에 유리한 개체만 살아남고 그렇지 못한 개체는 다 멸종되는 것은 아니다. 자연을 보면 진화론의 주장과 달리 작고 연약한 개체도 지금까지 살고 있다. 전투에 패배한 개체는 다른 곳으로 이주하여 살아간다. 그래서 전투에 패배했다고 멸종되지 않았다. 그러므로 전투에 유리한 형질을 가진 개체만 생존을 위한 투쟁에서 승리하여 생존과 번식을 하는 과정에 진화된다는 진화의 원리는 아주 그럴듯한 이론이지만 현실과는 전혀 상관이 없는 주장일 뿐이다.

---

29) 심혜린, "진화의 과학, 변화를 해석하다", 카이스트신문 [422호] 2016.08.17.
30) 찰스 다윈, 『종의 기원』, 송철용 역, 동서문화사, p.123.

왕잠자리

출처: Alpsdake, 위키미디어

만일, 어떤 한 종이 경쟁자와 비슷한 정도로 변화 또는 개량되지 못한다면 그것은 절멸해 버리고 말 것이기 때문이다.[31]

잠자리의 먹이는 하루살이나 모기 같은 작은 날벌레다. 잠자리는 먹이가 같으므로 사는 곳도 같다. 그렇다면 실잠자리와 고추잠자리는 왕잠자리에게 밀려나 멸종되고 없어야 한다. 왕잠자리는 전체 길이가 64~75mm이고 고추잠자리는 전체 길이가 48mm이다. 왕잠자리는 크기만 큰 것이 아니라 고추잠자리보다 턱이 아주 강하게 생겼다. 이 둘이 싸운다면 결과는 뻔하다. 그러므로 진화론의 이론대로라면 실잠자리나 고추잠자리는 화석에서나 볼 수 있어야 한다. 지금은 오직 크고 힘이 세고 멋지게 생긴 왕잠자리만 살아 있어야

---

31) 위의 책, p.115.

한다. 그리고 왕잠자리도 더 크고 멋진 잠자리로 진화되었어야 한다. 그러나 크고 작은 여러 종류의 잠자리를 같은 지역에서 볼 수 있다. 상식적으로 생각하면 크고 힘이 센 왕잠자리의 개체 수는 많고 고추잠자리의 수는 적을 것처럼 보인다. 그러나 오히려 왕잠자리의 개체 수는 고추잠자리보다 아주 적다. 그래서 왕잠자리는 보기가 쉽지 않다.

　동물은 동종의 개체와의 전투에 져서 죽는 것보다 포식자의 먹잇감으로 죽는 경우가 대부분이다. 특히 초식동물은 먹는 것 때문에 동종이나 아종과 싸우다가 죽는 경우는 거의 없다. 포식동물에게 잡아먹히기 때문에 죽는 것이다. 아니면 수명만큼 살다가 늙어 죽기도 한다. 그러므로 형질의 변이와 누적으로 다른 개체보다 유리하게 변화나 개량된 개체가 생존을 위한 전투에서 승리하면서 진화되었다는 다윈의 자연선택설은 허구다. 현실에서 전혀 볼 수 없는 현상이다.

―――――

작고 연약한 개체도 크고 강한 동종과 아종의 개체와 공존하고 있으니
생존경쟁 과정에서 도태되거나 진화된다는 이론은 허구다.

제6장

진화가 아니고 변화다

다윈은 생활환경의 변화로 자연이 선택한다고 한다. 변이된 형질이 유전되고 누적된 상태에서 생활환경에 변화가 왔을 때 그것에 적합한 형질을 가진 것은 생존하고 그렇지 못한 것은 도태된다는 것이다. 그런 일이 장구한 세월 동안 반복되는 과정에 진화된다는 것이다. 그러나 생활환경의 변화로 진화되지 않는다. 형태만 조금 변할 뿐이다.

> 예컨대 기후에 의해 약간의 물리적 변화를 받는 지역을 생각해보면, 자연선택의 가능성의 경로를 가장 쉽게 이해할 수 있을 것이다. 즉, 그 지역에 사는 생물의 비례 수는 거의 즉시 어떤 변화를 가져와서 그중에 어떤 종은 멸종해 버릴 것이다.[32]

> 나는 생활조건의 변화가 변이성을 증가시키는 경향이 있다고 확신할 만한 증거를 가지고 있다. 그리고 앞의 경우는 생활환경의 변화가 생물의 유리한 변이를 일으키는 데 더욱 좋은 기회를 제공함으로써 자연선택에 편리한 것이라고 생각한다.[33]

---

32) 찰스 다윈, 『종의 기원』, 송철용 역, 동서문화사, p.97.
33) 위의 책, p.98.

다윈은 『종의 기원』에서 생활환경의 변화가 변이성을 증가시키는 경향이 있다고 주장했다. 이 말은 결국 생활환경의 변화가 형질이 변이되도록 영향을 미친다는 것이다. 즉, 생활환경의 변화가 변이를 촉진하고 또한 생존할 개체를 선택한다는 논리다. 생활환경이 변하면 형태는 조금 변화될 수는 있다. 그러나 그런 변화로 진화되는 것은 아니다. 같은 '과'에 속한 동물이나 다른 '과'에 속한 동물로 변화되는 것도 아니다. 그러므로 생활환경의 변화로 진화되는 것은 아니다. 생활환경은 변하지만, 생물의 진화에 영향을 주지 못한다. 지구에는 그동안 적어도 네 번의 대빙하기로 대멸종이 있었다고 한다. 대멸종의 사건이 일어날 정도로 혹독한 생활환경의 변화가 여러 번 있었다면 생물에 엄청난 변이나 변형이 일어났어야 할 것이다. 그러나 화석의 동물이나 현재 사는 동물의 생김새가 달라진 것은 없다. 외부의 영향으로 체세포의 DNA가 달라져도 유전이 되지 않는다는 것이 밝혀진 지 오래되었다. 이것은 생활환경의 변화가 진화에 영향을 끼친다는 다윈의 메커니즘이 허구란 것을 입증하고 있다. 추위는 모든 생물의 생존에 큰 영향을 미친다. 기온이 떨어지면 혈액순환 장애가 발생하거나 감기에 걸리거나 동사하게 된다. 그러므로 추위는 오랜 가뭄 못지않게 생물의 생존에 심각한 영향을 미치게 된다. 특히 파충류와 양서류는 추위에 약하다. 그래서 빙하기가 시작되기 전에 추위를 극복할 형질을 가진 동물은 생존하고 그렇지 못한 동물은 다 얼어 죽고 말았을 것이다. 아니면 추위를 극복할 형질로 진화되었을 것이다. 그러나 현실을 보면 파충류는 여전히 이른 아침에 햇볕을 쫴 몸을 녹여야만 제대로 활동할 수 있다. 파충류가 빙하기를 극복한 동물처럼 보이지 않는다. 파충류는 주위 온도에 따라 체온이 변하는 변온동물이다. 대빙하기가 시작되기 전에 파충류는 정온동물로 진화하든지 아니면 포유류처럼 피부가 털가죽으로 덮였어야 한다. 그런데 파충류는 아직도 전혀 변화가 없으니 생활환경인 기후의 변화가 파충류나 어류 등 모든 동물의 형질을 변이시키지 못하는 것임을 알 수 있다.

북극지방에 사는 생물

1. 북극지방에 사는 식물

상식적으로 생각하면 상상을 초월하는 극한대 지역에는 어떤 생물도 살지 못할 것 같다. 그러나 그런 곳에서도 식물이 살고 있다. 동물보다 식물이 추위에 취약해 보인다. 그런데도 그곳에 식물이 살고 있다. 북극에 사는 식물은 북극진달래, 북극쇠뜨기, 북극이끼장구채, 북극별꽃, 북극황새풀, 북극버드나무, 미나리아재비, 양지꽃, 북극양귀비, 자주범의귀 등이 있다. 북극 툰드라에 서식하는 식물은 108종이 넘는다고 한다. 추운 지방에 사는 식물은 세포 내에 수분을 거의 제거하고 나아가서 당분을 합성해 세포 내 수분이 어는 온도를 낮추는 방법으로 얼어 죽지 않는다. 그래서 겨울을 지내고 이른 봄에 고로쇠나무(Painted maple)에서 뽑아낸 물은 달콤하다. 그리고 나무껍질 바로 밑에 녹색의 '피층'에서 광합성을 하면서 열을 발생시켜 얼어 죽지 않는다. 식물 스스로 이런 방법을 찾고 그런 기능을 가질 수 있을까?

2. 북극지방에 사는 동물

극한대 지방인 북극에도 동물이 살고 있다. 북극곰, 북극늑대, 북극표범류, 북극여우, 북방밭쥐, 사향소, 순록, 북극토끼 등 67종의 포유동물이 서식하고 있다. 곤충도 600여 종이 살고 있다. 북극지방에 사는 동물은 몹시 추운 지방에서 살아갈 수 있도록 신체구조가 최적화되었다.

북극지방에 사는 동물은 혹한을 견딜 수 있도록 지방층이 두꺼워지거나 피부에 난 털이 조밀하고 길어지는 변화는 있다. 북극곰은 지방층이 10cm나 된다. 그 지방층은 털로 덮여 있는데 흰색 털 아래 피부는 흰색이 아닌 검은색이라서 햇빛을 흡수하며 열을 생성한다. 피부 위에는 길이 5cm의 짧은 털이 촘촘하게 나 있어서 두꺼운 스웨터처럼 열기를 간직하고 체온을 유지해 준다. 가장 바깥쪽에는 완벽한 방수 기능을 갖춘 12cm 길이의 뻣뻣한 털이 있다. 북극여우의 털가죽은 보온성이 뛰어나 영하 70도까지 내려가야 추위를 느낄 정도라고 한다. 북극여우의 솜털은 탁월한 보온 효과가 있어서 섭씨 영하 80도에서도 생존할 수 있다는 것이 실험을 통하여 밝혀졌다.

환경의 변화에 적응할 형질을 가진 개체는 살아남고 번식하는 과정을 반복하는 가운데 진화된다는 다윈의 논리가 사실이라면 극한대 지역에 사는 동식물은 완전히 다르게 변형되어야 한다. 그러나 북극에 사는 여우나 영국에 사는 여우나 생김새는 똑같다. 다만 북극여우의 귀는 다른 곳에 사는 여우의 '귀'보다 작다. 반면, 사막여우의 귀는 토끼처럼 크다. 귀에는 혈관이 많다. 그래서 북극에 사는 여우는 귀를 통하여 열을 빼앗기지 않으려고 귀가 작아진 것이고 사막여우의 큰 귀는 열을 발산하기 좋은 구조로 체온이 올라가는 것을 막는다.

사막여우   북극여우

출처: 김학충   출처: Algkal, 위키미디어

극지방에 사는 동식물은 혹독한 날씨에도 생존할 수 있도록 신체 구조가 최적화되어 있다. 우리가 주목해야 할 것은 그들의 이름이다. 우선 극지방에 사는 식물들을 다시 살펴보자. 북극버드나무, 북극양귀비, 미나리아재비, 양지꽃, 초롱꽃, 북극진달래 등이 있다. 버드나무와 진달래, 초롱꽃, 양귀비 그리고 미나리아재비도 이름은 들어보았을 것이다. 북극에도 온대지역에 서식하는 식물이 살고 있다. 위의 식물 가운데 한국에도 자생하는 것도 있다. 그런데 버드나무가 북극에 산다고 '북극버드나무'란 이름을 붙여주었다. 여기서 주목해야 할 것은 온대지역에 사는 식물들이 북극에서 산다고 식물의 이름 앞에 북극만 붙였다는 것이다. 진달래가 북극에서 자생하니 '북극진달래'란 것이다. 그러니 북극이란 혹독한 환경에 살면서 진화되어 다른 종이 된 것이 아니라 온대지역에 사는 그 품종이란 것이다. 여전히 버드나무, 진달래, 초롱꽃의 고유한 형태를 지닌 채로 자생하고 있어서 이름 앞에 북극이란 단어만 덧붙인 것이다. 이 말은 극심한 환경의 변화에 적응하는 과정에 다른 식물로 진화되지 않았다는 것을 보여준다. 형태나 모양이 달라지지 않았다는 것이다. 다윈의

주장대로라면 버드나무는 소나무나 잣나무처럼 추위를 견디기 쉬운 침엽수 등으로 진화됐어야 한다. 그런데 여전히 버드나무, 진달래로 종이 달라지지 않고 자생하고 있다.

동물도 마찬가지다. 북극여우, 북극곰, 북극늑대, 북방밭쥐, 북극토끼, 북극표범류 등이 북극지방에 살고 있다. 그들의 고유한 형태에서 추위를 극복하도록 조금 변형이 된 상태로 살고 있다. 그래서 고유의 이름 앞에 북극이란 단어를 덧붙였을 뿐이다. 이것은 상상을 초월하는 극한 환경에 살도록 최적화되었지만, 원래의 형태와 모양이 변하지 않았다. 생활환경의 변화에서 혹독한 추위보다 더한 변화는 없다. 겨울과 여름의 온도변화 폭은 어디서도 볼 수 없을 정도로 그 폭이 크다. 그런 곳에 살기 좋은 모양을 하고 있지만 누가 봐도 저건 여우구나! 저건 곰이구나! 저건 토끼구나! 하고 한눈에 알아볼 수 있다. 형이 바뀐 것이 아니라 원형을 유지하고 있다는 것을 주목해야 한다. 즉, 온대 지방에도 사는 동식물이 북극지방에서도 거의 원형을 유지하면서 살아가는 것을 보면서도 생활환경의 영향으로 진화했다고 감히 말할 수는 없는 것이다.

북극지방에 서식하는 동식물은 극심하게 추운 곳에 살지만 고유한 형태는 달라지지 않았다. 이것은 무엇을 말하는가 하면 생활의 조건이 종의 변이나 진화를 촉진하지 않는다는 것을 뜻한다. 다윈의 논리를 다시 살펴보자. 생물은 형질의 변이가 일어나고 후손으로 유전이 되어 누적된다. 그러다가 생활환경의 변화가 일어났을 때 그런 환경에도 살 수 있는 형질을 가진 개체는 생존과 번식을 하고 그렇지 못한 것은 도태된다고 했다. 그러나 극악한 환경에서 사는 동식물이나 일반적인 생활환경에 사는 동식물의 형태나 모양이 크게 다르지 않은 모습으로 살고 있다는 것은 다윈의 주장이 틀렸다는 것을 입증하고 있다. 생활환경의 변화는 진화의 요인이 되지 못한다.

추위는 모든 생물에게 치명적인 위험요인이다

인도와 같은 열대지역에서 가끔 얼어 죽은 사람이 있다는 소식을 뉴스를 통해 들을 수 있다. 인도의 기온이 영하로 떨어져서 동사하는 것이 아니라 영상의 기온이지만 동사했다고 한다. 변온동물인 파충류 등은 영상 3~4도가 되면 혈액순환 장애가 와서 활동에 제약을 받고 생명이 위태롭게 된다. 양서류와 파충류는 변온동물이라 추위에 아주 취약하다. 저온현상이 오래가면 변온동물인 양서류와 파충류는 체온이 낮아져 감기에 걸리거나 혈액순환 장애 등으로 다 죽어버리게 된다. 그러므로 다윈의 주장처럼 형질변이가 잘된 개체를 자연이 선택한다면 추위에 강한 형질을 가진 양서류와 파충류를 선택하였을 것이다. 그런 과정이 반복되면 결국 진화될 것이다. 그러면 파충류나 양서류의 피부에 털이 났다든지 정온동물로 변이 된 것만 생존하고 있어야 한다. 그렇지 못한 파충류나 양서류는 멸종되고 없어야 한다. 그러나 양서류, 파충류는 여전히 모양도 피부도 똑같다. 열대지역에 서식하는 양서류, 파충류나 온대 지방에 사는 양서류, 파충류나 모양이나 피부가 비슷하다. 그들 모두가 변온동물이다.

열대지역에 사는 동물에게는 털이 불필요해 보인다. 사계절이 분명한 온대 지방은 추운 겨울이 있으니 털가죽이 필요하나 열대지역에 사는 포유류의 털가죽은 어울리지 않는다. 그러나 그들은 여전히 털가죽이 있다. 그러므로 생활환경의 변화가 형질변이나 진화의 요인이라고 할 수 없다.

사막 동물과 자연선택

앞에서 생활환경이 몹시 추운 지역에 사는 동물들도 다른 종으로 변종되지 않는 것을 살펴보았다. 이번에는 지구에서 극지방 못지않은 생활환경인 사막에 사는 동물을 살펴보자. 사막에 사는 동물은 낙타, 전갈, 사막고슴도치, 사막살무사, 사막왕도마뱀, 사막박쥐, 사막다람쥐, 모래고양이, 사막스라소니, 사막독수리부엉이, 사막의 여우, 사막꿩, 발굽토끼 등이 있다. 비 한 방울 내리지 않다시피 하는 사막에도 의외로 다양한 동물이 서식하고 있다. 사막에 사는 동물 가운데 우리가 잘 아는 동물의 이름이 있다. 그 가운데 우리가 주목해서 봐야 할 동물이 있다. 사막고슴도치, 사막고양이, 사막스라소니, 사막독수리부엉이, 사막여우, 사막살무사, 사막왕도마뱀, 사막박쥐, 사막다람쥐, 사막꿩 등이다. 사막에 사는 동물들 가운데 비전문가가 보아도 저건 고양이구나, 저건 박쥐구나, 저건 다람쥐구나, 저건 꿩이구나! 하고 단번에 알아볼 수 있다. 물론 들판에 사는 동물들과 형태가 조금 다르기도 하지만 원래의 모습을 유지하고 있다. 자연환경이 동물의 생존과 번식을 선택한다면 아주 오랜 세월 동안 전혀 다른 모습으로 변형이 되어 다른 종으로 진화되었어야 한다. 그러나 극한 환경인 사막이나 극지방에서 사는 동물은 다른 종으로 진화되지 않고 살기 좋은 환경에서 사는 동물과 달라진 것이 없이 고유한 모습으로 살아가고 있다.

나비의 종류는 약 20,000가지가 있다. 날개 길이가 1~28cm까지 다양하다. 날개의 모양뿐 아니라 무늬와 색깔도 다양하다. 열대지역에 서식하는 나비의 종류가 많고 날개가 더 화려하다. 그러나 어느 곳에 서식하든 나비는 나비다. 서식지와 상관없이 나비의 기본적인 구조와 형태는 똑같다. 더군다나 나비가 다른 곤충으로 변하거나 진화되지 않았다. 마찬가지로 어떤 생물이든 서식하는 지역과 상관없이 고유한 형태는 변함이 없고 다른 생물로 변형되거나 진화된 증거는 없다. 서식지의 환경에 따라 크기와 모양은 조금씩 달라지지만 그렇다고 다른 생물로 변화되거나 진화된 증거는 어디에도 없다.

인종 간의 차이

인간도 마찬가지다. 인간은 세 종류로 나눈다. 흑색인종, 백색인종, 황색인종이 있다. 인종에 따라 덩치도 다르고 피부도 다르고 머리카락이나 코의 높이도 다르다. 백색인종은 피부가 희고 덩치도 크고 코도 높다. 코가 높은 것은 추운 지역에 살기 때문에 추운 공기가 바로 기관지나 폐로 들어가면 기관지나 폐가 상한다고 한다. 그래서 코에서 적당한 온도와 습도를 맞춘 후에 기관지로 들어가게 하려고 다른 인종보다 코가 높다고 한다. 반대로 더운 지역에 사는 흑색인종은 코가 펑퍼짐하고 낮다. 더운 지역이라 코에서 공기의 온도조절을 할 필요가 없기 때문이란다.

아프리카에 사는 흑인의 곱슬머리는 공기구멍이 많은 스펀지처럼 햇볕을 차단하는 단열재의 역할을 하고 머리에서 나는 땀을 빨리 증발시켜 머리를 빨리 냉각시키는 효과가 있다고 한다. 피부색이 검은 것은 단순히 햇볕에 타서 그런 것이 아니라 강한 햇볕의 자외선을 막기 위해 피부 멜라닌 색소 함유량이 많아졌기 때문이다. 흑인의 피부가 검은 것은 강한 자외선에 대응하는 과정에 자연스럽게 변화된 것이라고 한다. 흑인과 백인의 차이는 무엇인가? 코의 형태와 머리카락의 모양과 피부색만 다를 뿐 다른 것은 모두 똑같다. 그 정도 다른 것을 변종이 된 것이라고 할 수 없다. 진화된 것은 아니다. 더구나 흑인과 백인의 장기(臟器)와 신체구조는 완전히 똑같다.

형질과 면역력

생활환경이 변화되면 살아남는 동물이 있고 죽는 동물이 있다. 이 차이는 형질의 차이가 아니다. 전염병이 유행할 때 같은 지역에 사는 사람들을 보면 전염병에 걸려 앓거나 죽는 사람이 있고 전염병에 걸리지 않는 사람도 있다. 예를 들면, 콜레라가 유행할 때 콜레라에 걸리는 사람이 있고 걸리지 않는 사람이 있다. 콜레라에 걸리지 않는 사람은 그 사람이나 그들의 조상이 콜레라에 걸리지 않는 형질을 가졌기 때문에 콜레라에 걸리지 않는 것은 아니다. 면역력의 차이다. 감기나 눈병이 유행할 때도 병에 걸리는 사람이 있고 길리지 않는 사람이 있다. 감기가 유행할 때 감기에 걸리지 않던 사람도 과로하거나 추운 곳에서 오랫동안 머무를 경우나 몸이 허약할 때는 감기에 걸리게 되는 것과 같다. 그러므로 생물 개체가 같은 환경 같은 상황에서 죽고 사는 것은 형질의 차이가 아니라 체력이나 면역력의 차이다. 체력이나 면역력은 건강 상태에 따라 변화가 된다.

포로수용소에 갇혀 있는 전쟁포로들 가운데 어떤 포로는 수용 중에 사망하기도 하고 어떤 포로는 전쟁이 끝날 때까지 생존하여 집으로 가기도 한다. 이건 포로수용소가 포로의 생사를 선택한 결과라고 할 수 없다. 포로수용소에 갇혀 있는 동안 형질이 변화된 탓도 아니다. 건강한 체질이나 강한 정신력을 가진 포로는 잘 견디어 생존한 것이다. 정신력이나 체력이 약한 포로는 열악한 환경을 견디지 못하고 죽는다. 체력이 약해도 강한 정신력이 있거나 귀환에 대한 소망을 버리지 않은 포로는 생존하여 귀향한다. 모든 포로는 똑같이 열악한 환경과 식사를 공급받으나 생존과 사망은 포로 개인의 체질과 정신력에 달린 것이다. 포로수용소 소장이 어떤 포로는 선택하여 죽게 만들고 어떤 포로는 생존하여 귀향하도록 차별 대우를 하지 않는다.

생활환경의 변화는 그 지역에 사는 모든 동물에게 동시에 영향을 미친다. 기온의 변화든 가뭄이든 같은 지역의 모든 동물에게 같은 영향을 미친다. 물이 부족하거나 먹이가 부족해지면 모든 동물이 동시에 타격을 받는다. 만약 기온이 낮아지는 환경의 변화가 온다면 모든 동물의 형질이 변이 되어야 한다. 몇 번의 빙하기를 지나는 동안 파충류나 양서류가 추위에 적응하도록 변이가 되었는지 묻고 싶다. 그들의 몸에 털이 났는지 확인해 봐라. 그들이 혹 추위를 이겨낼 형질로 변이되었다고 할지라도 진화된 것은 아니다. 원형은 달라진 것이 아니다. 화석화된 파충류나 양서류는 지금 사는 것들과 거의 똑같은 모습이다. 그러므로 생활환경의 변화가 진화의 동인이 될 수 없다. 자연은 모든 생물에 똑같은 생활환경을 제공한다. '종'이나 개체별로 차별 대우를 하지 않는다. 그런데 다윈은 '자연선택'이란 단어를 사용하여 마치 자연이 생물의 생사의 선택권을 가진 진화의 주체가 되는 것처럼 독자들을 착각하도록 유도하고 있다.

다윈은 자연이 무엇으로 어떻게 생존과 번식할 개체를 선택하는지 구체적으로 말하지 못했다. 그냥 생존에 유리한 형질을 가진 개체가 생존과 번식을 한다고만 했다. 그건 결국 생활환경이 변할 때 그 변화된 환경에 적응하거나 극복할 형질을 가진 개체가 생존과 번식을 한다는 것이다. 생활환경의 변화는 단순하다. 기온의 변화와 가뭄이다. 이런 환경의 변화는 차이는 있지만 매년 반복된다. 때로는 더위나 추위가 혹독할 때도 있다. 그런 생활환경에서도 생존과 번식이 되었다면 그런 생활환경의 변화에 적응하였기 때문에 생존하고 있다. 그 후에 똑같은 환경의 변화가 와도 그걸 극복하고 생존하고 있으므로 자연은 환경으로 생존할 개체를 선택할 기능을 상실해 버렸다. 그래서 똑같은 생활환경의 변화가 온다고 형질이 변이되어야 할 이유는 없다. 생활환경이 열악한 환경에 사는 생물도 그 환경에 적합하게 변화는 되었으나 그 종의 고유한 모습 자체는 변형이 되지 않았다. 그러므로 생활환경의 변화는 진화의 동인이 될 수 없는 것이다.

세균이 인간으로까지 진화되려면 헤아릴 수 없는 많은 변이가 있어야 한다. 그렇다면 생활환경의 변화도 그처럼 종류가 많아야 한다. 그것도 똑같은 생활환경의 변이가 아니라 지금까지 없던 새로운 생활환경의 변화가 매번 일어나야 한다. 이전에 없던 생활환경의 변화가 일어나야 그것에 맞는 형질의 변이가 일어나게 되고 선택도 된다. 그러므로 자연이 변이를 촉진하고 선택하려면 이전에 없던 생활환경의 변화가 계속해서 일어나야만 한다. 세균이 인간으로 진화되려면 수천만 번 이상의 각기 다른 생활환경의 변화가 일어나야 한다. 그러나 지구상에는 그렇게 다양한 생활환경의 변화는 없었다.

생활환경의 변화는 반복되기 때문에 생활환경의 변화는 진화의 요인이 될 수 없다. 모든 생물은 변화된 환경에 적응하고 극복하여 서식하기 때문에 똑같은 환경의 변화가 와도 선택을 할 수 없다. 열악한 환경에 사는 동물이나 좋은 환경에 사는 동물이나 거의 비슷한 생김새를 가지고 있다. 그러니 생활환경이 동물의 변이에 영향을 주지 못하고 생존과 번식할 개체를 선택한다는 다윈의 논리는 허구다.

살기 힘든 극지방이나 사막지역에 사는 동식물의 형태가 별로 달라지지 않았고 형질이나 내부기관이 진화된 증거도 없다. 그러나 생활환경에 따라 동물의 형태가 조금 변하는 것은 사실이다. 그러나 진화라고 할 만한 변화는 없다. 고유한 형태는 그대로 유지한다. 그런데 이런 것을 가지고 '과'와 '목'을 뛰어넘어 파충류가 포유류까지 진화된다고 확대해석을 하는 것은 과학이 아니라 소설을 쓴 것이다.

———

생활환경에 따라 약간의 형태 변화는 있다.
그러나 원형을 벗어난 동식물은 없다.
그러므로 생활환경의 변화로 진화된다는 다윈의 이론은 허구다.

제7장

멋쩍은 성선택설

다윈은 『종의 기원』을 출판한 다음 해인 1860년에 다음과 같이
기록하고 있다.

"공작새 꼬리에 있는 깃털들을 볼 때마다, 그것은 나를 고통스
럽게 했다."[34]

다윈은 수컷 공작의 꽁지깃을 볼 때마다 왜 고통을 받았을까? 그
는 자연선택설을 진화의 메커니즘으로 제시했다. 자연은 생존에 유리
한 개체를 선택하며 그런 선택들이 누적되어 진화된다고 주장했다.
진화는 생존에 유리한 방향으로 변화된다고 주장했다. 그런데 수컷
공작의 꽁지깃은 다윈이 제시한 자연선택론과 정반대 현상을 보여준
다. 수컷 공작의 꽁지깃은 아름다우나 생존에는 매우 불리하게 생겼
다. 수컷 공작의 화려하고 긴 꽁지깃은 포식자의 눈에 잘 보일 뿐 아
니라 날기에 불편하게 생겼다. 포식자로부터 도망치기에 불리하게 생
겼다. 그래서 다윈은 수컷 공작의 꽁지깃 때문에 자연선택설의 모순
이 드러날까 두려운 것이다. 수컷 공작의 꽁지깃을 보고 어떤 학자가

---

34) 1. Darwin, F.,(Ed), Letter to Asa Gray, dated 3 April 1860, The Life and Letters of
Charles Darwin. D. Appleton and Company, New York and London, Vol. 2, pp.90~91,
1911. David Catchpoole, [공작새 꼬리에 대한 허튼소리?: 한국창조과학회 홈페이지에서
재인용].

다윈의 자연선택설은 보편타당성이 없으므로 진화의 이론으론 부적합하다고 이의를 제기할까 봐 걱정된 것이다. 이 외에도 그는 원숭이의 붉은 엉덩이와 얼굴, 말레이시아 들소의 하얀 엉덩이와 다리, 벌새, 쏙독새, 관머리박새, 붉은 뇌조, 엘크(elk) 수컷의 무겁고 거대한 뿔을 보니 자연선택설과 모순이 되는 동물이 있어 난감하였다. 이런 것은 멋은 있으나 생존에 불리하게 생긴 것이다. 진화론의 원리는 생존에 유리한 방향으로 진화된다는 것인데 그 이론과 정반대로 생존에 불리한 모습을 하고 있으니 다윈은 노심초사한 것이다.

모든 원리와 법칙은 보편타당해야 한다. 그런데 생존에 불리하게 생긴 동물도 있으므로 자기가 보기에도 자연선택설은 보편타당성의 원칙에 어긋난다는 것을 다윈은 잘 알았다. 그래서 다윈은 자신이 주창한 자연선택설의 모순을 보완하기 위하여 오랜 연구 끝에 성선택설을 발표했다. 그러나 성선택설도 자연선택설처럼 보편타당성이 없으므로 학설이 될 수 없다. 이번 장에서는 다윈의 성선택설을 논리와 상식으로 분석하고 자연과 대비하여 진화의 학설이 될 수 없음을 밝히고자 한다.

성선택이란?

다윈은 이 난감한 문제에 대해 무려 12년간 연구 끝에 1871년에 출간한 『인간의 유래와 성선택설(The Descent of Man and Selection in Relation to Sex)』이란 책에서 자연선택은 생존을 위한 투쟁이지만 성선택은 더 좋은 형질을 자손에게 전하기 위하여 암컷이 멋있거나 힘 있는 수컷을 선택한다고 주장하였다.

어느 동물의 자웅이 일반적으로 생활습성은 같지만 구조와 색깔 또는 장식만 다를 때, 그 차이는 주로 자웅선택에 의해 생긴 것이라고 나는 믿고 있다. 즉, 여러 세대를 내려오는 동안 어떤 수컷의 개체는 무기와 방어수단, 또는 매력이라는 점에서 다른 수컷보다 조금이라도 뛰어나기 때문에, 그 이점을 수컷 자손에게 전해 주는 것이다.35)

성선택의 두 가지 경우

성선택은 두 가지로 나눈다. 성내(性內) 선택과 성간(性間) 선택이다. 성내 선택이란 수컷끼리의 경쟁이다. 수컷끼리 치열한 싸움을 벌여 암컷을 차지할 수 있는 권리를 획득하는 것을 말한다. 성내 선택에 대해서 이의를 달 사람은 아무도 없다. 누구나 인정하는 현상이다. 곤충조차 암컷을 차지하기 위하여 수컷끼리 치열하게 싸운다. 문제는 성간 선택이다. 성선택설은 암컷이 짝짓기 할 상대를 선택할 때 멋지게 생긴 수컷을 선택한다는 추측에 바탕을 둔 이론이다. 짝짓기의 선택권은 암컷에게 있으므로 수컷이 암컷에게 선택받기 위해 자신의 신체적 특징을 발달시키는 과정에 진화되었다고도 한다.

성간 선택의 모순

다윈의 성선택은 많은 비판을 받았다. 특히 성간 선택에 대해 거부반응이 심하였다. 거기에 대해 다윈의 반론은 이렇다. "한 소녀가 잘생긴 남성을 봅니다. 그의 코나 수염이 다른 남성보다 0.1인치 더 긴가 짧은가를 관찰하지 않고도 그녀는 그의 외양을 칭찬하고 그와

---

35) 찰스 다윈, 『종의 기원』, 송철용 역, 동서문화사, p.105.

결혼할 것이라고 말합니다. 나는 공작 암컷 역시 마찬가지일 것으로 추측합니다."

다윈의 진화론은 동물의 세계를 인간의 관점에서 보고 발상했다. 자연선택설에서는 육종가가 품종개량 하는 것을 보고 자연도 선택을 통하여 생물을 진화시킨다는 발상을 했다. 성선택설은 여성이 멋진 남성을 선택하는 것에서 힌트를 얻은 것이다. 그러나 모든 여성이 멋있는 남성만 선택하는 것은 아니다. 다윈의 말처럼 잘생긴 남성은 여성의 선택을 받기 쉬운 것은 사실이다. 여성은 잘생긴 남성을 좋아하는 경향이 있기 때문이다. 그건 남성도 마찬가지다. 미녀를 보면 호감이 가는 것은 자연스러운 감정이다. 그러나 모든 여성이 남성이 미남이란 것만 보고 결혼하려는 마음을 먹는 것은 아니다. 그것보다 남성의 성품이나 태도나 능력을 보고 선택하는 여성도 많다. 교양이 있는지 친절한지 유머 감각이 있는지 아니면 돈이 많거나 돈을 많이 벌수 있는 직업인지를 보고 선택하는 여성도 있다. 그리고 현실에서는 멋지지 않은 남성도 여성과 결혼하여 부부생활을 하고 있다. 멋지지 않고 돈도 없는 남성도 미녀와 결혼하기도 한다. 동물도 마찬가지다. 그러니 성선택설에 대한 다윈의 해명조차 보편타당성이 없다.

암컷 공작도 멋진 수컷만 찾지 않는다

다윈의 성선택설은 오랫동안 관찰하고 연구한 결과에 의하여 잘 못된 이론인 것이 판명되었다. Discovery News(2008.03.26.)는 일본 과학자들의 공작에 대한 연구 결과에 대해 보도하였다. 일본 과학자들은 공작의 짝짓기를 위한 과시행동을 6년 동안 관찰한 후에 암컷은 수컷 공작의 화려한 꼬리에 관심이 없었으며, 오히려 수컷의 발성(vocalizations)에 더 많은 관심을 갖는 것처

럼 보인다고 보고했다.36)

Science Now(2013.08.16.)지에서 암컷 공작은 수컷의 화려한
깃털에는 관심이 없고 외모가 아니라 냄새에 관심이 있다고 하
였다. 수컷의 화려함이나 크기보다는 좋은 냄새를 풍기는 수컷
이 암컷의 허락을 잘 받아낸다는 연구 결과를 발표하였다.37)

이런 연구 결과 가운데 어느 것은 맞고 다른 것은 틀렸다고 할 수
없다. 왜냐하면, 여성도 남성을 좋아하는 기준이 각자 다르기 때문
이다. 가정적인 남성을 좋아하는 여인도 있고 돈이 많은 남성을 좋
아하는 여인도 있고 미남이나 신체가 건장한 남성을 좋아하는 여인
도 있다. 친절하고 유머가 많은 남성이 제일 좋다는 여성도 있다. 그
러므로 암컷 공작이 수컷을 선택하는 기준도 꽁지깃에만 있는 것이
아니라 각자 취향이 다르므로 어떤 암컷은 냄새, 어떤 암컷은 소리
를 듣고 수컷을 선택할 수도 있다.

다윈의 성선택설도 보편타당하지 않다

수컷 공작의 꽁지깃이 길고 화려한 것은 암컷이 꽁지깃이 멋있는
수컷을 선택하기 때문이란 것이다. 그러면 암컷은 멋진 수컷 공작을
닮은 새끼를 낳게 된다. 이런 선택이 대를 이어 반복하는 과정에 수
컷 공작의 꼬리는 점점 더 길어지고 화려해졌다는 논리다. 성선택설

---

36) Takahashi, Mariko; Arita, Hiroyuki; Hiraiwa-Hasegawa, Mariko; Hasegawa, Toshikazu
(2008), 'Peahens do not prefer peacocks with more elaborate trains.' Animal Behaviour 75
(4): 1209~1219. 이병수, "다윈의 잘못된 진화 예측1: 돌연변이, 자연선택, 수렴진화의
문제점", 한국창조과학회 홈페이지.

37) Forget Plumage, Birds Sniff Out Good Mates, Science Now, 16 August 2013.
위의 글에서 재인용.

에 대한 설명을 들으면 사실인 것처럼 보인다. 닭을 보면 수탉이 암탉보다 화려하고 덩치도 크다. 더구나 머리에 붉은 볏도 있어 멋지고 위엄 있어 보인다. 또 꿩을 봐도 수꿩(장끼)이 암꿩(까투리)보다 훨씬 화려하다.

그러나 대부분의 수컷은 암컷보다 멋지거나 화려하지 않다. 암컷보다 화려한 수컷은 거의 없고 암수가 똑같이 생긴 것이 대부분이다. 다윈은 암컷이 수컷보다 화려하지 않고 수수한 것은 알을 품을 때 포식자의 눈에 잘 띄지 않기 위함이라고 했다. 그렇지만 조류 대부분은 암수가 비슷한 색깔의 깃털을 가지고 있다. 수컷이 암컷보다 특별히 멋지거나 화려하지 않은 조류가 훨씬 많다. 까마귀나 까치나 참새나 비둘기나 제비를 보면 암수의 깃의 모양이나 빛깔은 똑같다.

조류 대부분은 암수 구별을 할 수 없을 정도로 깃의 모양과 색깔이 똑같다. 물론 네발 가진 동물도 겉으로 봐서는 암수 구별을 할 수 없는 동물이 대부분이다. 여우나 토끼나 쥐나 호랑이도 마찬가지다. 성기를 눈으로 보지 않고는 동물의 암수 구별은 쉽지 않다. 수컷이 암컷보다 화려하고 멋진 것보다 암수가 비슷한 형태인 것이 대부분이다. 수컷이 암컷보다 화려하고 멋진 것은 암컷의 선택을 받은 결과란 다윈의 주장은 객관성이 없다. 암컷은 오직 멋진 수컷을 선택하는 것처럼 결론을 내린 다윈의 성선택설도 보편타당하지 않다.

최재천 교수는 기린의 목이 길어진 이유에 대해 이렇게 설명하고 있다.

기린의 목이 길어진 진짜 이유는 먹이가 아니라 짝짓기에 있었다. 길고 굵은 목을 가진 수컷들이 싸움도 더 잘하고 암컷들에게도 더 매력적이란다. 그러니까 기린의 목이 길어진 과정에는 자연선택보다 성선택의 영향이 훨씬 더 컸던 것이다.[38]

진화론 과학자는 다윈처럼 오랫동안 관찰하고 실험한 결과가 아니라 단순히 추측에 불과한 견해들을 사실인 것처럼 발표하는 경향이 있다. 다른 동물도 그런지 살펴보고 이론을 발표하지 않는다. 그래서 그들의 주장은 객관성이 없다. 최재천 교수의 관점에서 양을 살펴보자. 숫양끼리는 박치기로 서열을 가린다. 아무래도 머리가 큰 숫양이 결투에서 승리하게 되어 암양과 짝짓기를 하게 된다. 암양은 머리가 크고 힘 있는 숫양의 새끼를 낳는다. 이런 일이 세대를 이어가며 반복된다면 어떤 일이 벌어질까? 그러면 숫양의 머리는 서서히 커질 것이다. 그렇다면 지금쯤 숫양의 머리는 소의 머리만큼 커져 있어야 한다. 굵고 긴 목을 가진 수컷 기린이 목으로 싸운 후 암컷과 짝짓기를 하니 목이 굵고 긴 새끼 기린을 낳는 일이 반복되면서 목이 점점 굵고 길어졌다니 숫양의 머리는 소의 머리만큼 커져 있어야 그 이론이 맞는다. 그러나 숫양 머리의 크기는 이전과 다름이 없다. 심지어 암양보다 대단히 큰 것도 아니다. 목으로 싸우는 동물은 없다. 기린의 목이 처음에는 짧았다면 염소처럼 목으로 싸우지 않을 것이다. 목은 길고 머리는 작으니 목으로 싸우는 것이다. 기린이 목으로 싸워 목이 길어졌다면 기린의 다리는 왜 그처럼 길어졌을까? 그리고 수컷 기린의 목과 다리만 긴 것이 아니라 암컷 기린의 목과 다리도 길다. 이런 현상은 무엇으로 설명할 수 있을까? 진화론 과학자의 해석은 항상 이와 같다.

---

38) [최재천 교수의 다윈 2.0: 라마르크의 부활?] 네이버.

암컷 공작이 멋진 수컷 공작만 선택하여 세대를 이어가며 멋진 수컷 공작 새끼를 낳다 보면 꽁지깃이 점점 길어지고 꽁지깃 중간에 있는 원형의 무늬조차 저절로 생성될 수 있을까? 카펫을 짤 때 다양한 색깔과 무늬를 넣는다. 누가 카펫을 짜는 이에게 "무늬를 아름답게 넣으시네요"라고 칭찬할 때 "카펫을 짜다 보면 저절로 생겨요"라고 대답하면 유치원에 다니는 아이나 믿을 것이다. 카펫을 짜는 초보자는 카펫 중앙에 원하는 무늬를 흐트러짐이 없이 나란히 아름답게 짜려면 몇 년은 전문가에게 배워야 할 것이다. 그런데 화려한 수컷 공작이 암컷 공작의 선택을 받다 보면 수컷 공작의 꽁지깃이 길어지고 깃 중앙에 원형의 아름다운 무늬가 저절로 생긴다는 말에 동의할 사람은 아무도 없다. 다윈의 이론대로라면 수컷 공작의 꽁지깃은 지금도 더욱더 멋있게 진화되고 있어야 한다.

동물도 사람처럼 미적 감각이 있을까?

다윈은 동물 가운데 수컷이 암컷보다 더 아름답게 생긴 것은 암컷이 멋진 수컷을 선택하여 짝짓기 한 결과로 그렇게 되었다고 한다. 다윈의 논리대로라면 암컷은 미적 감각이 있다는 것이다. 암컷 공작은 가장 멋진 수컷 공작만을 선택한다면 미적 감각이 있어야 한다. 왜냐하면, 조류 대부분은 화려하지 않은 수컷과 짝짓기 하기 때문이다. 그렇다면 공작 외에 다른 새는 미적 감각이 전혀 없어서 잿빛이나 어두운 깃을 가진 수컷과 짝짓기 하는 것이 된다. 까마귀는 암수가 모두 온통 새까맣다. 백조는 암수가 전부 하얀색이다. 까마귀나 백조의 암컷은 색맹이나 미적 감각이 없어서 수컷의 깃이 화려하지 않고 암수의 모양과 색깔이 똑같을까? 참새나 비둘기나 부엉이 또는 독수리 수컷의 깃도 평범하고 화려한 것과는 거리가 멀다. 암수의 깃이 비슷하다. 암수의 깃이나 털의 색깔이 똑같은 것은 조류나 파충류나 포유류나 대부분 동물이 그렇게 생겼다. 사실 수컷이 암컷보다 화려하고 멋진 동물은 거의 없다고 봐야 한다.

공작 가운데 모든 깃털이 하얀색인 공작도 있다. 하얀 공작의 암컷은 화려한 것을 싫어하기 때문에 하얀색을 가진 수컷 공작하고만 짝짓기를 할까? 아니면 색맹이라서 하얀색 깃을 가진 수컷 공작과 짝짓기를 하는 것일까? 다윈의 이론처럼 암컷 공작이 화려한 수컷 공작의 꽁지깃을 보고 짝짓기를 한다면 깃이 하얀색인 공작은 멸종되고 말아야 한다. 그러나 여전히 흰색 공작은 멸종되지 않고 혼합되지도 않고 흰색 공작으로 품종을 유지하고 있다. 이처럼 다윈의 주장은 보편타당성이 없다. 다윈의 성선택설이 원리가 되려면 모든 수컷이 암컷보다 화려해야 한다. 적어도 조류라도 모든 수컷이 암컷보다 화려해야 한다. 그러나 암수가 비슷한 깃을 가진 조류나 동물이 더 많으니 성선택설은 보편타당성이 없다.

동물의 뿔

동물의 이마에 뿔이 없는 것보다 있는 것이 더 멋지고 위엄이 있어 보인다. 그래서 추장이라도 되면 머리에 새의 깃털이라도 꽂거나 왕이 되면 금으로 된 왕관을 쓰고 위엄을 뽐낸다. 양이나 염소의 수컷도 뿔이 있다. 그런데 말은 뿔이 없다. 얼룩말도 뿔이 없다. 말은 포식자보다 덩치가 크고 다리도 길어서 재빨리 도망칠 수 있으므로 뿔이 없는 것이 아닌가 한다. 이마에 뿔이 난 짐승은 발굽이 있는 초식동물이다. 초식동물을 잡아먹는 포식동물은 날카로운 이빨과 발톱은 있으나 뿔은 없다. 초식동물의 뿔은 암컷에게 잘 보이기 위한 것이 아니라 최소한의 방어무기라고 할 수 있다. 물론 짝짓기 철이 되면 그 뿔은 수컷끼리 서열을 가릴 때도 무기로 사용하기도 한다. 그러나 평소엔 포식자를 상대할 때 그 뿔을 사용한다. 하여튼 엘크 수컷의 큰 뿔은 다윈의 주장처럼 암컷에게 잘 보이기 위한 장식품으로만 있지 않다는 것은 분명하다.

발정기를 맞은 수사슴은 거대한 뿔을 앞세워 암컷을 차지하려는 싸움을 벌인다. 뿔의 크기는 수사슴의 싸움 능력을 보여주는 정직한 잣대다. 그러나 번식기가 끝난 뒤 거대한 뿔은 무겁고 귀찮은 군더더기일 뿐이다. 수사슴의 뿔은 이듬해 3월이 되어서야 떨어져 나가고 그 자리에서 작은 새로운 뿔이 자란다. 왜 사슴은 겨우내 무거운 뿔을 이고 다닐까. 미국 옐로스톤 국립공원에는 복원한 늑대 무리가 8종의 발굽 동물을 사냥한다. 늑대가 가장 선호하는 사냥감은 아시아의 말사슴과 비슷한 북아메리카 엘크이다. 미국 연구자들이 2004~2016년 동안 늑대가 엘크를 사냥한 기록을 분석했더니 흥미로운 사실이 나타났다. 뿔이 탈락한 수컷 성체가 포함된 엘크 무리는 그렇지 않은 무리보다 늑대에 공격당할 확률이 3.6배나 높았다. 다시 말해 늑대는 뿔을 버린 엘크를 표적으로 삼는다. 수사슴 뿔은 늑대의 공격을 막는 무기인 셈이다.[39]

무리 지어 생활하는 동물의 경우
동물 대부분은 암컷이 짝짓기 할 상대를 선택한다. 그래서 수컷은

---

39) Matthew C. Metz, et al., Predation shapes the evolutionary traits of cervid weapons, Nature ecology & evolution.
조홍섭, "번식기 끝난 수사슴, 큰 뿔 왜 달고 다닐까?", 한겨레신문, 2018.09.04.

암컷의 환심을 사서 짝짓기 할 기회를 얻으려고 노력한다. 암컷 앞에서 춤을 추는 수컷 거미도 있고 먹이를 갖다주는 수컷도 있고 둥지를 멋지게 꾸미는 새도 있다. 그러나 모든 수컷이 그런 것은 아니다. 무리 지어 생활하는 동물은 그 무리 가운데 가장 힘이 센 수컷이 그 무리 가운데 있는 모든 암컷을 독차지한다. 다른 수컷보다 멋이 없거나 흉터가 있어도 싸움을 제일 잘하는 수컷이 모든 암컷을 독차지한다. 암컷은 성적인 결정권이 없다. 사자처럼 무리 지어 생활하는 동물은 우두머리 수컷만 모든 암컷과 짝짓기 한다. 암사자는 수사자를 선택할 수 없다. 우두머리 수사자가 짝짓기를 원하면 암사자는 응해야 한다.

사자의 습성을 보면 새끼 수사자는 성체가 된 후 자기 무리에서 떠나 이리저리 떠돌다가 다른 사자 무리의 우두머리 수사자와 싸워 이기면 패배한 수사자의 어린 새끼들을 다 죽여버린다. 왜냐하면, 암사자가 젖먹이 새끼를 키우고 있으면 짝짓기를 할 수 없기 때문이다. 그래서 새끼 사자를 다 죽인 후에 암사자와 짝짓기를 한다. 자기 새끼를 무참히 살해한 수사자가 짝짓기를 원할 때 거절하는 암사자는 없다. 짝짓기를 거절하면 죽임을 당하기 때문이다. 수사자는 암사자의 선택을 받지 않지만, 수사자는 암사자에게 없는 멋진 갈기가 있다. 누가 봐도 멋있고 위엄이 있어 보인다. 수컷이 암컷보다 멋진 것이 꼭 암컷의 선택을 받기 위함이 아닌 것을 알 수 있다. 추장이 자신의 머리에 새의 깃털을 꽂는 것처럼 수사자가 스스로 갈기가 나게 한 것은 아니다.

자신의 유전자를 남기기 위하여 짝짓기 할까?

진화론 과학자는 수컷이 암컷과 짝짓기를 하기 위하여 수컷끼리 치열한 싸움을 하는 목적은 자신의 유전자를 남겨두기 위한 것이란다. 또 암컷에게 잘 보이려고 애를 쓰는 것은 짝짓기 할 기회를 얻어 자신의 유전자를 세상에 남겨두려는 목적이라고 주장한다. 이것은 지극히 황당한 주장이다. 모든 남성은 자신의 유전자를 남기기 위해 여성에게 잘 보이려고 노력하지 않는다. 자기 자신을 돌아봐라. 연애할 때 자기 유전자를 남기려는 목적으로 애인에게 잘 보이려고 노력했는지 생각해 봐라. 자기 자녀를 낳으려고 여인에게 잘 보이려는 남성은 아무도 없다. 어떤 남성도 자신의 유전자를 세상에 남겨두어야겠다는 사명감을 가지고 여성과 성관계를 하는 자는 없다. 총각은 애인과 섹스를 하다가 상대가 임신할까 봐 오히려 걱정한다.

수컷은 성체가 되면 남성호르몬이 넘쳐 성욕이 강하게 일어난다. 그러니 그 성욕을 해결하기 위하여 암컷을 찾는 것이고 경쟁자가 있으면 목숨을 건 혈투까지 마다하지 않는 것이다. 암컷도 발정기가 되면 암내를 풍겨 수컷을 유혹하기도 한다. 그러나 암컷이나 수컷도 내 유전자를 남겨야지 하는 거룩한 사명감으로 짝짓기를 하지 않는다. 동물은 그런 고귀한 의식을 가질 수 없다. 자기 죽음 후를 생각할 정도의 의식이 있는 동물은 인간 외에는 없다. 그냥 생리적인 변화에 따라 본능적으로 행동하는 것일 뿐이다. 성호르몬의 작용에 따라 행동하는 것이다. 그래야 자연의 갖가지 생물이 번성하고 대를 이어가며 살 수 있기 때문이다. 진화론의 특징은 동물의 모양이나 행동을 인간의 관점에서 해석하는 오류를 범하는 것이다. 성선택론도 인간의 관점에서 잘못 해석한 것이다.

인간은 자녀를 낳으려는 목적으로 섹스를 하는 것은 아니다. 부부생활을 하다 보니 자기들 의지와 상관없이 임신이 되어 자녀를 낳는 것이다. 성생활을 즐기다 보면 임신은 자연스럽게 되는 것이다. 사춘기가 될 때부터 여성을 만나 자신의 유전자를 남기는 사명을 완수하기 위하여 결혼이나 섹스를 꿈꾸는 남성은 없다.

의식이 있는 인간들도 그러지 않는데 하물며 동물이 자기 유전자를 반드시 남기려는 사명감으로 짝짓기를 한다고 주장하니 황당할 따름이다. 배가 고파서 먹이를 찾아 먹는 것처럼 성호르몬의 작용으로 성욕이 생기니 짝짓기를 하는 것이다. 성호르몬의 작용을 따라 짝짓기를 하는 것이지 유전자를 남기려는 목적으로 짝짓기를 하는 것이 아니다. 곤충이나 물고기도 알을 낳는다. 그것들도 자기 유전자를 남기려고 알을 낳고 수정을 할까? 식물도 씨앗을 남긴다. 뇌가 없는 식물도 자기 유전자를 남기려는 목적으로 씨앗을 남길까? 자연의 섭리를 따라 알과 씨앗과 새끼를 낳는 것이지 자기 유전자를 꼭 남겨야겠다는 의지를 갖고 수정이나 짝짓기를 하는 것은 아니다. 아메바가 자기 유전자를 남기려고 세포분열을 한다고 하면 정신 나간 자라고 비웃을 것이다. 아메바가 자기 죽음 후를 생각하여 의지적으로 세포분열을 했다고 생각할 사람은 아무도 없을 것이다. 동식물이 생식에 대한 본능이 없다면 동식물은 멸종되었을 것이다. 생식 본능에 따라 호르몬의 작용으로 짝짓기를 하고 번식하는 것이다. 결코, 자기 유전자를 세상에 남겨야겠다는 사명감으로 짝짓기를 하는 동물이나 가루받이하는 식물은 없다.

수컷은 자기 유전자를 남기는 일에 관심이 없다

동물의 짝짓기가 자기 유전자를 남기기 위한 목적이라면 짝짓기를 한 후에 어떤 행동을 할까? 그런 목적으로 짝짓기 하는 수컷이라면 짝짓기 후에 암컷 옆에서 자기 유전자를 가진 암컷을 포식자로부터 지킬 것이다. 다른 수컷이 접근하지 못하도록 보호하기도 할 것이다. 그리고 자기 새끼가 태어나면 암컷 못지않게 부지런히 먹이를 가져다 먹일 것이다. 성체가 되어 독립할 때까지 옆에서 지키고 먹이고 가르치는 일을 할 것이다. 암컷 대신에 수컷이 새끼를 양육하는 동물도 있긴 하지만 거의 없다. 암수가 함께 새끼를 양육하는 동물도 있기는 하다. 그러나 거의 모든 동물은 암컷 혼자서 새끼를 양육한다.

곤충이나 파충류 등도 짝짓기를 하기 위해 치열한 싸움을 하지만 짝짓기 후엔 각자 떠난다. 짝을 지어 함께 생활하지 않는다. 가정을 이루고 사는 개구리를 본 적은 없을 것이다. 뱀이나 거북도 마찬가지다. 짝짓기 할 때 잠시 함께 있다가 짝짓기 후에 헤어져 따로 생활한다. 알을 낳은 후 어미조차 자기가 낳은 알이나 새끼를 보호하지 않는다. 각자 알아서 살아가는 것이다. 악어는 자기가 낳은 알을 보호하고 새끼를 보호하기도 한다. 물고기 가운데도 수컷이 알을 자기 입에 넣고 부화시키는 종류가 있기도 하다. 그러나 물고기 대부분은 암수가 알을 낳고는 전혀 보호하지 않는다. 곤충도 마찬가지다. 짝짓기 하고 바로 헤어진다. 알을 낳고는 돌보지 않는다. 이런 행동이 자기 유전자를 남기려는 동물의 태도일까?

포유류는 암컷 혼자서 새끼에게 젖을 먹이고 먹이를 잡아다 주고 생존법까지 가르쳐준다. 독립하여 살 수 있을 때까지 때로는 자기 목숨을 걸고 포식자로부터 새끼를 보호하는 행동까지 하는 것이다. 그러므로 수컷이 자기 유전자를 남기려는 목적으로 짝짓기를 한다는 이론은 황당함 그 자체다. 만약 이런 해석이 사실이라면 모든 동물은 인간처럼 짝을 지은 후 평생을 함께 생활하며 새끼를 함께 양육할 것이다. 그러나 그런 동물은 극히 적다. 물론 자기가 짝짓기 한 암컷에 다른 수컷이 교미하지 못하도록 암컷을 지키는 동물도 있기는 하지만, 극히 적다. 그러므로 이런 희귀한 사례를 가지고 마치 모든 동물이 자기 유전자를 남기려는 목적으로 교미한다는 주장은 보편타당성이 없다.

또한, 식물이 그런 의식을 가지고 가루받이한다고 주장할 수 없는 것처럼 동물이 그런 의식과 목적으로 짝짓기 한다는 것은 동물을 인간의 관점에서 보는 것보다 한참 더 나간 그릇된 판단이다. 그냥 성호르몬의 작용을 따라 짝짓기 하는 과정에 새끼가 태어나는 것이다.

암컷이 좋은 유전자를 가진 수컷을 선택한다고?

이 주장도 사실이 아니다. 만약 다윈의 관점이 맞으면 집단으로 사는 동물의 암컷들은 그 무리 가운데 가장 멋지고 강한 수컷하고만 짝짓기 하려고 할 것이다. 약하고 힘이 없어 보이는 수컷은 거들떠보지도 않을 것이다. 집단으로 사는 동물 가운데 유전자가 좋지 않은 수컷은 외롭게 살다가 죽어야 할 것이다. 암컷이 짝짓기 할 수컷을 선택하지만 가장 좋은 유전자를 가진 수컷과만 짝짓기 하려고 하지 않는 것은 분명하다. 만약 암컷이 좋은 유전자를 가진 수컷과만 짝짓기 하려고 한다면 노총각으로 죽는 수컷이 대부분이 될 것이다. 그러나 현실에서는 작고 연약한 수컷도 짝을 지어 생활한다. 제비, 독수리, 늑대, 퍼핀, 올빼미 등은 짝을 지어 생활한다. 만약 암컷이 좋은 유전자를 가진 수컷과만 짝짓기 하려고 한다면 짝을 지어 사는 동물은 한 종류도 없어야 한다. 전부 사자나 물개처럼 우두머리 수컷이 암컷 전체를 거느리고 살 것이다. 그러나 자연에서는 그런 동물보다 짝을 지어 사는 동물이 많다. 그러므로 다윈의 성선택은 현실과 전혀 맞지 않는 주장이다. 그러니 성선택으로 수컷만 멋있어졌다는 것은 공상소설을 쓴 것이다.

식물의 성선택

수컷 공작의 화려한 꽁지깃은 암컷 공작에게 잘 보이기 위함이라고 한다. 그럼 식물의 아름답고 화려한 꽃은 다른 꽃을 유혹하거나 잘 보이기 위해 진화된 것일까? 식물의 화려함은 자웅선택이나 성선택설로는 도저히 설명되지 않는다. 꽃은 그 모양이나 색깔이 아름답다. 거기에다 좋은 향기까지 풍긴다. 꽃은 왜 그렇게 아름답고 화려할까? 꽃은 암수가 한 몸에 있다. 꽃마다 수술과 암술이 있다. 꽃은 제꽃가루받이를 하지 않고 딴꽃가루받이를 한다. 종자식물은 딴꽃가루받이를 하니 다른 꽃을 유혹할 정도로 자신을 아름답고 화려하게 꾸밀 필요가 있을까?

꽃은 그런 수고를 할 필요가 없다. 꽃가루받이하고 싶은 멋진 꽃을 발견하고 유혹하기 위해 자신을 멋지게 꾸며도 소용이 없다. 꽃은 눈이 없어서 보지 못할 뿐만 아니라 이동할 수도 없다. 꽃가루받이는 아름다운 꽃을 선택하여 수분(受粉)하는 것이 아니다. 벌이나 나비가 꽃가루를 날라주므로 꽃가루받이가 된다. 꽃의 의지와 상관없이 수분이 된다. 암술은 벌이나 나비가 묻혀 온 꽃가루가 멋진 꽃의 것인지 아니면 마음에 들지 않는 꽃의 꽃가루인지는 전혀 알지 못한다. 그냥 동종의 꽃가루면 받아들여 수분한다.

그러므로 다른 꽃에게 잘 보이려고 자기를 꾸밀 필요가 없다. 설령 그러고 싶어도 자신을 멋지게 꾸밀 능력이 없다. 그럴 능력이 있다고 해도 자신을 멋지게 꾸미는 것은 불가능하다. 눈이 있어도 다른 꽃은 볼 수 있지만 자기 자신의 모양은 볼 수가 없다. 사람도 자기를 꾸밀 때는 자기 자신을 볼 수 없어 거울을 사용한다. 그런데 자연에는 거울이 없다. 식물은 눈도 없다. 그래서 자신을 멋지게 꾸밀 능력이 있어도 자기를 멋지게 꾸밀 수가 없는 것이다. 그런데 식물은 많은 에너지를 소모하며 화려한 꽃을 피운다. 그것도 부족한지 꽃마다 향기와 꿀을 가지고 있다.

식물이 수분시켜 줄 곤충을 부르기 위하여 꽃은 더 아름답고 향기롭게 됐다는 설명이 있다. 충매화가 다양한 모양과 향기로써 벌이나 나비를 유혹하기 위함인지 살펴보자. 화려하고 아름답고 향기로운 꽃만 꽃가루받이하여 씨와 열매를 맺는 것은 아니다. 하얀 박꽃이나 아름답지 못한 꽃으로 유명한 호박꽃은 수분하기를 포기했을까? 그런데 그런 꽃도 수분하여 박이나 호박을 맺는다. 이런 꽃은 화초처럼 향기도 거의 나지 않고 아름답지도 않다. 다윈주의자의 설명대로라면 아름답거나 화려하지 않은 순박한 호박꽃이나 박꽃, 목련 등은 벌이나 나비의 외면을 받아 꽃가루받이하지 못하여 다 멸종되고 말아야 한다. 그러나 그런 수수한 꽃들도 여전히 자생하고 있다. 이것은 나비나 벌이 화려하고 향기로운 꽃만 찾아가는 것이 아님을 증명하고 있다.

그렇다면 구태여 그렇게 많은 에너지를 소모하면서까지 자신을 화려하고 아름답게 꾸미고 거기다가 향기와 꿀을 갖출 필요가 없다. 꽃이 아름답고 향기까지 풍기는 것은 다른 꽃을 유혹하기 위함도 아니고 벌과 나비를 유혹하기 위함도 아니다. 벌과 나비는 꿀만 있으면 찾아간다. 벌과 나비는 화려하지 않거나 향기가 없어도 꿀이 있는 꽃이라면 어떻게 생긴 꽃이든지 다 찾아간다.

순박하고 향기도 제대로 나지 않는 꽃이 자기에게 벌과 나비가 오지 않는 이유는 내가 다른 꽃보다 화려하거나, 향기가 없어서 그렇구나 하고 깨달을 수 있을까? 원인을 알아야 개선할 수 있다. 무엇이든 시합이 있어야 선수들이 열심히 훈련하고 노력할 때 점차 전체적으로 실력이 향상된다. 내 실력과 다른 이의 실력의 차이를 깨닫고 다른 이를 이기겠다는 의지가 있어야 실력이 향상된다. 그처럼 생물도 진화되려면 다른 개체보다 더 나아지려는 목적을 가지고 노력할 때 진화될 가능성이라도 있는 것이다. 그러나 동식물은 인간과 달라 비교의식이나 경쟁의식 자체가 없다.

벌과 나비는 꽃을 감상하러 다니는 것이 아니다. 멋진 꽃을 찾아다니지 않는다. 좋은 향기를 맡으려고 다니는 것도 아니다. 벌과 나비는 오직 꿀을 찾으러 다닐 뿐이다. 벌과 나비는 꿀만 있으면 박꽃이든 호박꽃이든 다 찾아간다.

성선택설은 인간이 이성의 마음을 얻기 위하여 아름답게 화장을 하고 멋진 옷을 입고 향수까지 뿌리는 것처럼 꽃도 벌이나 나비를 유혹하기 위하여 많은 에너지를 쏟아 자신을 화려하고 향기로운 꽃으로 진화했다고 주장하는 것과 같다. 지극히 인간의 관점에서 나온 판단이다. 꽃이 아름답게 피는 것은 다른 꽃을 유혹하기 위함도 아니고 벌이나 나비를 유혹하기 위함도 아니라면 막대한 에너지를 소모하며 아름답게 핀 이유는 무엇일까? 식물 자신의 능력이나 자연의 능력으로 꽃잎의 모양이나 색깔을 만들 수 있을까? 꽃의 종류는 헤아릴 수 없이 많다. 모양과 색깔과 크기가 제각각이다. 무슨 목적으로 누가 그렇게 만들었을까?

자연선택과 성선택의 모순

모든 과학이론은 실험의 결과나 객관적인 근거가 있어야 한다. 무릇 모든 원리나 법칙에는 근거나 실험의 결과가 있어야 한다. 또한, 원리나 법칙이 되려면 보편타당해야 한다. 예를 들면, 중력이 법칙이 되려면 한국에서나 영국에서나 아프리카에서나 똑같은 현상이 나타나야 법칙이 되는 것이다. 만약 갈라파고스에서는 물건이 아래로 떨어지지 않는다면 중력의 법칙은 법칙이 될 수 없다.

다윈도 원리나 법칙이 되려면 보편타당성이 있어야 하는 줄 안다. 그래서 다윈은 어떤 이가 수컷 공작의 꽁지깃이나 다른 동물의 사례를 제시하며 자연선택설은 보편타당하지 않으므로 학설이 될 수 없다고 비판하고 나올까 봐 몹시 마음을 쓰며 애를 태우다가 성선택이란 궁색한 해답을 찾아냈다. (어쩌면 이미 그런 비판을 받고 있었을지도 모르겠다.) 그러나 앞에서 살펴본 것처럼 그 성선택설도 보편타당성이 없다. 결국, 다윈은 자신이 주장한 자연선택설이 보편타당하지 않다는 것을 스스로 인정한 꼴이 된 것이다. 보편타당하지 않은 자연선택설을 보편타당하지 않은 성선택설로 보완하려다가 그가 주장한 두 가지 이론이 다 허구란 것을 스스로 폭로한 것이다.

———

암컷은 대대로 수컷을 선택해 왔지만,
거의 모든 동물의 암수는 무늬와 빛깔은 똑같다.
형태가 달라지거나 진화된 것도 없다.

제8장

무지개 같은 신다원주의

신다윈주의는 미세한 변이가 연속적으로 누적되어 진화되는 것이 아니라 비연속적으로 돌연변이(mutation) 된 개체를 자연이 선택하는 과정에 진화되는 것이라는 이론이다. 신다윈주의도 파란 하늘에 뜬 무지개처럼 멋진 이론이지만 실체가 없어 만져 볼 수조차 없다.

돌연변이설

네덜란드의 식물생리학자 유전학자인 더프리스(de Vries, Hugo, 1848~1935)는 1886년부터 달맞이꽃을 이용해서 재배 실험을 시작하여 1896년에 멘델의 법칙을 재발견한다. 더프리스는 달맞이꽃의 유전을 연구하던 중 양친의 어느 쪽에도 없었던 형질이 돌연히 나타나서 그다음 대에도 계속 유전되는 현상을 관찰하고 이것을 돌연변이라 하였다. 그는 달맞이꽃의 실험에서 8대째에 생긴 54,343개체 중 834포기(1.56%)가 보통 것보다 훨씬 큰 것이었는데 이들의 형질이 다음 대에도 계속 유전되는 것을 알게 되었다. 그는 달맞이꽃을 재배하면서 원래의 달맞이꽃보다 큰 왕달맞이꽃을 발견하였다. 달맞이꽃잎이 서서히 커진 것이 아니라 갑자기 큰 달맞이꽃이 피었으므로 진화는 형질의 변이가 누적되어 서서히 진행되는 것이 아니라 돌발적으로 한순간에 진화된다고 판단했다. 더프리스는 이러한 관찰을 바탕으로 하여 1901년에 『돌연변이설(The Mutation Theory)』을 출판하여 돌연변이설을 주창하며 돌연변이가 진화의 요인이라고 주장했다.

신다윈주의(Neo-Darwinism)

멘델의 유전법칙이 재조명되어 다윈의 자연선택설에 문제가 있는 것이 밝혀졌다. 하지만 다윈의 자연선택설로 진화를 기정사실로 받아들인 진화론 과학자들은 진화론의 오류를 인정하고 진화론 자체를 폐기할 수는 없었다. 그래서 그들은 돌연변이설과 다윈의 자연선택설을 결합하여 신다윈주의 이론을 발상하게 된다. 독일인 바이스만(August Weismann, 1834~1914)이 『진화론 강의』를 통해 돌연변이 된 개체를 자연이 선택한다는 자연선택설을 추가하여 새로운 이론을 제시한 것이 '신다윈주의'의 시작이다.

진화론 과학자들은 자연선택설의 핵심인 형질의 미세한 변이가 누적되어 진화된다는 가설은 버렸다. 왜냐하면, 미세한 형질의 변이가 반복되어도 '종'과 '종' 사이의 진화는 불가능하기 때문이다. 그래서 진화론 과학자들은 형질의 미세한 변이 대신에 돌연변이를 채택하였다. 돌연변이란 생물의 형질에 갑자기 커다란 변이가 발생한다는 것이다. 돌연변이 된 개체 가운데 좋은 것을 자연이 선택하다 보면 결국 종을 뛰어넘는 진화가 발생하는 것처럼 보이기 때문이다. 다윈의 자연선택설은 개념만 있으나 더프리스의 돌연변이설은 실험 재배한 근거가 있으므로 학계에서는 돌연변이로 인한 진화를 인정하게 되었다. 그 후로 더프리스의 돌연변이설이 진화론의 대세가 되었다.

돌연변이 발생 원인

돌연변이가 진화의 요인이라고 주장하자 진화론 과학자들은 돌연변이를 집중적으로 연구하기 시작하였다. 1927년 미국의 H. J. 멀러(Muller, 1890~1967)가 초파리에 X선을 조사하면 인위적인 돌연변이가 발생한다는 것을 발견하였다. 그 후 X선, 방사선, 화학물질들을 가지고 인위적인 돌연변이를 발생시키는 다양한 실험을 되풀이하였다. 미국의 분자생물학자인 시모어 벤저(Seymour Benzer, 1921~2007)는 1960년대 초에 돌연변이의 수를 믿어지지 않는 정도로 늘릴 수 있는 화학물질을 발견했다. 많은 데이터를 빠르고 철저하게 수집할 수 있는 매우 큰 계기가 되었다. 그 결과 돌연변이는 99%가 아니라 100% 해롭다는 것을 확실하게 알게 되었다.

더군다나 매우 작은 DNA의 돌연변이적인 변화에도 전체 DNA 코드가 파괴됨을 발견하였다. 가장 단순한 생물체도 DNA가 돌연변이에 의해서 충격을 받았을 때 손상을 입었다. 그 후 유전자 연구가 발전하면서 돌연변이의 원인이 규명되었다. 돌연변이가 발생하는 가장 중요한 원인은 유전자 복제 과정에서 발생하는 오류 때문이란 것이 밝혀졌다. DNA가 복제되는 과정에서 발생하는 오류로 인해 유전자 자체가 변형되는 유전자돌연변이(gene mute TICN)와 염색체가 복제되는 과정에 일어난 오류 때문에 발생하는 염색체돌연변이가 있다. 염색체가 복제되는 과정에 염색체 일부가 없어지는 결손(deletion), 중복복제(duplication) 되거나 뒤집힘(inversion) 또는 염색체 일부가 원래 자리에서 다른 염색체의 부위로 옮겨지는 서로 자리바꿈(translocation)을 하는 바람에 돌연변이가 발생한다. 염색체돌연변이는 염색체의 수와 구조에 이상이 있어 발생한다.

돌연변이 발생 사례

유전자 복제 과정에서 일어나는 돌연변이는 두 가지가 있다. 유전자돌연변이와 염색체 복제 과정에서 일어난 염색체돌연변이가 있다. DNA의 구조가 변화하여 발생하는 돌연변이로는 멜라닌 색소를 형성하는 유전자에 변이가 생겨 피부가 희게 되는 알비노 증상은 잘 알려져 있다. 그리고 인위적인 돌연변이로 초파리 눈의 색깔과 모양 그리고 날개의 모양 등이 변형되었다. 유전자돌연변이보다 염색체돌연변이가 더 많이 발생한다. 인터넷에서 born different를 검색하면 기형으로 태어난 다양한 동물을 볼 수 있다. 돌연변이로 태어난 개체들이다.

염색체돌연변이의 여러 사례

염색체돌연변이는 모두가 부정적인 돌연변이만 나타나고 있다. 잘 알려진 백색증과 다운증후군 외에도 낫 모양의 적혈구 빈혈증, 페닐케톤뇨증, 헌팅턴 무도병 등 약 20가지의 질병이 있다.

이로운 돌연변이 사례

진화론 과학자는 그동안 이로운 돌연변이 사례로 겸상(낫 모양)적혈구를 사례로 들었다. 정상인의 적혈구는 원반형이지만 아프리카 흑인 일부 주민의 적혈구는 낫 모양으로 이 적혈구를 가진 사람은 말라리아모기가 물어도 말라리아에 걸리지 않거나 걸려도 가볍게 앓고 완치된다고 한다. 그래서 오랫동안 이로운 돌연변이 사례로 언급되었다. 그러나 사실은 헤모글로빈 유전자가 돌연변이를 일으켜 적혈구가 낫 모양으로 기형으로 생겼기 때문에 오히려 산소 운반능력이 떨어지고 체내에서 불량 혈구로 인식되어 파괴된다고 한다. 결과적으로 만성 빈혈, 간 기능 저하, 황달, 혈액 관련 질환이 증가한다고 한다. 그래서 지금은 해로운 돌연변이 사례에 포함된다. 항생제에 내성을 가진 세균을 유익한 돌연변이 사례라고 주장하나 단순히 항생제에 내성을 가진 세균일 뿐이다. 항생제에 내성을 가졌다고 진화된 것은 아니다. 그런데도 돌연변이의 긍정적인 사례라고 우기는 것은 근거로 제시할 것이 없으니 그것이라도 제시하는 것이다. 아직까지 유익한 돌연변이 사례를 하나도 제시하지 못하고 있다. 유익한 돌연변이 사례가 하나도 없다면 돌연변이로 진화되었다는 주장은 폐기해야 한다.

돌연변이 생성을 위한 인공적인 실험

더프리스의 돌연변이설에서 힌트를 얻은 진화론 과학자들이 다양한 방법으로 돌연변이를 일으켜 보려고 노력했다. 진화론 과학자들은 동식물에 인위적인 자극을 주어 다양한 돌연변이가 일어나게 했다. 돌연변이로 진화되는 것을 확인하고자 다양한 실험을 했다. 그들 가운데 리처드 골드 슈미트(Richard Goldschmidt, 1878~1958)는 진화의 원인을 밝혀내고자 돌연변이에 연구의 초점을 맞추기로 하였다. 그는 집시나방(gypsy moth, Lymantria)을 선택하고 매년 많은 세대를 생산하는 나방을 번식시키는 실험을 무려 25년 동안 실시하였다. 1930년대 초에 골드 슈미트 수하에서 공부한 젊은 헤롤드 클락(Harold W. Clark)은 다음과 같이 말했다.

내가 버클리의 캘리포니아 대학에 출석했던, 1932~1933년의 겨울에, 그는(Goldschmidt) 그의 전공을 가르쳤다. 질의응답 시간에, 누군가가 어떻게 진화가 일어나는지 그에게 물었다. 그는, 집시나방에 있어서만큼은 전혀 발생되지 않았다고 대답하였다. 그가 정상과는 거리가 먼 변이를 얻을 때마다, 그 변이들은 즉시 한두 세대 안에 정상으로 돌아갔다고 고백하였다. 강의 다음 날 아침에도 그는 "물론 변이를 본 것은 사실이나, 쥐는 여전히 쥐이고, 토끼는 여전히 토끼이고, 그리고 여우도 여전히 여우일 뿐이었다. 나는 한 종이 다른 종으로 전환되는 증거를 보지 못했다"고 대답했다.[40]

더프리스 실험의 의문

그레고어 멘델(1822~1884)은 오스트리아 태생의 신부였다. 그는 수도원 뒤뜰에서 8년 동안 완두콩을 재배하는 실험을 통해 알아낸 유전법칙을 1865년 2월 「식물의 잡종에 관한 실험」이라는 논문을 통해 유전법칙을 발표했다. 그런데 멘델의 8년간의 실험 재배하는 과정에서 돌연변이를 발견했다고 발표하지 않았다.

이쯤에서 우리는 더프리스의 실험에 대해 의문을 가질 수밖에 없다. 그가 달맞이꽃을 실험 재배하는 동안 새로운 형질을 7종류나 발견했다는 그의 발표가 사실이라면 곡식이나 채소류 등을 재배하는 곳에서는 그보다 더 많은 돌연변이 된 식물이 발견돼야 한다. 농부들은 일평생 같은 곡식과 채소를 재배하지만, 돌연변이 된 것을 발견했다는 보고는 없는 줄 안다. 화초를 전문으로 재배하는 화훼농가에서도 돌연변이 된 꽃이 피었다는 보고도 없는 것 같다. 더구나 농

---

40) Harold W. Clark, New Creation (1980), pp.37~38. 한국창조과학회, "괴물 돌연변이 이론(The Monster Mutation Theory)"에서 재인용.

부들은 더프리스보다 훨씬 넓은 밭에서 곡식을 재배하기 때문에 그들은 돌연변이 된 곡식이나 채소를 아주 많이 발견했어야 한다. 닭이나 오리 등 가축을 전문적으로 사육하는 축산업자나 농부들은 과학자가 아니지만 변이된 동식물을 발견했다면 그 사실을 과학자나 신문사에 제보했을 것이다. 아니면 신기하다고 인터넷이나 SNS에 올렸을 것이다. 그런데 지금까지 그런 보도는 없다.

또한, 나팔꽃이 핀 정원이나 들판에서 왕나팔꽃이 핀 것을 보았다는 말도 못 들어보았을 것이다. 그의 발표가 사실이라면 동식물은 수천만 세대를 이어왔기 때문에 현대에서는 돌연변이가 된 다양한 동식물을 아주 많이 발견될 것이다. 그러나 그런 일은 없다. 들판에서 피고 지는 야생화나 야생에 서식하는 동물 가운데서도 돌연변이 된 개체가 발견된 적은 없다. 자연에서나 실험 재배나 인위적으로 발생시킨 돌연변이에서도 긍정적인 돌연변이는 발견되지 않았다. 현대과학에서는 자연적인 변이는 100만 번의 DNA가 복제될 때 한 번 정도의 비율로 일어난다고 한다. 그렇다면 100만 년의 시간이 지나야 하든지, 100만 그루의 달맞이꽃이 필요하다. 40세대에 한 개 정도의 돌연변이 된 유전자가 나타난다고 한다. 그렇다면 적어도 40년 동안 실험 재배해야 돌연변이 된 달맞이꽃을 발견할 수 있다. 그러므로 더프리스가 달맞이꽃을 재배한 밭에서만 왕달맞이꽃이 피었다는 실험보고는 신뢰할 수 없다.

돌연변이 발생이 희귀한 이유

돌연변이가 진화의 요인이라면 돌연변이 된 개체를 흔하게 볼 수 있을 것이다. 다양한 돌연변이가 발생하고 그 가운데 가장 적합한 것을 자연이 선택해야 한다. 그런데 돌연변이 된 개체를 보기가 어렵다. 긍정적인 돌연변이뿐 아니라 부정적인 돌연변이조차 보기가 쉽지 않다. 우리가 볼 수 있는 것은 선천적으로 장애를 지닌 채로 태어나거나 기형으로 태어난 사람이나 동물을 볼 수 있을 뿐이다. 긍정적이든 부정적이든 돌연변이 된 개체를 발견할 수 없는 것은 유전자에 돌연변이 발생을 방지하는 메커니즘이 있기 때문이다.

돌연변이를 통한 형질의 변화를 연구하던 과정에서 돌연변이를 억제하는 DNA 수선(repair) 시스템이 존재한다는 것이 70년대부터 알려지기 시작했다. DNA에 손상이 발생하게 되면 DNA 손상 조절점(DNA damage checkpoint)이 활성화되어 전사 메커니즘 조절, 세포 사멸(Apoptosis) 및 세포 노쇠(Senescence)와 같은 DNA 복구기구 작동을 유도하게 된다고 한다. 대부분의 DNA 중합효소는 DNA 합성 중에 나타나는 오류를 교정(proofreading)하고 수선하여 수정할 수 있으므로 DNA 복제로 인한 돌연변이의 발생 비율은 더욱 낮아진다. 이런 DNA 중합효소의 수정 작업에도 불구하고 여전히 오류가 발생하고 DNA 복제 후에도 물리적, 화학적 이유로 DNA에 손상이 발생하기 때문에 생물체는 DNA 복제 후 수선을 하는 메커니즘도 가지고 있다. 그러나 수선하는 메커니즘이 미처 찾아내지 못하여 수선되지 않은 상태로 태어나기도 한다. 그러나 그런 오류가 생식세포에 일어날 가능성은 지극히 낮다. 그러므로 형질이 크게 변이되는 돌연변이가 발생할 가능성은 극히 드물다. 돌연변이가 진화의 요인이라면 돌연변이 발생을 방지하는 메커니즘은 없어야 한다. 그런데 그런 메커니즘이 엄연히 존재하므로 돌연변이 발생 가능성은 희소하고 또한, 그 희소한 돌연변이조차 기형으로 생존에 불리한 형태로 발생한다. 그러니 돌연변이로 진화는 불가능한 것이다.

자연유산

자연유산의 80% 이상은 임신 12주 이내에 발생한다. 자연유산의 약 50%는 염색체 이상이 그 원인이다. 태아의 염색체가 부모의 염색체와 너무 다르면 모태에서 자연유산 되어버린다. 돌연변이 된 것은 정상이 아니므로 자연적으로 유산된다. 정상적으로 생존할 수 없는 것을 자궁에 넣고 영양을 공급하여 키우는 헛수고를 하지 않도록 임신 초기에 염색체에 이상이 있는 것을 감지하게 되면 자연유산이 되어버린다. 그래서 기형이나 돌연변이 된 신생아를 볼 수가 없는 것이다. 임신 초기에 기형이 될 가능성이 있는 태아를 유산시킨다는 것은 놀라운 일이다. 최첨단 기계도 할 수 없는 작업이 모태에서 이루어지는 것이다. 그런데도 유전적인 질병은 겉으로 드러나지 않는 것이라 유산되지 않고 태어나는 것 같다. 그러나 기형적으로 생긴 태아(胎芽)는 대부분 자연적으로 유산된다. 극히 드물게 기형적으로 생긴 아기가 태어나기도 하지만 오래 생존하지 못한다.

돌연변이로 진화된다는 이론은 이런 메커니즘이 있다는 것을 모를 때 세운 이론이다. 그러므로 돌연변이가 진화의 요인이라는 허튼소리를 집어치워야 한다. DNA에 무지할 때나 통하던 돌연변이 이론을 지금도 사실인 것처럼 가르치고 믿는 것은 자신을 속이고 세상을 속이는 짓이다.

자연선택의 문제

다윈이 제시한 진화의 원리는 유전학이 발전하므로 허구에 지나지 않는다는 것이 밝혀졌다면 진화론을 폐기하는 것이 마땅하다. 그러나 신다윈주의자들은 형질 변이 대신에 돌연변이가 발생하고 그 돌연변이 된 개체를 자연이 선택하여 진화된 것이라고 여전히 고집을 부리고 있다. 자연선택을 다시 검토해 보자. 돌연변이는 부정적인 돌연변이밖에 발생하지 않는다. 부정적인 돌연변이로 장애를 갖고 태어나거나 기형으로 태어나면 어미에게 버림을 당할 것이고 건강에 치명적인 문제가 있으므로 생존과 번식하기가 어렵다. 긍정적인 돌연변이 자체가 발생하지 않으니 자연이 선택하고 싶어도 할 것이 없다. 그러므로 돌연변이 된 것을 자연이 선택하는 과정에 진화된다는 주장을 앞으로도 계속하는 것은 양심 불량이다. 과학에는 거짓이 없다. 과학자들은 적어도 과학에서만 거짓말을 하지 않는다. 그런데 진화론 과학자들 가운데 조작과 거짓말로 유명해지려 하고 진화론을 믿도록 대중을 속인 자들이 없지 않다. 돌연변이설 때문에 골드슈미트처럼 헛수고한 과학자들이 많다.

돌연변이의 복구

여기서 우리가 다시 골드슈미트가 한 말 가운데 주목해야 할 부분이 있다.

> 그가 정상과는 거리가 먼 변이를 얻을 때마다, "그 변이들은 즉시 한두 세대 안에 정상으로 돌아갔다"라는 말이다. 자연은 원상회복을 원한다. 인위적으로 변이를 일으켜도 한두 세대가 지나는 동안 정상적인 모습으로 되돌아간다는 것이다. 그러니 변이나 돌연변이는 있다고 할지라도 그걸로 진화로 연결될 수는 없는 것이다.[41]

골드슈미트는 결국 돌연변이가 진화의 요인이란 학설이 잘못된 것을 뒤늦게 깨닫고 희망적 괴물론을 제창하였다.

아마 전 세계를 통해 여러 다른 종으로 수백만 번의 계대 번식 후, 그는(Goldschmidt) 지리적 변화에 의한 종내의 소진화가 막 다른 골목이라는 결론에 이르게 되었다. 그의 연구 때문에, 그는 대규모로 진행되는 진화가 발생하기 위해서, 거대한 돌연변이가 과거에 일어났었어야만 했다고 결론지어야 했다.[42]

골드슈미트는 무려 25년 동안 돌연변이 실험을 한 과학자다. 종내의 소진화로는 진화할 수 없다는 것을 깨닫고 거대한 돌연변이가 과거에 일어났다는 것이 아니라 일어났어야만 했다고 결론지었다. 가상과 추측만으로 이론을 만든 진화론 과학자와 달리 그는 인생을 바쳐 연구한 결과로 돌연변이로는 진화할 수 없다는 것을 깨달은 것이다. 거대한 돌연변이가 일어나지 않으면 진화는 불가능하다는 것을 깨달았다. 그래서 그런 거대한 돌연변이가 있었더라면 좋았을 것이라고 아쉬워하는 것 같다. 그런데 DNA에는 변이 된 유전자 수리 기능이 있어서 거대한 돌연변이가 일어날 수가 없다. 혹시 일어난다고 하여도 어미가 자기 새끼가 아닌 줄 알고 양육을 포기할 것이다.

굴드의 종의 정지
고생태학(화석 전문가)의 선두주자이자 하버드 대학의 교수인 굴

---

41) Harold G. Coffin, 'Creation: The Evidence from Science', These Times, January 1970, p.25. 한국창조과학회, "괴물 돌연변이 이론(The Monster Mutation Theory)"에서 재인용.
42) 위의 글.

드(Stephen Jay Gould, 1941~2002)만큼 화석을 많이 관찰하고 연구한 학자는 없을 것이다. 그런 그가 수많은 화석을 관찰하고 난 후에 쓴 책 『THE STRUCTURE OF EVOLUTIONARY THEORY』의 1,400여 페이지 중 300페이지에 걸쳐 종의 정지에 관해 기술하였다. 종의 정지는 추측이 아니고 굴드가 수많은 화석을 직접 확인한 자료에 근거한 것이다. 그리고 화석의 90% 이상이 종의 정지를 보여주고 있다는 것이다. 종의 정지는 작은 변이가 누적되는 현상이 없음을 확실하게 보여주는 것이라고 하였다. 진화론 과학자인 굴드도 처음에는 다윈의 점진적 진화를 사실로 믿었을 것이다. 그런데 수많은 화석을 살펴보니 다윈의 이론과 실제가 다른 것임을 깨닫고 종의 정지를 선포하며 단속평형설을 주장했다. 진화론자인 굴드도 진화를 부인할 수 없으니 대체이론을 제시한 것이 단속평형설이다. 굴드의 단속평형설도 희망적 괴물론과 다름이 없다. 짧은 시기에 급격하게 진화적 변화가 이루어진 적이 없기 때문이다.

두산백과의 스티븐 제이 굴드를 보면 다음과 같이 단속평형설을 설명하고 있다.

> 굴드는 1972년 닐스 엘드레지(Niles Eldredge)와 함께 '단속평형-계통점진설의 대안(Punctuated equilibria: an alternative to phyletic gradualism)'이라는 논문을 발표하여 학계의 주목을 받았다. 굴드와 엘드리지가 주장한 단속평형설(斷續平衡說, punctuated equilibrium)은 생물 종(種)의 진화가 오랜 기간에 걸쳐 점진적으로 일어난다는 기존의 계통점진설(系統漸進說, phyletic gradualism)과는 달리, 오랜 기간 안정적인 평형 상태를 유지하다가 종(種) 분화가 나타나는 짧은 시기에 급격하게 진화적 변화가 이루어진

다는 학설이다. 계통점진설이 뒷받침되려면 진화 과정의 중간 단계를 나타내는 화석들이 발견되어야 한다. 하지만 화석으로는 진화의 중간 단계를 입증하기 어려웠고, 창조론에서는 이를 근거로 진화론을 비판해 왔다. 그러나 단속평형설에 따르면 생물 종은 변화가 거의 없는 안정적인 평형 상태를 유지하다가 지리적 격리 등으로 개체군이 소규모화되면서 종 분화가 나타날 때 비약적으로 진화적 변화를 이룬다. 따라서 화석은 생물 종이 변화하는 과정이 아니라, 변화하여 적응한 생물 종의 형태를 나타낸다. 이러한 굴드와 엘드리지의 단속평형설은 고생물학과 진화생물학을 접목시키며, 현대 생물학과 진화 이론의 발달에 커다란 영향을 끼쳤다.

지금의 신다원주의자는 유전자에 대해 알고 있다. 생물의 형태는 DNA가 결정한다. DNA대로 생물의 형태가 만들어진다. 생물체의 형태나 구조를 변경하려면 DNA의 구조를 바꿔야 한다. 이걸 바꾸지 않고 외부에서 어떤 자극을 주거나 환경의 영향을 받아도 더 진화된 동물이 나올 수가 없다. 자동화 공장에서 개량된 제품을 생산하려면 외부에서 다양한 자극을 준다고 되는 것은 아니다. 디자인이나 기능이 개량된 상품을 생산하려면 금형을 바꾸어야 한다. 그렇지 않고 공장 온도를 높이거나 금형 틀에 X선을 조사하거나 화학약품을 주입한다고 개량된 제품이 나올 수는 없는 것이다.

돌연변이설이나 골드슈미트의 희망적 괴물론이나 굴드의 단속평형설은 근본적으로 똑같다. 암탉이 낳은 여러 개의 달걀 가운데 하나에서 오리가 부화하게 된다. 오천 년쯤 지난 후에 오리가 낳은 알에서 거위가 나온다는 것이다. 그리고 다시 칠천 년이 지난 후에 거위 알에서 타조가 부화하여 나왔다는 것과 같은 말이다. 이런 말은 과학자가 할 말이 아니다. 공상과학소설 작가나 할 소리다.

만약 돌연변이로 태어난 개체가 있다고 해도 '종'으로 정착하려면 같은 시기에 인근의 지역에서 돌연변이 된 암수가 동시에 태어나야 한다. 그들이 성체가 되어 둘이 만나 짝짓기를 해야 한다. 그러나 그 둘이 만나 짝짓기 할 확률은 거의 없다. 왜냐하면, 돌연변이는 희귀하게 발생하기 때문이다. 그리고 그 둘이 만나 새끼를 낳는다고 하자. 그 자손들은 돌연변이 된 짝을 찾을 수가 없으니 정상적인 개체랑 짝짓기 할 수밖에 없다. 그렇다면 돌연변이 된 개체의 형질은 후대로 이어질 가능성은 없다. 그렇게 몇 대를 내려가다 보면 결국 돌연변이 된 형질은 흔적도 없이 사라지게 된다.

거인이나 소인으로 태어난 사람이 있다. 유전자의 돌연변이로 그렇게 태어난 것이다. 거인인 남자가 거인인 여자를 만나기 어렵다. 소인도 다른 소인을 만나기도 어렵다. 그렇게 만나도 멘델의 법칙에서 보듯이 그들의 부모나 조부모의 형질이 자녀들에게 발현되기 때문에 자녀는 정상인으로 태어날 가능성이 크다. 그리고 자기와 같은 사람을 만나지 못하니 정상적인 사람과 결혼한다. 그러다 보면 결국 거인이나 소인의 형태는 사라지고 정상적인 사람으로 대를 이어가게 되는 것이다. 그래서 거인이나 소인이 부족을 이루고 사는 것을 볼 수가 없다.

1627년에 네덜란드 사람인 얀 얀스 벨테브레이(Jan Janes Weltevree)는 선원으로 일본으로 가려다가 표류하여 제주도에 표착했다. 그는 서울로 압송되어 우리나라를 위해 여러 가지 도움을 주었다. 그는 박연이란 이름을 얻고 한국 여성과 결혼하여 1남 1녀를 두었다고 한다. 그 이전까지는 서양 사람이 한국에 와서 계속해서 산 사람은 없었다. 박연은 한국 여인과 결혼하여 자녀를 낳았으니 우리나라 최초의 서양 혼혈아를 낳은 것이다. 박연의 자손들은 한국 사람과 결혼하였을 것이다. 몇 대를 내려가는 동안 금발 머리털에 푸른 눈을 가진 피부가 하얀 박연의 외모는 흐려지다가 없어져 버렸다. 박연의 후손은 누군지 아무도 모른다. 이처럼 돌연변이 된 암수가 같은 시기에 가까운 지역에서 발생하지 않는다면 결국 정상적인 개체와 짝짓기 하므로 돌연변이의 특징이 희석되어 몇 대를 내려가면 흔적도 없이 원형으로 돌아가게 된다.

> 또 이와 같은 기형은, 그 최초의 세대와 그 이후의 세대에서 일반적인 형체와 교잡할 것이며, 그로 인해 그 원래의 특질은 대부분 반드시 잃어버리게 될 것이다.[43]

형질이 변이되거나 희소하다. 원형을 가진 개체는 주위에 가득하다. 형질이 변이된 개체는 원형과 별 차이가 없다. 그러므로 원형과 짝짓기를 하면 변이된 개체의 형질이든 생김새는 절반으로 줄어든다. 변이된 개체끼리 짝짓기를 한다고 해도 몇 대를 내려가다 보면 변이된 개체가 희소하여 원형질을 가진 개체와 짝짓기 하게 된다. 변이된 형질은 원형을 가진 개체에 흡수되어 흔적도 없이 사라져 버리기 때문에 변이로 진화된다는 것은 허구에 지나지 않는다.

염색체 이상으로 돌연변이 된다고 하지만 수정된 배아가 변이 된 것은 모태가 감지하여 자연유산 해버린다. 돌연변이란 근본적으로

---

43) 찰스 다윈, 『종의 기원』, 송철용 역, 동서문화사, p.61.

복제 과정에 오류로 출생하는 생명체인데 오류로 생성된 동물이기 때문에 정상보다 더 좋은 동물이 나올 수 없는 것은 당연하다. 그것은 자동화 제품 생산 공장에서 공정의 오류로 생산된 제품이 정상적인 제품보다 더 멋지고 개량되지 않는 것과 같다. 그런 것은 불량품이 될 뿐이다. 실제로 돌연변이로 원형보다 더 좋은 개체가 나온 적이 없다. 기형으로 태어나거나 선천성 다운증후군처럼 비정상적으로 태어날 뿐이다. 긍정적인 돌연변이가 발생한 사례가 전무하다. 돌연변이 된 것을 자연이 선택하기 이전에 자궁에서 감별하여 변형된 것은 자연유산 되므로 긍정적이든 부정적이든 돌연변이가 발생할 수가 없다. 그러니 자연이 선택할 기회조차 없는 것이다.

> 그들은 자신의 진화론적 시간을 바탕으로(인간과 침팬지의 서열 차이에 진화의 시기를 적용) 미토콘드리아 DNA에 약 600세대마다 돌연변이가 하나씩 발생할 것이라고 가정했습니다. 이에는 어떠한 과학적 실험이나 관찰이 없는 순수한 가정일 뿐이었습니다. 하지만 이들이 직접 인간 사이의 변이를 연구합니다. 그들은 327세대를 나타내는 134개 가족에서 357명의 MtDNA를 조사했을 때, 그들은 40세대에 한 개 정도의 돌연변이가 나타난다는 것을 발견했습니다. 그리고 이는 Nature Genetics에 보고되었다.[44)]

40세대에 한 개 정도의 돌연변이 된 유전자가 나타난다. 그것은 DNA를 조사해서 아는 것이다. 즉, 변이 된 유전자 하나 때문에 형태와 구조의 변형은 없다. 그래서 겉으로 봐서는 돌연변이 된 개체

---

44) Thomas Parsons, et al., A high observed substitution rate in the human mitochondrial DNA control region, 1997.04.15. 과학이 발견한 아담과 이브.
posted by Fingerofthomas 재인용.

를 분별할 수는 없다.

진화는 없었다

여기서 잠깐 멈추어 생각해 보자. 유전자 복제 과정의 오류로 비연속적으로 발생하는 돌연변이가 진화의 요인이란 것이다. 그렇게 변이된 개체를 자연이 선택하는 과정에 진화된다는 것이 신다윈주의 이론이다. 이런 변이는 생물의 의지가 없이 저절로 일어나는 것이다. 그래서 다윈도 진화는 계속되는 것이라고 했다. 형질의 변이든 돌연변이로든 그동안 진화되었는가를 확인해 보면 진화론의 이론이 맞는지 확인할 수 있다.

수천만 년에서 수억 년 전에 화석화된 동물과 현생의 동물은 전혀 다른 모습을 하고 있어야 진화론의 이론이 맞다. 더구나 생물의 분류로 볼 때 진화는 '과'에서 멈춘 것처럼 보인다. 생물분류에서는 비슷하게 생긴 것을 '종'으로 분류하고 형태는 비슷하지만 크기와 형태가 차이가 크게 나는 것을 '과'로 분류한다. 우리가 잘 아는 동물인 '고양잇과' 동물을 예로 들어보자. '고양잇과' 동물은 30종이 있다. 고양이, 스라소니, 재규어, 치타, 표범, 퓨마, 호랑이, 사자 등이 있다. 진화의 순서를 추측한다면 처음에는 고양이가 되고 고양이가 삵이나 스라소니가 되고 그다음에는 표범이나 호랑이가 되었다고 할 수 있다. 고양이가 단번에 호랑이로 진화될 수는 없기 때문이다. 하여튼 '고양잇과' 최상위 동물은 호랑이와 사자다. 그런데 호랑이와 사자는 더는 진화되지 않고 그대로 서식하고 있다. 진화가 계속되는 것이라면 호랑이와 사자도 다른 동물로 진화되어야 한다. 그런데 오직 '고양잇과'에 머물고 있다. 진화가 멈춘 것처럼 보인다. 그것만이 아니다. 고양이는 여전히 고양이로 사는 것을 보면 진화가 없었다는 증거다. 진화론의 이론이 허구에 지나지 않는 것임을 증명하고 있다.

이런 현상은 모든 동물이 같다. '사람과'인 유인원인 오랑우탄, 침팬지, 고릴라는 인간과 가장 많이 닮았다. 그런데 그들은 여전히 그 모습 그대로 살고 있다. 오랑우탄은 침팬지로 진화되지 않고 오랑우탄으로 살고 있다. 침팬지는 고릴라로 진화되지 않고 여전히 침팬지로 살고 있다. 영장류인 원숭이도 마찬가지다. 원숭이가 오랑우탄이나 침팬지로 진화되거나 인간으로 진화되지 않고 여전히 원숭이로 살고 있다. 앞서 언급했던 실러캔스만 봐도 알 수 있다. 전혀 형태가 달라지지 않았다. 유전자조차 별다른 변이가 없다.

진화는 계속되는 것이라면 멸치가 고등어가 되고 고등어가 방어로 진화하고 방어는 상어나 다랑어로 진화되어야 한다. 그리고 다랑어도 더 큰 어류로 진화되어야 한다. 진화되지 못한 것은 생존경쟁에서 패배하여 사멸된다고 했다. 그렇다면 멸치나 고등어나 방어는 화석으로만 볼 수 있어야 한다. 그런데 멸치는 여전히 멸치로 살고 있다. 지금의 멸치가 2억 년 전의 멸치보다 더 진화되었다고 볼 만한 근거는 전혀 없다. 그렇다면 진화가 없었다는 명백한 증거가 된다. 진화하지 않았다는 것은 진화할 필요도 없고 진화할 요인도 없었다는 것을 보여준다.

돌연변이 된 개체를 자연이 선택하는 과정에 진화된다는 신다윈주의 이론을 믿은 수많은 진화생물학자는 아름다운 무지개를 잡으려고 나선 순진한 어린아이처럼 돌연변이 이론에 따라 연구와 실험에 매달렸다. 그러나 그들은 지금까지 긍정적인 돌연변이를 인공적으로 생성하지도 못하였고 자연 상태에서도 돌연변이로 긍정적으로 진화된 개체를 발견하지 못하였다. 순진한 어린아이가 빈손으로 집으로 돌아오듯 이제는 돌연변이 실험을 계속하는 어리석은 과학자는 없는 줄 안다. 뒤늦게 이론과 현실은 다른 것임을 깨달은 것이다.

돌연변이는 불량품과 같아서 개량되거나 진보된 개체가 태어날 수 없다. 돌연변이가 진화의 원리라면 거인족이나 난쟁이족을 볼 수 있어야 한다.

제9장

바다로 이민 간 사슴

지상의 동물은 물고기가 상륙하여 진화된 것이라고 한다. 명백한 근거가 있거나 그런 물고기를 목격하고 그렇게 주장하는 것이 아니다. 추측해서 말하는 것이다. 진화론 과학자는 동식물을 인간의 관점에서 추측하여 그럴듯한 이론을 만드는 탁월한 능력이 있다. 인간은 여러 가지 이유로 이사를 한다. 살기 좋은 환경이 있는 곳이나 자녀들 교육 때문에 도시로 이주하기도 한다. 때로는 자기가 태어난 조국을 떠나 다른 나라로 이민 가기도 한다. 진화론에서는 물고기도 바다보다 살기 더 좋은 뭍으로 이민 와서 육지 동물이 된 것이라고 주장한다. 물고기가 살던 바다에 포식자가 우글거리고 먹을거리가 부족해서 지상으로 상륙했다는 것이다. 그것은 사슴이 포식자를 피하여 바다로 이민 갔다는 것만큼 황당한 주장이다. 이번 장의 제목을 읽은 분은 '이게 무슨 헛소리야'라고 생각했을 것이다. 심지어 진화론 과학자도 그렇게 생각했을 것이다. 바다에 살던 물고기가 육지로 이민을 오고 육지에 살던 늑대는 바다로 이민 갔단다. 그렇다면 사슴도 바다로 이민 못 갈 것도 없다. 가상소설이나 공상소설에서는 모든 것이 가능하다.

진화론에서는 늑대나 하이에나 비슷하게 생긴 동물이 육지에는 먹이는 부족해지고 자기보다 더 큰 포식자를 피하여 바다로 이민 가서 고래의 조상이 되었다고 한다. 1978년 파키스탄 북서부에서 길이가 약 35cm 정도 되는 두개골이 발견되었다. 아래턱뼈와 이빨 몇 개 그리고 머리 덮개 뼈의 일부만 발견되었다. 그런데 주둥이가 일반적인 포유류와 다르게 길게 생겼다. 그래서 처음에는 늑대와 비슷한 포유류의 뼈로 추측하다가 나중에 고래류에서 공통으로 확인되는 외고막뼈로 이루어진 청각 대수포의 존재가 확인되어 (나중에는 사실이 아닌 것으로 밝혀짐.) 고래의 조상으로 여겨졌다. 그 후로 그것의 이름은 파키케투스(Pakicetus)가 되었다. 파키케투스는 늑대와 비슷한 크기이므로 늑대나 하이에나 같은 동물이 바다로 가서 고래의 조상이 되었다는 것이다.

늑대가 고래로 진화될 수 있었는지 검증해 보자

진화론 과학자들은 늑대가 바다로 이민 가서 고래가 되었다고 주장하는 이유는 고래가 포유류이기 때문이다. 바다에 사는 어류가 바로 포유류로 진화되었다고 할 수 없으니 물고기가 상륙하여 양서류나 파충류로 진화되었다가 그것이 다시 포유류로 진화되었단다. 포유류 중에 포식동물인 늑대가 바다로 돌아가서 고래로 진화되었다는 것이다. 그것은 파키케투스가 늑대 정도의 크기라서 그렇게 주장하는 것이다.

바다에 서식하는 어류와 포유류는 몇 가지 다른 것이 있다. 어류는 꼬리지느러미를 좌우로 흔들어 추진력을 얻는다. 그러나 해양포유류는 꼬리지느러미를 상하로 흔들어 추진력을 얻는 것이 특징이다. 어류는 아가미로 산소를 섭취하지만, 해양포유류는 폐호흡을 하고 젖으로 새끼를 키운다. 이런 큰 차이가 있어서 어류가 바로 포유류인 고래로 진화했다고 추측할 수가 없으니 지상에 살던 늑대가 바다로 이민 가서 고래의 조상이 되었다는 것이다. 이건 꽁치가 상륙하여 쥐가 되고 쥐가 진화해서 코끼리가 되었다는 것과 같은 주장이다. 이런 주장이 얼마나 황당한 것인지를 살펴보기 전에 물고기가 뭍으로 상륙하여 육지 동물이 된 것이 먼저라니 물고기가 상륙하여 육지 동물이 되는 것이 불가능한 이유부터 살펴보자.

물고기가 뭍으로 이주한 시기

물고기가 땅 위로 올라온 시점은 데본기 후반부에 들어선 3억 7,500만 년 전으로 보고 있다. 그 시기는 어류가 번성하던 시기란다. 물고기의 육상 진출에 대해서는 다양한 가설이 있다.

· 데본기에 가뭄이 자주 발생하여 물고기의 서식처가 자주 없어졌기 때문에 얕은 물가에 살던 물고기가 가끔 물 밖에서 노출될 때가 있다 보니 적응이 되어서 뭍에 상륙하여 살게 되었다.

· 물고기가 번성하여 먹이를 두고 생존경쟁이 심하여 경쟁자가 없는 뭍으로 상륙하였다.

단순히 물속의 경쟁자를 피하여 뭍으로 상륙했다는 추측은 인구가 기하급수적으로 늘어나 생존경쟁이 치열하게 된다는 맬서스의 이론에 바탕을 두고 있다. 바다가 조그만 웅덩이나 연못이라면 그럴 수도 있겠다. 그러나 바다는 대지보다 훨씬 넓고 깊다. 살 곳은 아주 많다. 이런 추측을 하는 자의 주장대로라면 그야말로 물 반 고기 반 정도로 물고기가 많았다는 것이다. 그것이 사실이라면 그만큼 바다의 서식환경이 좋았다는 뜻이다. 만약, 그들의 추측이 맞는다고 해도 물고기는 살던 곳이 먹이 경쟁이 심하거나 포식자가 겁이 나면 다른 곳으로 이동하면 된다. 물고기는 식물이 아니다. 뿌리가 땅에 박혀 있어 꼼짝하지 못하는 식물이 아니다. 물고기는 자유롭게 헤엄쳐 다닐 수 있다. 여비가 없어서 다른 곳으로 못 가는 것이 아니다. 여권이 있어야 하고 비자를 받아야 이주할 수 있는 것도 아니다. 이 바다에서 다른 바다로 이주하는 데 아무런 제약도 없다. 그런데도 물고기가 그 넓고 넓은 바다를 두고 뭍으로 상륙했다는 것은 물고기의 지능을 인간의 수준 정도로 추측한 것이 틀림없다. 이 가설은 마치 농부가 농사를 짓는 일이 힘들고 또 가뭄과 홍수로 열심히 일한 것이 헛수고가 될 때도 있고 전염병도 돌고 가끔 전쟁이 나는 것이 무서워서 바다로 이민 갔다고 하는 것과 같은 황당한 주장이다.

농부가 바다를 살펴보니 물고기는 힘들게 노동을 하는 것도 아니고 헤엄치며 놀다가 배가 고프면 자기보다 작은 물고기를 잡아먹으며 사는 것을 보았다. 평소에는 일도 하지 않고 이곳저곳으로 헤엄치며 자유롭고 편하게 사는 것처럼 보였다. 농부가 저 바다에서는 힘들게 농사를 짓지 않아도 될 것 같고 전쟁도 없고 세금을 내라는 관리도 없으니 살기 참 좋은 곳이라고 판단하고 바다로 이민을 간 것이란 주장과 똑같은 논리다. 농부가 농지를 떠나서 바닷가에 와서 살면서 조개랑 물고기를 잡아먹다가 그 생활이 농사짓는 것보다 편하니 아예 인어가 되었다는 것과 같은 말이다. 그런데 인간 가운데 바다로 이민을 간 자는 아무도 없다. 그런데 무모하게 뭍으로 이민을 온 물고기가 있다니 그 물고기는 인간보다 용감하고 진취적인 것이 분명하다.

물고기는 물속에서만 산다. 육지가 있다는 사실을 알지도 못한다. 물고기가 가끔 물에서 튀어 오르기도 한다. 그러나 물고기는 대지를 봐도 그곳이 살 만한 환경이란 것을 판단할 지각이 없다. 그런데 물고기가 물에서 몇 번 튀어 올라 먼발치에서 육지를 바라보고는 '저기는 먹을 것도 풍부해 보이고 포식자도 안 보이네. 참 평화로워 보이네. 저곳에서 살면 참 좋겠다'라고 판단했다는 것이다. 최초로 뭍으로 상륙한 물고기의 지능은 이런 이론을 제시한 진화론 과학자 수준의 지능을 가졌다고 봐야 한다. 그렇지 않고야 어떻게 육지를 몇 번 바라보고 자기도 가서 살 만한 곳으로 판단하겠는가? 아니면 실러캔스의 앞 지느러미가 저절로 다리와 발로 변하여 헤엄치기 어려워서 뭍으로 걸어 올라왔다는 것이다.

어류가 포식자를 피하여 상륙한 것이 사실이라면 지금도 상륙하는 어류나 해양 동물이 목격되어야 한다. 왜냐하면, 지금도 바다에는 상어 같은 무서운 포식자들이 있기 때문이다. 바다에는 상어만 있는 것이 아니다. 큰 물고기는 작은 물고기를 잡아먹고 산다. 멸치에게는 상어보다 고등어가 포식자다. 바다에는 고등어가 아주 많다. 옛날이나 지금이나 바다에는 포식자들이 득시글거린다. 그렇다면 지금도 겁이 많은 어류들은 상륙할 것이다. 그러나 그런 일을 목격한 사람은 아무도 없다. 지금 없는 일은 과거에도 없었다. 해변에 멸치 떼가 몰려올 때가 있다. 고등어 떼를 피하여 해변으로 몰려온 것이다. 그 가운데 해변의 모래사장에 튀어 오르는 멸치도 있다. 그러나 고등어가 무서워 땅에서 살려고 모래사장에 튀어 오른 멸치는 없다. 단 한 마리도 없다.

해안가 갯벌에 사는 짱뚱어는 물속에서도 생활하지만, 갯벌에서도 활동한다. 짱뚱어는 물속에서는 아가미 호흡을 하고 물 밖에서도 장시간 견딜 수 있다. 그것은 허파가 없으나 목구멍 안쪽에 잘 발달한 실핏줄을 통해 공기를 호흡하고 몸의 표면으로 산소를 통과시키는 피부호흡을 하므로 물 빠진 갯벌에서도 산다. 짱뚱어는 몇천만 년 전부터 갯벌에서 살고 있다. 진화론의 이론이 맞는다면 그 긴 세월 동안 짱뚱어야말로 뭍을 가장 잘 알고 있으니 뭍으로 이주하여 도마뱀이 되든지 다른 동물로 진화됐어야 한다. 그러나 짱뚱어는 지금도 짱뚱어로 갯벌에서 살고 있다. 짱뚱어가 도마뱀이나 다른 동물로 진화되어 가는 중인 것이라도 발견이 되어야 진화론의 추측이 맞는 것이다. 지느러미가 발처럼 생긴 물고기가 몇 종류 있다. 그걸 보고 물고기가 지상으로 상륙한 것으로 추측하기도 하지만 실러캔스는 지금도 발처럼 생긴 지느러미를 가지고 깊은 바다에 살고 있다.

교통과 도시가 발달하기 전에는 사람들이 태어난 곳에서 살다가 그곳에서 죽었다. 특별한 경우가 아니면 자기가 거주하던 지역 밖으로 한 번도 나가보지도 않고 출생지에서 살다가 죽은 사람들이 대부분이다. 지금도 아프리카 밀림지역에 사는 원주민은 먹을 것을 찾아 이동하지만 밀림을 벗어날 생각은 하지 않고 조상 때부터 살아온 그 밀림에서 살고 있다. 밀림은 먹을 것이 풍부하지도 않고 맹수의 위험과 독충이나 독사의 위험이 늘 도사리고 있다. 그런데도 그들이 생활하는 지역이 지구의 전체인 줄 아는 것처럼 그 지역을 벗어날 생각조차 하지 않고 살고 있다.

요즘은 원주민 가운데 물건을 팔거나 사러 도시에 나가보았던 청년이 태어난 곳을 떠나 도시로 나가는 자들이 있다. 그러나 대부분 태어난 곳에서 살다가 죽는다. 도시가 화려하고 편한 것을 보고 알아도 도시로 나가 사는 원주민은 많지 않다. 말도 통하지 않고 그곳에서 살아갈 방도가 없기 때문이다. 그는 사냥하고 목축하는 것 외에 할 줄 아는 것이 없다. 도시에서는 그런 것으론 살 수가 없다. 그래서 도시로 나가서 살아봐야지 하는 용기를 내기가 쉽지 않은 것이다. 진화론 과학자의 주장대로라면 뭍으로 상륙한 물고기는 탁월한 판단력과 용기를 가진 것이 분명하다. 냉수를 마시고 이런 일이 가능할 것인가 생각해 봐야 한다.

해양 동물이 뭍에 올라오면 생존할 수 없는 이유

· 호흡 방법이 다르다

물고기는 물속에서 산다. 물에 포함된 산소를 흡입하며 산다. 물고기 대부분은 아가미를 통하여 물속에 있는 산소를 흡입한다. 예외적으로 짱뚱어처럼 허파, 피부 등으로 호흡하며 갯벌이나 습지와 같은 지역에서 생활하는 물고기도 있다. 물고기가 땅에 올라오면 가장 먼저 문제가 되는 것이 산소를 흡입하는 것이다. 지금까지 아가미로 물에 있는 산소를 흡입하였다. 지상에 올라오면 물이 없으므로 산소를 흡입하지 못하여 죽는다. 땅에 올라오면 공기 중에 있는 산소를 흡입해야 한다. 그러나 물고기는 기관지도 없고 폐도 없다. 공기 중에 있는 산소를 흡입할 기관과 방법이 없다. 그래서 살아 있는 물고기를 잡아 육지에 올려놓으면 한 시간 안에 죽어버린다. 그 몸속에 기관지와 폐가 생성되려면 아무리 짧게 잡아도 몇천 년은 걸려야 한다. 그동안 물고기는 생존할 수가 없다. 뭍에 올라온 물고기는 하루도 못 되어 죽어버린다. 폐와 기관지가 서서히 생성되는 기회조차 없는 것이다. 폐로 산소를 흡입하는 폐어가 있지 않느냐고? 그럼 폐어는 지상에 살고 있나? 폐어는 수천만 년 전부터 여전히 바다에 살고 있다. 갯벌에 사는 짱뚱어도 몇 시간 동안 모래사장에 내버려 두면 죽어버릴 것이다. 짱뚱어도 여전히 갯벌에 살지만, 뭍으로 올라올 엄두를 내지 않는다.

물고기가 무작정 뭍으로 올라온 것이 아니라 갯벌에 살면서 지상의 환경에 서서히 적응해 나가다가 상륙했다는 말은 설득력이 있다. 그러나 물고기의 수명은 짧아 적응해 나갈 시간적인 여유가 없다. 물고기의 수명은 대개 3~4년이고 나폴레옹피시는 25년을 산다고 한다. 물고기가 50년을 산다고 해도 지상의 생활환경에 적응할 수가 없다. 예를 들면, 대한민국의 제주도에는 해녀가 있다. 해녀는 10대 후반부터 60대까지 매일같이 바닷속에 들어가서 전복이나 문어 등을 잡아 생활하는 여인이다. 바닷속에 들어가서 오랫동안 숨을 참고 이곳저곳을 다니며 해산물을 채취한다. 잠수를 자주 하다 보면 처음보다 호흡이 길어져서 숨을 참을 수 있는 시간이 점점 길어진다. 그러나 15분 이상 호흡을 참을 수 있는 해녀는 없다. 제주도의 여인들은 대부분 대를 이어 해녀로 살아왔다. 그렇다고 해녀의 딸이 성장하여 잠수를 시작할 때부터 어머니처럼 3~4분 동안 잠수할 수 있는 것은 아니다. 그녀들도 뭍에 사는 여인처럼 처음 잠수 시간은 1분을 넘기지 못하는 것은 똑같다. 더구나 물고기는 수명이 짧아 갯벌에서 살면서 지상의 환경에 적응하려다가 수명이 다하여 죽어버릴 것이다. 적응한다고 해도 그렇게 얻어진 형질은 유전이 되지 않는 것은 누구나 다 아는 사실이다.

물고기가 대를 이어가며 수천 번을 바다로 돌아가서 산소를 공급받고 다시 땅으로 올라오는 일을 죽을 때까지 반복해도 폐가 생성되는 일은 없다. 거의 40~50년 동안 매일같이 몇 시간 동안 잠수하는 해녀들의 몸에 아가미가 생겼다면 땅으로 상륙한 물고기의 몸에 없던 폐가 생성되었다고 주장할 수 있을 것이다. 그러므로 적응하는 시간을 오랫동안 가진다고 아가미가 폐로 바뀌지 않는다. 수백 세대를 이어가면서 일평생 잠수하는 해녀들의 몸에 아가미가 생기지 않는 것처럼 바다와 갯벌에서 사는 물고기도 폐가 생기지 않았다.

· 피부 문제

물고기는 물속에서 살기 적당한 기관과 구조로 되어 있다. 물고기의 피부는 비늘로 되어 있다. 물고기가 땅으로 올라오면 비늘이 건조하여 갑옷을 입은 것처럼 활동하기 힘들고 나중엔 생존할 수 없게 된다. 또한, 피부가 건조해지는 문제만 있는 것이 아니다. 지상은 물속과 달라 일교차가 심하다. 낮에는 태양의 뜨거운 열기가 있고 밤에는 서늘하다. 변온동물인 물고기가 낮에는 화상을 입을 것이고 밤의 추위는 견디지 못하게 된다. 그러므로 서서히 형질이 바뀔 기회도 없이 물고기는 죽을 것이다.

· 시력

물속에서 잘 보이던 눈도 지상에 올라오면 안구가 건조해서 잘 보이지 않게 된다. 사람이 잠수하면 앞이 잘 보이지 않고 눈이 따끔거리는 것처럼 물고기도 그런 상태가 될 것이다. 몇 분 동안은 견딜 수 있지만 계속해서 지상에 머문다면 시력을 잃어버릴 가능성이 크다. 육지 동물의 눈에는 눈꺼풀이 있다. 그리고 눈꺼풀이 자동으로 여닫힐 때 눈물샘에서 물이 나와서 눈동자에 수분을 공급한다. 눈물샘이 막히는 병이 생기면 수시로 안약을 넣어주어야 한다. 그렇지 않으면 고통스러워 견디기 힘들다. 물고기가 뭍에서 살게 되면 안구가 공기

중에 노출되고 햇볕으로 건조하게 되어 앞이 제대로 보이지 않게 되어 먹이를 찾을 수 없다. 더구나 바람이 불어 먼지가 눈에 묻으면 보이지 않게 된다. 물고기는 눈꺼풀도 없고 눈동자에 수분을 공급할 방법이 없다. 물고기는 물속에서 몸을 수직으로 세워 헤엄친다. 만약 그런 물고기가 지상에 상륙하면 물이 없으므로 옆으로 눕게 된다. 그렇다면 한쪽 눈은 하늘이 보일 것이고 한쪽 눈은 땅만 보일 것이다.

· 이동

물고기가 상륙하여 이동하는 것을 상상해 봐라. 기어갈 수도 없고 걸어갈 수도 없다. 기껏 할 수 있는 것은 옆으로 누워 펄떡이는 것만 할 수 있다. 펄떡거려서는 앞으로나 옆으로 나갈 수가 없다. 거의 제자리뛰기를 하는 것과 같다. 가슴지느러미를 이용하여 기어갈 수 있다? 그럴 수는 있겠다. 짱뚱어나 가물치 등 몇 가지 어류는 기어갈 만한 가슴지느러미를 가진 어류도 있다. 그러나 그런 식으로 이동할 수 있는 거리가 얼마나 되느냐고 물으면 대답하기 곤란할 것이다. 물고기 화석 가운데 뒷지느러미가 발처럼 보이는 것도 있다. 그러나 그런 상태라면 물속에서 걸어 다녔을 것으로 보아야 한다. 지금도 그런 어류가 있다. 그들은 지금도 그 모습 그대로 물속에서 살고 있다. 물고기의 다리처럼 생긴 앞 지느러미가 있는 것이 어제오늘에 있는 일은 아니다. 그래도 여전히 바다에 살고 있다. 발이 없는 다리만으론 지상에서 이동하기가 불가능하다. 그리고 도마뱀처럼 다리와 발이 있는 물고기 화석은 없다. 지상에 상륙한 물고기의 몸에 다리와 관절과 발이 생기려면 얼마나 걸릴까? 그 세월 동안 물고기는 뭍에서 생존하고 번식할 수 있을까?

・먹이활동

진화론의 진화계통수를 보면 최초로 뭍에서 산 동물은 실루리아기(약 4억 년 전)부터 살았다고 한다. 물고기가 호흡 문제도 해결되고 피부 문제도 해결되었다고 하자. 그럼 먹이활동은 어떻게 할 수 있을까? 그 당시 육지에 풀과 나무들이 우거졌다고 한다. 물고기는 무엇을 어떻게 먹고 생존과 번식을 했을까? 물고기는 포식자이다. 물고기의 모든 이빨은 송곳니처럼 생겼다. 어금니가 없다. 그 당시 땅에는 물고기가 잡아먹을 동물이 없다. 물속에서는 먹을거리를 입으로 빨아들였으나 지상에서는 그런 식으론 잡아먹을 작은 동물도 없다. 그렇다고 풀을 뜯어 먹고 살 수는 없다. 송곳니처럼 생긴 이빨로 풀을 뜯기에 적당하지 않다. 또한, 목이 없으므로 흙에 난 풀을 뜯어 먹을 수도 없다. 어류는 육식동물이다. 육식동물이 풀을 먹는다고 해도 풀을 소화할 소화액이 없고 풀을 먹어도 소장과 대장이 짧아서 영양을 섭취할 수 없다.

진화론 과학자의 추측처럼 물고기의 지능이 그처럼 높다면 물고기가 어떤 판단과 결정을 했을까? 이쯤 되면 '육지가 지상낙원인 줄 알았더니 바다보다 훨씬 못하네. 차라리 바다로 돌아가자'라고 했을 것이다. 그런 결정이 없었다면 여러 가지 원인으로 다 죽어버렸을 것이다. 물고기가 지상으로 상륙하기 시작한 시기에 길이가 6m나 되는 둔클레오스테우스(Dunkleosteus)가 살았다면 바다의 환경은 참 좋았던 것을 알 수 있다. 그만큼 먹을 것이 풍부하니 대형 어류가 살 수 있는 것이다. 그렇다면 낯선 지상의 환경에 적응하고 극복하려고 고생하는 것보다 바다에 사는 것이 훨씬 더 나은 선택이다. 만약 무식하게 용감한 물고기가 지상으로 피난을 오려다가 하루도 지나지 않아서 '나 다시 돌아갈래!' 하고 바다로 되돌아갔을 것이다.

육지 동물이 바다로 돌아가면 생존할 수 없는 이유

이제 늑대가 바다로 돌아가서 고래의 조상이 되었다는 것을 검토해 보자. 물고기가 뭍으로 상륙하여 생존하기가 불가능한 것처럼 육지 동물인 늑대가 바다에서 사는 것이 불가능한 이유는 비슷하다.

·호흡이 불가능하다

폐호흡 하는 늑대가 바다로 갔을 때 먼저 부딪히는 문제는 호흡이다. 물론 인간처럼 고개를 들고 헤엄치면 호흡은 가능하다. 그런데 물고기를 잡으려면 머리를 물속에 넣어 잠수해야 한다. 날쌘 물고기를 몇 번 뒤따라가다가 숨이 차서 포기하고 말 것이다. 그렇다고 폐가 갑자기 커지는 것도 있을 수가 없다.

·눈이 보이지 않는다

바다에 사는 물고기는 전부 바닷물 속에 산다. 그러므로 늑대가 물고기를 잡으려면 머리를 바닷물 속에 넣어 먹이가 어디에 있는지를 살펴야 한다. 그러나 바닷물 속에서 눈을 뜨면 눈이 따갑고 또 잘 보이지도 않는다. 배가 고파서 계속해서 눈을 뜨고 먹을 것을 찾다 보면 시력이 더 나빠지게 된다. 바닷물에서 눈을 뜨는 것이 익숙해지기 전에 먹이를 잡지 못하여 굶어 죽어버리거나 육지로 돌아 나올 것이다.

· 물고기를 잡을 수가 없다

늘대는 육지에서 걷거나 달리기 좋게 생겼다. 바다에서 헤엄은 칠 수는 있으나 속도가 느리다. 반면, 물고기는 작고 민첩하다. 늑대가 물고기를 발견하고 잡으려고 앞발을 내밀거나 후려치려고 할 때 물의 저항으로 속도가 느릴 수밖에 없다. 그러면 작고 민첩한 물고기는 도망을 쳐버리기 때문에 잡을 수가 없다. 그래서 주둥이가 길어지고 꼬리가 꼬리지느러미로 변하고 앞발이 지느러미로 변하기 전에 굶어 죽게 될 것이다.

· 체온의 변화를 견디지 못한다

늘대는 포유류로 정온동물이다. 그러므로 늑대가 바다에 계속해 머물면 체온이 급격하게 떨어져 저체온증으로 죽게 된다. 제대로 먹지도 못한 상태에서 계속해서 헤엄을 치느라고 하루도 못 가서 탈진하여 죽게 될 것이다. 사냥개 한 마리를 깊은 바다로 데리고 가서 바다에 빠트려 보면 늑대가 고래의 조상이 되었다는 허튼소리를 하지 않을 것이다. 늑대는 계속해서 달리는 것처럼 앞뒤 발을 부지런히 움직여야 겨우 물에 떠 있을 수는 있다. 잠을 잘 수도 없다. 잠을 자는 순간 물밑으로 가라앉아 죽어버릴 것이다. 그러므로 바다에 빠진 늑대 옆에서 먹이를 계속해서 공급해 준다고 할지라도 늑대는 하루도 못 가서 탈진하여 익사하고 말 것이다.

늑대가 처음부터 바다로 들어간 것이 아니라 바다 주위에 살면서 익숙해졌을 때 바다로 들어갔다고 한다. 해녀는 수십 년을 바다에 잠수하여 해산물을 채취하며 살았으니 바다에 들어가서 살아도 된다는 말과 같다. 40년 동안 해녀로 살아온 여인이 바다에 가서 잠을 자면 어떻게 될까? 잠을 잘 수 없는 것은 고사하고 하루 동안 바다에서 헤엄치며 생존하라고 하면 살아남을 해녀는 한 명도 없을 것이다. 더구나 늑대가 바다로 이민 갔다가 상어나 고래를 보고는 '어이구! 여기도 무서운 놈이 있네' 하고 육지로 되돌아갔을 것이다.

· 늑대의 변화

머리 부분 화석을 가지고 상상을 통해서 고래의 조상이라고 주장했던 파키케투스는 몇 년 후 나머지 부분들이 발견되었을 때 고래와는 전혀 관계가 없는 동물이란 것이 밝혀졌다. 그 화석에는 분수공도 없었고 물갈퀴도 없었고 고래의 목도 가지고 있지 않았다. 로드호세투스의 상상도는 고래의 꼬리를 가지고 있었지만 그걸 확인해

아토키종(P. attocki)의 골격 표본 - 파키케투스
출처: Kevin Guertin from Ottawa, Ontario, Canada, 위키미디어

줄 꼬리 화석은 없다. 박물관의 그림에는 분명히 물갈퀴가 있지만 이제 과학자들은 고래처럼 물갈퀴가 있을 만한 발이 아니라는 것을 깨닫고 있다.

공룡화석을 보면 지금으로서는 상상할 수도 없는 모양이다. 마치 공상소설에 나올 듯한 모습이다. 기괴하게 생겼다. 마치 철갑을 두른 듯한 모습을 하고 있다. 다양하게 생긴 공룡이 살았다. 그러므로 파키케투스는 악어처럼 긴 주둥이를 가진 멸종된 육지 동물의 화석으로 보는 것이 합리적이다. 왜냐하면, 주둥이가 긴 것 외에는 전형적인 육지 동물의 모양이기 때문이다. 늑대가 해양 동물인 파키케투스로 진화했다면 주둥이만 악어처럼 길게 변화될 것이 아니라 다리와 발은 지느러미로 변화되었어야 한다. 바다에 살면서 물고기를 잡기 좋게 주둥이만 저렇게 길게 자랄 수는 없다. 그것만으로 날랜 물고기를 잡을 수가 없다.

바다로 돌아간 늑대의 꼬리가 지느러미로 변했단다. 바다에 사는 포유류는 물고기처럼 꼬리지느러미를 좌우로 흔들지 않는다. 그들은 꼬리지느러미를 상하로 흔들어 추진력을 얻는 것이 어류와 다른 특징이다. 개나 늑대를 보면 꼬리를 좌우로 흔들지 상하로 흔들지 않는다. 늑대는 꼬리를 물속에서 좌우든 상하든 흔들 힘이 없다. 늑대의 꼬리는 소의 꼬리와 달리 털이 많으므로 물의 저항력으로 계속해서 흔들 수가 없다. 물론 힘을 다하여 흔들면 흔들 수는 있겠지만 그렇다고 추진력이 생기지 않는데 꼬리를 계속 흔들 어리석은 늑대는 없다. 그리고 저자가 알기로는 꼬리를 상하로 흔드는 육상동물은 없는 것 같다. 그러니 늑대의 꼬리가 변하여 꼬리지느러미가 되고 그 꼬리를 상하로 흔들어 추진력을 얻는다는 자는 공상소설가보다 더

한 망상가이다. 바다에 서식하는 포유류는 여러 종류가 있다. 해달, 물개, 바다사자, 바다표범 등이 있다. 고래의 조상은 바다로 이민 간 늑대라면 이런 해양포유류의 조상은 무슨 동물이 바다로 이민 가서 그들의 조상이 되었을까?

동식물의 고유한 형태는 바뀌지 않을 뿐 아니라 고유한 형태와 더불어 크기가 한정되어 있다. 멸치는 아무리 먹이를 많이 먹어도 뚱뚱한 멸치가 될 뿐이다. 멸치가 오랜 세월 동안 계속해서 대를 이어가며 과식해도 고등어가 되는 것은 아니다. 참새는 먹이를 아무리 많이 먹어도 비둘기만 한 참새는 될 수 없다. 그리고 동물은 인간과 달라 과식하지 않는다. 인간은 식재료에 소금과 각종 향신료를 넣어 다양한 방법으로 요리를 해서 먹기 때문에 과식한다. 만약, 식재료에 소금도 치지 않고 날것으로 먹으면 맛이 없어서 과식하는 일은 없을 것이다. 배고프지 않을 정도만 먹게 될 것이다. 인간은 먹기 위해 살지만, 동물은 살기 위해 먹는다. 그래서 동물은 과식하지 않는다. 그러므로 자연에는 뚱뚱한 동물은 없다. 그리고 과식해서 뚱뚱해져도 획득된 형질은 유전되지도 않는다. 동물은 과식조차 하지 않으므로 몸집조차 달라지지 않고 그 모습 그대로 산다. 늑대가 바다로 가서 늑대의 백배가 넘는 고래가 되었다니 진화론 과학자는 여러 가지를 복합적으로 살펴보지 않고 진화의 관점에서 해석하다 보니 공상소설을 쓴 것이다. 그런 주장을 믿는 이들은 어린아이와 같다. 어린이는 순진하여 잘 속는다.

획득된 형질은 유전되지 않는 것이 이미 오래전에 밝혀졌다. 그러므로 늑대가 바닷가에 살면서 물에 익숙한 몸이 되고 바다에 들어가서 살 수 있는 몸이 되었고 꼬리가 꼬리지느러미로 변했다는 것은 라마르크의 용불용설을 보는 듯하다. 만약 늑대 꼬리가 꼬리지느러미로 변했다고 할지라도 획득한 형질은 유전이 되지 않는다. 그러므로 늑대가 고래의 조상이 되었다는 주장은 공상과학소설이다. 공상소설은 과학이나 상식도 무시하기 때문에 맘껏 상상의 나래를 펴도 상관없기 때문이다. 이런 주장을 최초로 한 자는 대학연구실을 나와서 공상소설을 썼다면 베스트셀러 소설가가 되었을 것이다.

진화론은 결과나 현상을 보고 어떻게 그렇게 되었는지 짐작하다가 상식적으로도 맞지 않는 소설을 쓴 것이다. 어떤 현상에 대해 왜 그런 것인지 연구하고 결론을 내린 후에 포괄적으로 검토한 후에 이론을 발표해야 한다. 그런데 그런 검토도 없이 현상을 진화론적으로 추측하고 발표하다 보니 상식에도 맞지 않는 주장을 하는 것이다. 발처럼 생긴 지느러미가 있는 물고기를 보고 물고기가 상륙하여 진화된 것이 네발을 가진 육지 동물이란다. 또 포유류는 전부 지상에 사는데 바다에 물개나 고래와 같은 포유류가 사는 것을 보고 포유류가 어떻게 바다에서 살게 되었는지를 연구하다가 주둥이가 긴 포유류의 화석을 보고 지상에 살던 늑대가 바다로 돌아가서 고래의 조상이 되었다는 어리석은 결론을 내린 것이다.

과거나 현재나 언제든지 몇 년씩 가뭄이 들기도 하고 포식자는 늘 있었다. 그렇다면 지금도 바다로 이민 가는 육지 동물이 있거나 포식자를 피하여 바다에서 뭍으로 이민 오는 물고기가 있다면 이런 추론이라도 가능하다. 그러나 그렇게 무식하게 용감한 동물은 지금까지 하나도 없었다.

늑대가 고래가 되었다는 것은 해녀가 인어가 되었다는 것보다 더 황당한 주장이다. 늑대의 평균수명은 5~6살이다. 그동안 바다에 적응하여 바다로 이민 가서 사는 동안 꼬리가 꼬리지느러미로 변한다고 해도 후손에겐 유전이 안 된다는 것은 상식이다. 파키케투스가 물고기를 아주 많이 잡아먹어도 고래처럼 덩치가 큰 동물은 될 수 없다.

10년 정도 사는 늑대가 바다에 적응하여 고래가 되었다면 40~50년을 바다에 잠수하여 해산물을 채취하는 해녀는 인어가 되고도 남았을 것이다. 그녀들은 대대로 해녀로 살아왔다. 그러나 여전히 인어가 되지 않고 해녀로 살아가고 있다. 그러나 놀라운 것은 진화론 과학자들이 현실과 상식에 너무 다른 발표를 해도 과학자나 기자들은 아무런 의심도 없이 그대로 받아들인다는 사실이다. 집단최면에 빠져 있기 때문이다.

———

늑대가 고래의 조상이 되었다면 해녀는 인어가 되었을 것이다.

제10장

어리석은 자는 겉만 본다

동물의 성질은 얼굴에 나타난다. 육식성 동물의 얼굴은 대부분 사납고 무섭게 생겼다. 그러나 양이나 사슴 같은 초식성 동물의 얼굴은 순하게 생겼다. 사람의 성품도 얼굴에 나타나기도 한다. 얼굴을 보면 그 사람의 성품이 어떤지 대강은 짐작된다. 그러나 사람은 성장 과정에서 겪었던 여러 가지 일로 성품이 변하기도 한다. 어리석은 자는 인상에 그 사람의 인품이 다 나타난 줄 착각하여 잘못된 결정을 하기도 한다. 그러나 지혜로운 자는 어떤 결정을 하기 전에 그 사람과 오랫동안 사귀어 보면서 그 사람의 인격이나 가치관 등을 살핀 후에 중요한 결정을 한다.

동물의 겉모습을 보면 진화된 것으로 보인다. 특히 같은 '종'이나 '속'이나 '과'에 속한 동물은 작은 것이 큰 것으로 진화된 것처럼 보인다. 진화되는 것도 어렵지 않아 보인다. 장구한 세월 동안 다양한 변이가 발생하다 보면 가장 적합한 형태로 개량되는 것은 충분히 가능하다고 생각할 수 있다. 진화란 동물의 겉모습만 보고 진화는 쉽고 간단한 것으로 착각한 것이다. 그러나 동식물의 구조와 기능을 자세히 안다면 우연히 저절로 진화될 수 없다는 것을 금방 깨달을 수 있다. 심장의 구조와 혈관과 신경 계통, 척추의 구조, 눈동자의 구조나 코와 귀와 치아 등 하나하나 구성과 조직을 자세히 살펴보면 진화로는 그렇게 정밀한 구조와 기능을 갖추게 될 수 없다는 것을 알 수 있다.

예를 들면, 물질의 고유한 냄새와 그 농도를 구별하는 냄새측정기는 현대에 들어와서 개발되었다. 냄새측정기가 현대에 와서 만들어질 정도라면 냄새를 구분하는 장치는 아주 복잡하고 정밀한 장치란 것을 알 수 있다. 아직도 냄새측정기로는 모든 냄새를 구분할 수는 없다. 그런데 그보다도 훨씬 기능이 탁월한 동물의 후각세포가 저절로 만들어졌다고 생각하는 것은 과학적인 판단이 아니다. 생물의 기초가 되는 세포라면 아주 단순한 것처럼 보인다. 그러나 현미경이 발명되면서 세포의 구체적인 구조와 기능이 밝혀졌다. 세포의 구조와 기능 등을 자세히 살펴보면 생물의 기초인 세포조차 저절로 생성될 수 없다는 것을 알게 된다.

생명의 시작

다윈은 빛, 열 그리고 전기에 의한 효과가 초기 지구에 존재하던 기본적인 화학물질을 이용해 생명 분자인 단백질이 합성됐다고 설명했다. 하지만 다윈은 후에 따뜻한 작은 연못 이야기는 과학적 근거 없이 생명의 기원에 대해 생각하다가 떠오른 '부질없는 생각'이었다고 했다. 그러나 러시아의 생화학자인 알렉산드르 이바노비치 오파린(Aleksandr Ivanovich Oparin)은 1920년대에 원시 생명 수프에 대한 생각을 시작해 1924년 『생명의 기원』에서 지구도 한때 목성과 비슷한 대기가 있었을 것이라고 가정했다. 따라서 당시 알려졌던 목성의 대기 상태를 기초로 하여 초기 지구 대기가 수증기, 메탄, 암모니아 그리고 수소 기체로 이루어졌지만, 산소는 거의 포함하지 않은 상태일 것으로 생각했다.

오파린은 1936년 무기물에서 유기물이 합성되고 그 유기물은 폭우에 씻겨 호수나 바다 등에 쌓여갔다. 그리고 시간이 흐르면서 더 큰 단위의 유기물(단백질 등)을 형성했고 단백질은 주변의 물을 표면에 끌어당겨 생명체 바로 직전 단계인 코아세르베이트를 형성하였다. 생명체의 특성이 있던 코아세르베이트는 결국 내부 구조가 더욱 복잡해지면서 마침내 원시세포로 변하였다. 원시세포는 현재 지구에 존재하는 동물이나 식물의 조상이 되는 세포이다. 전자현미경이 발명되기 전에는 세포를 자세히 볼 수 없었다. 그래서 세포는 간단하고 단순한 구조로 된 것으로 생각하여 세포가 자연에서 저절로 형성된다고 생각하기 쉬웠다.

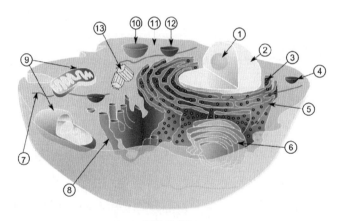

세포의 구조

① 핵소체, ② 세포핵, ③ 리보솜, ④ 소포, ⑤ 조면소포체, ⑥ 골지체, ⑦ 세포골격,
⑧ 활면소포체, ⑨ 미토콘드리아, ⑩ 액포, ⑪ 세포질, ⑫ 리소좀, ⑬ 중심소체
출처: MesserWoland, Szczepan, 위키미디어

그러나 위의 그림에서 보는 것처럼 세포의 구조는 아주 복잡하다. 아미노산 등이 물에서 뭉쳐져서 원시세포가 되었다고 주장했던 오파린이 세포가 저렇게 복잡한 것을 본다면 자신의 주장이 어리석은 것을 알고 부끄러워했을 것이다. 그 당시 과학계도 세포의 구조가 복잡한 것을 알지 못했으므로 오파린의 주장을 사실로 인정한 것이다. 그것은 다른 가설조차 세울 수 없으니 비과학적인 오파린의 가설을 과학적 사실로 받아들인 것이다.

1953년 시카고 대학에서 박사 과정에 있던 밀러(Stanley L. Miller)는 정교한 실험 장치를 만들어 단백질을 합성하는 데 사용되는 아미노산을 인공적으로 만드는 데 성공하였다. 그러나 1994년 스페인에서 열렸던 "생명의 기원"을 주제로 한 국제생화학학술대회에서는 환원형 대기가 지구를 덮은 적이 없으며 오파린의 가설과 밀러의 실험은 '잘못된 학설'이라고 공식 선언하였다. 원시지구의 환경이 오파린의 추측이나 밀러의 실험 조건처럼 되었다고 인정하고 그래서 아미노산이 생성되었다고 치자, 그러나 그 아미노산에서 단백질은 합성되지 못한다. 아미노산이 아무리 많이 합쳐지고 뭉쳐져도 단백질은 생성되지 않는다. 단백질을 합성하려면 리보솜이 필요한데 밀러의 실험에서는 리보솜이 생성되지 않았다. 단백질 합성공장인 리보솜의 구성성분은 단백질과 rRNA인데 리보솜이 없으면 아미노산만으로는 단백질이 만들어지지 않는다. 아미노산의 종류나 양이 아무리 많아도 단백질이 저절로 생성될 수가 없다.

더구나 지금은 원시지구보다 유기물이 비교할 수 없이 많다. 그런데도 새로운 세포가 저절로 생성되지 않고 있다. 그럼에도 고등학교에서는 밀러의 실험을 근거로 삼아 자연에서 우연히 생물이 생성되

었다고 가르치고 있다. 생물의 자연발생설을 믿던 파스퇴르 이전 시
대로 후퇴한 것이다. 세포의 구조에 대해서 잘 아는 자들도 세포가
우연히 생긴 것으로 알고 있다. 세포가 어떻게 생겼는지는 무관심하
다. 생명의 기본단위인 세포가 없으면 생물도 없는 것이다. 이것을
잘 알면서도 세포의 시작, 즉 생명의 시작에 관해 설명할 다른 방법
이 없으니 모른 척하고 학생들을 속이고 있는 것이다.

세포의 구조와 기능

· 세포

세포는 모든 생물체의 구조적, 기능적 기본 단위이다. 세포는 세
포막으로 둘러싸인 세포질로 구성되어 있으며 단백질과 핵산과 같
은 많은 생체분자를 포함하고 있다.

· 세포의 구조

세포는 세포막으로 둘러싸여 있으며 핵과 세포질로 구성되어 있
다. 세포질에는 세포 소기관들이 있다.

· 세포막의 성분

세포막은 인지질 이중층으로 되어 있다. 세포막은 대략 10nm(nm는
10억 분의 1m) 두께로 전자현미경으로도 희미하게 보인다. 세포막
은 세포 전체를 둘러싸고 있는 얇고 유연한 막으로 인지질과 단백질
그리고 콜레스테롤, 탄수화물 등의 물질도 함께 구성된다.

· 세포막의 기능

세포막의 가장 기본적인 기능은 세포의 형태를 유지하고 내부를 보호한다. 세포 안팎으로 드나드는 물질의 출입을 통제하고 조절한다.

· 세포벽

식물 세포에만 있는 세포벽은 주성분이 '셀룰로오스'다. 세포가 성숙해져 감에 따라 다른 물질이 더해지게 된다. 세포벽은 세포막에 비교해 두껍고 견고하여 세포를 보호하고 모양을 유지하는 역할을 한다.

· 핵

세포에서 핵은 인간의 뇌에 해당하는 제일 중요한 곳이다. 핵에는 생명 활동을 하는 모든 정보가 들어 있는 곳이다. 세포에서 핵이 없으면 식물인간과 같은 상태가 된다. 그래서 핵은 핵막에 둘러싸여 있고 핵 주위는 물(액체)로 가득 차 있다. 그것은 인간에게 가장 중요한 뇌를 보호하기 위하여 단단한 두개골로 특별히 보호받는 것과 같다.

· 세포질

세포질은 핵을 둘러싸고 있는 부분으로서 엽록체, 미토콘드리아, 액포 등 여러 가지 세포 내 소기관들을 포함하고 있다. 미토콘드리아는 영양소와 산소를 이용하여 에너지를 만드는 화력발전소와 같은 역할을 한다. 각 세포는 그 자체로 완전하며 스스로 활동이 가능하다. 영양소를 받아들여서 에너지를 전환하고 고유한 기능을 수행하며 번식할 수 있는 생명체라고 할 수 있다. 세포는 이런 활동을 수행하기 위하여 각각의 소기관을 지니고 있다.

현대과학은 놀랍게 발전되었다. 유전자가위로 유전자를 교정하는 단계에 이르렀다. 그러나 아직도 세포 하나를 인공적으로 만들지 못하고 있다. 세포의 크기와 구조와 구성성분과 기능을 알면서도 아직도 세포가 저절로 우연히 만들어졌다고 생각하고 있다. 이것은 지식이 1920년대에 머물러 있는 것과 같다. 탁월한 지능을 가진 과학자들이 최첨단 기계를 이용하여 세포를 인공적으로 만들어보겠다고 생각조차 하지 않는다. 그들이 도전하지 않는 것은 불가능하다는 것을 잘 알기 때문이다. 그런데 저런 정밀하고 복잡한 구조를 가진 세포가 자연에서 저절로 만들어졌다고 믿는 그것이야말로 자연신(自然神)을 믿는 것과 다름이 없다.

인간은 정밀한 실험도구를 만들어 갖은 방법으로 실험하다가 아미노산 몇 가지를 만든 것밖에 없다. 세포는 아미노산만으로 구성된 것이 아니다. 아미노산만으론 세포가 생성될 수 없다. 아미노산을 다 모아 그걸 흔들거나 돌리거나 가열하거나 끓이거나 전기 자극을 주고 별별 짓을 다 해도 세포는 만들어지지 않는다. 인간이 최첨단 과학기술로도 세포 하나를 만들지 못하는데 자연에서 우연히 저절로 세포가 생성되었다고 믿는 것은 과학이 아니다. 우연은 과학과 전혀 어울리지 않는 단어다.

세포가 우연히 저절로 생겼다는 것은 자연이란 신(神)이 세포를 창조했다는 것을 믿는 것과 같다. 그러므로 세포가 자연에서 저절로 생성되었다고 주장하는 자는 '자연'이나 '진화'란 신을 믿는 사이비

종교 신도라고 할 수 있다. 뇌도 없고 도구도 없고 의지도 없는 자연이 저렇게 정밀하고 복잡한 구조를 가진 세포를 만들었다는 것을 믿는 것은 자연이 인간보다 위대하다는 것이다. 다윈은 인간이 하는 것을 자연도 할 수 있다고 주장했다. 그런데 인간이 아직도 못하는 것을 자연은 처음부터 했다고 주장하니 자연을 신적인 존재로 보는 것이다. 세포가 저절로 형성되었다고 믿는 것은 과학적 사실에 근거한 것이 아니라 사이비 과학 논리에 세뇌된 결과라고 볼 수 있다.

단언컨대 아무리 과학이 발달해도 세포를 인위적으로 만들지 못할 것이다. 세포 하나가 스마트폰이나 이 책의 크기만 해도 인공적으로 만드는 것은 불가능하다. 눈에 보이지도 않는 세포의 모든 구조와 구성분을 인위적으로 만든다는 것은 정말 불가능한 일이다. 더구나 외부에서 에너지 공급 없이 미토콘드리아가 영양분과 산소를 이용하여 에너지를 생산하는 이런 기능을 만든다는 것은 절대로 불가능하다. 더구나 그 세포가 세포분열 하게 만든다는 것은 상상도 못 할 일이다.

진화론은 근본적으로 동물의 겉모습이 비슷한 것을 보고 진화된 것으로 착각한 데서 시작된 것이다. 다윈은 "쉽게 흉내 낼 수 없는 이 모든 기능을 감안할 때 눈이 자연선택을 통해 형성될 수 있다는 것은 대단히 터무니없는 일처럼 보인다는 고백을 하고 싶다"라고 했다. 사실 눈이라고 전체를 생각하면 간단해 보인다. 그러나 눈의 구조는 대단히 복잡하고 정밀하다. 그 복잡한 구조를 안다면 저절로 우연히 만들어진다고 생각할 수는 없는 것이다.

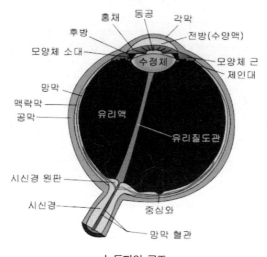

눈동자의 구조

출처: Okorea, 위키미디어

지금은 카메라도 많이 발전하여 자동으로 초점을 맞추는 기능도 있다. 그러나 아직도 눈을 따라가지 못하고 있다. 자동으로 초점을 맞추는 속도는 카메라보다 눈이 훨씬 빠르다. 그런데 이런 눈이 파충류나 포유류부터 있었던 것은 아니다. 삼엽충도 눈이 있었다. 삼엽충은 약 5억 2,000만 년 전 출현한 바다의 절지동물이다. 삼엽충의 눈의 구조는 잠자리의 눈과 같다. 삼엽충의 눈은 복잡하고 정밀한 구조와 기능을 가졌지만 진화된 흔적은 찾아볼 수 없다.

다윈은 눈의 구조를 보고 자연선택으로 눈이 형성될 수 없음을 깨달았다. 그러나 눈만 그런 것이 아니다. 귀와 코와 입의 구조도 마찬가지다. 이런 인체 기관의 정밀하고 복잡한 구조를 다 알았다면 진화된 것으로 착각하지 않았을 것이다. 삼엽충의 눈의 구조를 자세히 알았다면 진화란 말은 꺼내지도 않았을 것이다. 그런데 그걸 알고도 진화를 믿는 자는 최면에 걸린 것으로 봐야 한다.

심장

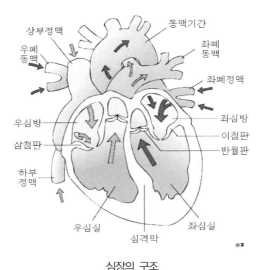

심장의 구조

출처: Cwt96, 위키미디어

· 심장의 구조

사람의 심장은 네 개의 방으로 이루어져 있다. 위의 두 개를 심방, 아래 두 개를 심실이라고 하며, 심장을 기준으로 오른쪽에 있는 것은 우심방 우심실이고 왼쪽에 있는 것은 좌심방 좌심실이다. 심실과 심방은 동맥피와 정맥피가 섞이지 않도록 좌우가 분리되어 있으며 또한 심장에는 4개의 판막이 있어 피가 역류하지 않도록 한다. 우심방이 확대될 때 온몸에서 온 혈액은 상하 대정맥에서 우심방으로 들어가며 심실과의 경계인 방실판(房室瓣)을 통해서 우심실로 들어간다. 우심실이 수축할 때 혈액은 폐동맥을 통해서 폐로 보내진다. 우심실과 폐동맥의 경계에는 폐동맥판이 있다. 좌심방이 확장될 때 폐에서 나온 혈액이 4개의 폐정맥에서 좌심방으로 돌아오면 심실과의 경계인 방실판(2첨판)을 통해서 좌심실로 들어가고 좌심실이 수축할 때 혈액은 대동맥으로 유출되어 온몸으로 보내진다. 심장의 좌우 심방과 심실이 교대로 수축과 이완을 반복하여 피를 온몸에 돌게 한다. 전공한 자가 아니면 이걸 읽기만 해도 머리가 어지러울 만큼 구조와 작동이 복잡하다.

· 심장의 기능

심장의 기능은 온몸에 있는 혈액을 순환시켜 주는 펌프의 역할을 한다. 온몸을 돌고 온 혈액을 받아 폐로 보내고 폐는 혈액 속의 이산화탄소를 교환해 준다. 산소가 풍부해진 혈액은 심장의 펌프 작용으로 다시 온몸으로 공급하는 역할을 한다. 혈관에 있는 피가 돌지 않으면 산소와 영양물질을 온몸에 공급할 수 없다. 심장의 활동은 생명과 직결되어 있다. 뇌사 상태가 되어도 생명은 살아 있지만, 심정지가 되면 바로 생명이 끝난다. 그래서 심장은 생명이 있는 동안 한순간도 멈추지 않고 1분에 60~80회 정도 심장 근육이 수축하고 확장하여 온몸에 혈액을 끊임없이 공급해 준다.

심장은 자동차의 엔진과 같다. 자동차를 타고 다니는 자들은 자동차엔진은 자동차의 한 가지 부품처럼 단순하게 생각한다. 그것을 개발하고 만드는 것이 얼마나 복잡한지 모른다. 자동차엔진은 아주 정밀한 구조로 되어 있다. 그래서 자동차엔진을 독자 개발하여 생산하는 국가는 그렇게 많지 않다. 그런데 동물의 심장을 자연이 진화시켰다는 것은 좌우를 분별하지 못하는 어린아이나 할 소리다. 물론 인간의 심장은 한순간에 완성된 것이 아니라 점차 진화되었다고 생각하면 간단하지만, 진화로 저렇게 복잡한 구조를 갖춘 심장이 형성될 수 있는지 이성적으로 생각해 보아야 할 것이다. 인간의 심장을 포함한 포유류의 심장은 자동차엔진만큼 복잡한 구조를 가졌다.

인간의 소화·배설 기관

포유류의 소화·배설 기관은 비슷할 것으로 본다. 인체를 기준으로 소화·배설 과정을 간단히 살펴보자. 먹을 만한 것이 있을 때 그것이 먹을 수 있는 것인지 눈으로 먼저 확인한다. 그리고 그 음식물을 입으로 가져오면 코로 냄새를 맡아서 먹어도 괜찮은지 확인한다. 상한 냄새가 나지 않으면 입에 넣는다. 그럴 때 혀가 또다시 그 음식물을 먹을 만한지 검사하게 된다. 혀에서도 이상이 없다고 느끼면 음식물을 믹서로 가는 것처럼 치아로 음식물을 으깬다. 이때 침샘에서 침이 나와 음식물을 잘게 부수고 잘 섞이도록 도움을 준다. 그래야 삼키기 좋기 때문이다. 특히 침에는 아밀레이스 성분이 있어 소화가 잘되도록 돕는다. 삼킨 음식물은 식도를 통하여 위장으로 내려간다. 위장에서 다시 그 음식물을 분해한다. 위장에서 위액이 분비되어 음식물의 소화를 돕는다. 위액에는 PH 1.0인 염산과 효소가 포함되어 음식물과 함께 들어온 세균을 죽이고 또 음식물이 썩는 것을 막아준다. 위장의 활동으로 걸쭉하게 된 음식물은 소장으로 내려간다. 길이가 긴 소장을 통과하면서 영양분이 흡수된다. 그리고 대장을 통과하면서 수분이 흡수되고 남은 찌꺼기는 항문으로 배출된다. 이 과정에 간에서 알칼리성 담즙이 만들어진다. 간에서 생산된

담즙은 쓸개에 저장되어 있다가 십이지장에서 분비되어 음식물이 완전히 소화되도록 한다.

　음식물의 섭취와 소화·배설 과정을 보면 마치 자동화공장 설비처럼 되어 있다. 먹을거리를 보면 자동으로 눈과 코와 혀가 검사하게 된다. 한번은 냉장고에 있는 우유를 마셨는데 조금 상한 것을 느껴서 바로 뱉어낸 적이 있다. 우유가 상했는지 확인해 보니 조금 상한 상태인 것을 확인하였다. 의지적으로 확인하지 않아도 자동으로 검사해서 알려준다. 또한, 음식물이 입에 들어가면 침이 자동으로 분비되어 음식물을 부수고 삼키기 좋게 한다. 그리고 음식물이 위장에 들어가면 자동으로 위액이 분비되고 십이지장에서는 쓸개즙이 분비되어 음식물이 완전히 소화되도록 한다. 그리고 소장을 거치면서 영양분을 흡수하고 대장에서는 수분을 흡수한다. 그리고 남은 찌꺼기는 대변이 되어 뒤로 배설하게 한다. 복부에 있는 오장육부 가운데 심장과 허파를 제외한 장기는 전부 소화 흡수를 돕는 역할을 한다.

　동물이 먹이를 잡아먹는다고 저절로 소화되고 흡수가 되는 것이 아니다. 그리고 과정마다 소화 흡수를 돕는 액이 분비되어야만 생존할 수가 있다. 이렇게 정밀한 자동화 공정이 저절로 생성될 수는 없다. 침이나 위액이 나오지 않아 소화되지 않는 것을 보고 침이나 위액이나 쓸개즙이 나중에 만들어지도록 진화했다면 동물은 소화불량이나 영양실조로 죽었을 것이다.

　다윈은 동식물의 겉모습만 관찰하였기 때문에 진화된 것으로 착각한 것이다. 그가 고백한 것처럼 눈의 구조만 보고도 자기주장을 철회하고 싶다고 할 정도였다. 그가 세포나 심장의 정밀한 구조를 알았다면 진화론을 주장하지 못했을 것이다. 자동차의 동력장치와 차체는 그냥 두고 외관의 디자인만 바꾸는 것은 그렇게 어렵거나 복잡하지 않다. 그처럼 동물의 크기와 모양이 조금 달라지는 것은 어려워 보이지 않는다. 세월이 흐르는 동안 저절로 될 것처럼 보인다. 그러나 바퀴가 두 개 있는 모터사이클에 바퀴 네 개만 달아주면 자동차가 되는 것은 아니다. 그처럼 물고기의 몸에 네 개의 다리를 만들어주고 피부를 조금 고쳐준다고 양서류나 파충류가 될 수 없다. 물론 파충류를 조금만 손을 봐주면 포유류가 되는 것처럼 쉽게 생각할 수 있다. 파충류는 네 개의 발이 있으니 포유류로 되는 것은 어렵지 않을 것처럼 보인다. 포유류에 있는 장기(臟器)는 파충류에도 다 있으니 겉만 적당히 바꾸면 될 것처럼 보인다. 그러나 파충류가 포유류로 진화되는 것은 모터사이클의 엔진을 자동차엔진으로 구조 변경할 수 없는 것처럼 불가능한 일이다.

기존 상품에서 디자인과 크기만 조금 바꾸는 것은 어렵지 않다. 그러나 기존에 없던 기계나 장치를 새로 만든다는 것은 특별한 창의성과 기술을 가진 자가 할 수 있다. 나침반이나 시계 등을 처음 개발한 사람은 아주 특별한 사람이다. 동력기관을 처음 개발한 자도 대단한 사람이다. 자동차엔진을 개발하는 것도 대단한 일이다. 자동차를 처음으로 개발한다는 것은 무척 어려운 일이다. 아무나 할 수 있는 일은 아니다. 그러나 800CC 경차를 1,500CC이나 2,000CC 중형 승용차로 업그레이드하는 것은 자동차를 처음 개발하는 것에 비하면 아주 쉬운 일이다. 그래서 진화되는 것은 어렵지 않고 쉬운 일로 생각한 것이다.

심장은 자동차의 엔진처럼 복잡하고 정밀한 구조로 되어 있다. 이 심장이 형질의 변이와 선택으로 생성될 수 없음을 앞에서 살펴보았다. 심장만 생성된다고 생물이 동물이 되는 것은 아니다. 혈관이 온몸에 뻗어 나가 있어야 혈액을 통하여 산소와 영양분을 온몸에 공급할 수가 있다. 혈관이 저절로 뻗어 나갈 수 있을까? 혈관의 굵기가 다르다. 대동맥과 모세혈관의 굵기는 크게 다르다. 이런 혈관이 저절로 생성되고 온몸에 나뭇가지처럼 뻗어 나갈 수가 있을까? 변이와 선택으로 저절로 혈액과 혈관이 만들어질 수는 없다. 변이 되어 혈액이 될 형질이 이전의 생물에게서는 찾아볼 수가 없다.

뇌와 신경을 생각해 보자. 신경은 뇌에서 출발하여 온몸에 혈관과 더불어 분포되어 있다. 특히 뇌에서 뻗어 나간 신경중추는 척추의 가운데서 뚫린 구멍을 통하여 아래로 전화선 케이블처럼 다발로 내려오며 말초신경계를 통하여 각종 장기에 치아까지 연결되어 있다. 그래서 외부의 자극을 바로 느끼고 민첩하게 반응하게 되어 있다. 신경조직과 뇌세포는 구조와 기능이 다르다. 이런 것들이 변이와 선택으로 생성되고 온몸에 분포될 수 있을까?

지하에는 수도 파이프와 전화선이 전국으로 연결되어 있다. 정수지에서 출발한 수도 파이프가 빌딩과 주택으로, 주택에서는 주방과 욕실로 연결되어 있다. 이런 설비를 하려면 먼저 수도 파이프를 제작하는 공장이 있어야 하고 땅을 파고 파이프를 매설하는 작업이 필요하다. 정수지에서 배수지까지 연결하는 배관의 폭이 약 1m 정도 된다. 빌딩이나 주택에 가까울수록 파이프의 폭은 좁아진다. 그리고 주택에서는 수도공이 주방과 욕실로 연결하는 공사를 해야 한다. 전선도 발전소에서 빌딩이나 주택까지 굵기가 다른 전선을 연결하는 공사를 해야 한다. 전화선도 마찬가지다. 그런데 전선이나 전화선이나 수도관이 저절로 전국적으로 연결되었다고 한다면 정신 나간 자라고 생각할 것이다. 그런데 동물의 몸에 혈관과 신경은 저절로 피부를 뚫고 뻗어 나갔다고 한다면 그야말로 정신이 없는 자다. 혈관과 신경을 만들어야 하고 그 이전에 혈관과 신경의 필요성을 느끼는 것이 우선이다. 그런데 진핵생물이 그런 것의 필요성을 느낄 수는 없다. 더구나 필요하다고 그걸 만들 능력도 없다. 혈관과 신경이 만들어져도 피부와 장기에 그것이 뻗어 나갈 공간이 동시에 만들어져야 한다.

그뿐 아니라 없던 입이 생기고 이빨이 생기고 혀와 식도가 생기고 소화·배설 하는 소화기관이 저절로 생성될 수는 없다. 연체동물의 몸에 척추가 저절로 생성되었다고는 할 수 없다. 척추와 디스크 등을 그 구조를 세밀히 살펴본다면 변이와 선택으로 되었다고 할 수 없다. 원핵생물과 진핵생물에도 DNA가 있다고 한다. 그 DNA의 코드는 누가 생성하였으며, 저장과 복제하는 메커니즘이 저절로 생성될 수는 없다. 필요에 따라 저절로 생성될 수 있느냐고 다윈에게 질문하면 분명히 아니라고 대답할 것이다.

**어리석은 자는 겉만 보고 성급히 판단하지만
현명한 자는 그 안에 든 것을 보고 판단한다.**

제11장

진화론의 아킬레스건

앞 장에서 세포와 오장육부가 저절로 생성될 수 없음을 설명했지만, 여전히 진화론은 과학이란 생각을 떨쳐 버리지 못한 이들을 위해 이번 장에서는 세포에서 가장 중요한 핵에 있는 DNA에 대해 살펴봄으로써 생명체가 저절로 생성될 수 없음에 대해 알아보고자 한다.

모스부호

전화기나 무전기가 나오기 전에는 점(·)과 선(−)을 조합하여 알파벳뿐만 아니라 숫자와 기호까지 전송하는 전신기가 사용되었다. 그 부호를 모스부호라고 한다. 점과 선은 전기신호의 길이를 나타낸다. 그런데 '모스부호'는 사람이 고안해 낸 것이 아니다. 원래부터 자연에 있던 부호를 인간이 전신기로 전기신호로 바꾸어 멀리 보내 정보를 교환하는 도구로 활용한 것뿐이다. '모스부호'는 모스란 사람이 고안한 것이 아니라 원래부터 자연에 있던 부호를 모스가 발견했기 때문에 모스부호라고 하는 것이다. 이렇게 말하면 모스부호에 대해 조금이라도 상식이 있는 사람이라면 이 글을 읽고 황당하다고 느꼈을 것이다. 저자가 참 무식하다고 생각했을 것이다.

모스부호는 모스(Samuel Finley Breese Morse, 1791~1872)가 1844년에 만든 문자 코드다. 모스도 처음에는 점(·)만 가지고 모스부호를 만들었다. 그러다 보니 점의 수와 점과 점 사이의 간격으로 알파벳을 표시하였다. 그러나 그런 방식으로는 만들 수 있는 부호가 한계가 있었다. 그래서 그는 91페이지나 되는 은어표를 만들었다. 그래도 주고받을 문자는 8,000어 정도밖에 되지 않았다. 또한, 한 문장을 보내는 데 많은 시간이 필요했다. 그 후 모스의 전신기의 제작 동반자인 A. 베일은 점(·)과 선(-)을 조합하여 전신부호를 만들자고 제안하여 모스는 50여 가지의 전신부호를 발명하여 알파벳과 숫자를 간단하게 전송할 수 있게 하였다. 예를 들면 ·-·· 는 한글의 첫 자음인 'ㄱ'이 된다. ···-· 은 'ㄴ'이 된다.

지금 보면 간단하지만 50여 가지의 전신부호를 만드는 것도 한순간에 된 것이 아니다. 화가인 모스도 오랜 고심 끝에 50여 가지의 모스부호를 완성하였다. 간단한 모스부호도 인간이 고안하여 실용화하는 데 오랜 시간이 걸렸다. 모스부호를 전혀 모르는 사람에게 점(·)과 선(-) 네 가지를 조합하여 약 50여 가지의 부호를 생성하라고 한다면 며칠 안에 생성할 수 있는 사람은 많지 않을 것이다. 그런데 DNA에 있는 64가지의 코드는 누가 만든 것이 아니라 저절로 있었다고 해도 이상하다고 생각하는 진화론자는 없다.

유전과 관련된 단어 이해

유전자: 유전자는 하나의 단백질을 생산하라는 명령어이다.

DNA: 유전자들이 염색사에 배열된 것을 DNA라고 한다.

염색사: 염색사란 염기성 색소에 염색이 잘 되는 실이란 뜻으로 DNA 정보가 저장되는 물질이다. 히스톤 단백질과 DNA 로 되어 있다.

염색체: 염색사가 실타래처럼 꼬이고 농축된 것을 가리키는 것으
로 세포분열 때에 형성된다. 인간의 경우 한 개의 세포
안에 46개의 염색체가 있다.

게놈: 유전자(gene)와 염색체(chromosome)를 합성해서 만든 용어
로 한 생물 속에 있는 모든 유전정보를 합친 것을 뜻한다.

DNA의 구조

DNA 구조도

출처: Ciencias Españolas, 위키미디어

DNA의 구조는 줄사다리 모양을 생각하면 된다. 두 개의 밧줄이
중간중간 가로막대로 연결된 줄사다리가 바람에 꼬여 비틀린 모양을

생각하면 된다. 두 줄의 염색사는 유전자 구성성분으로 연결되어 있다. 유전자의 구성성분은 네 가지다. A: 아데닌(Adenine), T: 타이민(Thymine). C: 사이토신(Cytosine), G: 구아닌(Gua-nine)이다. DNA 분자는 A, G, C, T의 4가지 염기로 암호문을 만드는데, 4가지 중 반드시 3개가 자유롭게 만나 코드를 만든다. 따라서 AGC, AGT, ATC, ACG 등 64가지의 코드를 만들 수 있다.

이 64가지 DNA 코드는 모스부호와 같다. 모스부호의 점과 선 네 가지로 50가지 부호를 만들 수 있지만, 그 자체로는 의미가 없다. 그걸 조합해야 하나의 글자나 문장이 될 수 있다. 그처럼 AGC, AGT, ATC, ACG 등은 하나의 모스부호와 같다. 예를 들어, AGC는 'ㄱ'이라고 할 수 있다. AGC란 코드는 아무런 역할을 할 수 없다. 하나의 단백질을 만들라는 유전자는 약 100~15,000개의 이런 부호가 연결된 문장이다. 즉, AGC, AGT, ATC, ACG 등 64가지 코드가 100개 이상 조합이 되어야 하나의 단백질을 만들라는 유전자 한 개가 완성된다. 문제는 자연이 그런 코드를 조합하여 문장을 만들 수 있느냐는 것이다.

하나의 유전자로 구성된 생물은 하나도 없다. 미생물인 대장균의 유전자는 4,000개다. 즉, 대장균은 약 4,000가지의 단백질로 구성되어 있다. 참고로 아메바는 12,500개, 초파리는 13,700개, 어류는 15,100개, 인간과 친숙한 개는 19,000개, 인간은 21,000개의 유전자를 갖고 있다.

대장균 한 마리에는 4,000개의 유전자가 있다. '가라', '서라'는 아주 단순한 문장이다. 각기 두 개의 자음과 모음이 사용되었다. 네 개의 부호가 사용되었다. 단백질을 만들라는 명령어는 그처럼 단순하지 않다. 한 유전자당 적게는 100개 많게는 15,000개의 코드가 필요하다. 대장균은 4,000개의 유전자가 있다. 한 유전자당 가장 적은 100개의 코드가 사용되었다고 치자. 그래도 4,000×100=400,000개의 코드가 필요하다. AGC, AGT, ATC 같은 코드 400,000개가 조합되어야 한다. 그리고 그 400,000개의 코드가 정밀하게 배열돼야 한다. 몇 개만 잘못 배열되면 대장균이 될 수 없다. "나는 학교에 간다"라는 문장에서 '나'에서 'ㅏ' 대신에 'ㅓ'를 입력하면 "너는 학교에 간다"가 된다. 물론 자음 하나를 잘못 입력해도 전혀 다른 뜻이 되기도 한다. 그처럼 400,000개의 코드 가운데 몇 개의 코드만 잘못 배열되어도 정상적인 대장균이 될 수 없다. 자연이 4,000가지의 각기 다른 문장을 작성할 수 있을까? 400,000개의 코드를 순서대로 배열한다는 것은 인간도 불가능하다. 코드별로 기능과 특성을 알고 있어도 그걸로 한 개의 문장을 만들기도 어렵다. 그래서 자연이 무려 400,000개의 코드를 차례대로 배열했다고 믿는 어리석은 과학자는 없을 것이다. 대장균 한 마리가 있기까지 그만큼 많은 코드가 필요하고 정확한 배열이 필요하다는 것을 구체적으로 생각해 보지 않았으니 아직도 다윈의 주장을 배운 대로 믿는 것이다.

이 책의 글자의 수는 210,000개가 조금 넘는다. 그것도 띄어쓰기를 포함한 숫자다. 대장균 한 마리를 만드는 것은 이런 책 두 권을 쓰는 것과 같다. 책을 쓰는 것은 알고 있는 것을 글로 옮기는 작업이다. 그러나 없던 대장균을 만드는 것은 AGC, AGT, ATC 등 64개의 코드의 특성을 파악하고 어떻게 배열해야 하는지 잘 알고 있어야 한다. 책을 쓰는 것과 대장균을 처음 생성하는 것 가운데 어느 것이 어려운 작업일까? 대장균을 생성하는 작업은 과학논문을 쓰기보다는 훨씬 어렵다. 자연이 대장균을 생성하는 작업을 했다는 것은 저자처럼 컴퓨터 언어를 사용할 줄 모르는 자가 최신 인터넷게임을 하나 만들었다는 것과 똑같은 주장이다.

자연이 책을 한 권 썼다고 하면 믿을 사람은 아무도 없다. 그런데 자연이 대장균을 생성했다는 것은 아무 의심도 없이 믿고 있으니 무엇인가 대단히 잘못된 것이 분명하다. 대장균을 생성하는 데는 『종의 기원』을 쓸 만큼의 코드가 필요하다면 인체의 모든 유전자를 쓰려면 백과사전 정도의 코드의 배열이 필요하다. 작은 책 한 권을 써도 오자와 탈자가 여러 개 발견되고 맞춤법이 틀린 문장도 생긴다. 백과사전 정도의 책을 쓴다면 이런 오류는 아주 많이 발견될 것이다. 오·탈자가 없는 책이 되려면 전문가의 노력과 시간이 많이 필요하다. DNA에는 이런 오류를 자동으로 발견하고 수정하는 기능이 있다니 놀랍다. 그런 기능조차 자연이 만들 수 있을까?

여기서 한 가지 더 생각해 봐야 할 것이 있다. 자연이 대장균을 만들 필요성이 있을까? 그런 목적의식이 없다면 수천만 번의 시도 끝에 대장균을 만들지는 않을 것이다. 그리고 자연이 대장균을 진화시켜야 할 필요성을 느낄까? 대장균 외에도 수많은 동식물을 만들어야 할 필요성을 느낄까?

DNA의 기능

DNA는 단백질 생성 설계도와 작업지시서와 같다. DNA에는 작업해야 할 많은 명령이 저장되어 있다. 단순히 어떤 단백질을 생산하라는 설계도만으로는 생물의 형태를 생성할 수 없다. 즉, DNA에는 생성될 단백질의 종류와 함께 모양과 크기와 위치에 대한 명령이 저장되어 있어야 한다. 생물체는 단백질로 구성되었다.

오징어와 불가사리의 형태와 모양은 무척 다르다. 단순히 단백질만 만든다고 형태와 모양이 저절로 다르게 되는 것은 아니다. 생물에 따라 크기와 모양과 색깔과 형태가 다 다르게 만들어져야 한다. 또한, 신체 부위와 기능에 따라 단백질의 형태와 모양과 두께가 각기 다르다. 눈꺼풀과 입술의 형태와 두께가 전혀 다르다. 손톱과 뼈의 모양과 형태는 전혀 다르다. 인체에 있는 털을 살펴보자. 머리털과 눈썹과 얼굴에 난 솜털과 코털과 음모와 팔다리와 겨드랑이에 난 털이 있다. 털이 난 위치와 기능에 따라 굵기와 길이가 각기 다르다. 그리고 머리털과 수염 외에는 계속 자라나지 않는다. 털이 난 위치와 기능에 따라 각기 다른 명령을 내려야 한다.

DNA에 있는 유전정보에는 어느 위치에 어떤 모양으로 어느 정도의 크기로 단백질을 만들 것인지 일일이 저장되어 있다. 코를 예로 들어 생각해 보자. 코의 형태와 높이와 폭이 결정되어야 한다. 그리고 콧구멍의 크기와 깊이도 결정되어 있어야 한다. 코털도 어느 정도 길이로 어디에 날지 결정되어 있어야 한다. 냄새를 맡는 후각세포도 어느 부위에 어느 정도 있어야 하는지 작업지시 명령이 DNA에 있다. 모태에서 DNA의 지시에 따라 단백질을 생성하게 된다. 만약 DNA가 없다면 아무 작업도 할 수 없다.

요즘은 3D프린터로 손쉽게 갖은 형상을 만들 수 있다. 심지어 건축도 한다. 그러나 최신식 3D프린터가 있어도 그 안에 제작할 물건의 크기와 모양과 형태 등을 세세히 지시하는 데이터가 없으면 스위치를 켜도 3D프린터는 고장 난 기계처럼 아무것도 못 하고 멈춰 있다. 그처럼 세포에 DNA가 없다면 단백질 생성작업을 할 수 없으므로 세포복제나 자식을 낳을 수가 없다. 짝짓기 해도 DNA가 없다면 자궁에서는 정전된 공장처럼 아무런 일도 일어나지 않는다. DNA에는 단백질 생성 명령어만 있는 것이 아니다. 작업순서도 결정되어 있다. 손가락뼈와 피부가 생성되기 전에 손톱이 먼저 만들어진다면 손톱은 갈 곳을 잃어버리게 된다. 이처럼 작업순서도 아주 정밀해야 온전한 아기가 태어날 수 있다. 만약에 작업순서에 조금이라도 오차가 발생하면 기형아가 태어난다. 심지어 DNA에는 아기가 태어난 후에도 치아가 생겨날 시기와 순서까지 다 미리 정해져 있다.

유전자를 배열하는 것은 인공위성을 설계하기보다 훨씬 더 어렵고 복잡한 작업이다. 알파벳을 조립하고 배열하여 글자나 문장을 만드는 것은 공식만 알면 쉽다. 그러나 유전자는 생명과 생명 활동에 관한 것이므로 문장을 만드는 것과는 아주 다르다. 우주선은 설계도를 그린 후에 설계도에 따라 부품별로 따로 만든 후에 하나하나 조립해 나가면 된다. 우주선 아니 자동차라도 다양한 분야의 전문가들이 각기 전담 분야를 설계하고 통합하여 설계도를 완성하면 분야별 전문기술자들이 설계도면에 맞게 부품의 형태와 크기와 재질에 맞게 제작한다. 자연이 생명체의 크기와 형태와 두께 등을 설계하고 그걸 DNA에 코딩했다고 믿는 것은 자연을 신적인 존재로 믿는 것과 다름이 없다. 우연히 네 종류의 유전자 구성성분이 조합되어 64가지의 코드가 생성되었고 자연이 그걸 이용하여 수만 가지 조합을 변경해 가며 진화시켰다는 것을 이성적으로 생각해 봐야 한다.

모스는 모스부호를 시행착오 끝에 완성했다. 그가 부호를 완성했다고 활용할 수 있는 것은 아니다. 사용자들이 모스부호를 외우고 송신하는 교육을 받고 오랜 연습을 한 후에 발신할 수 있다. 상대 쪽에서는 그 신호를 받아 문자로 바꾸는 작업을 해야 유용한 도구가 된다. 그처럼 DNA도 64가지 코드만 있다고 되는 것은 아니다. DNA는 설계도와 같다. 설계도만 있다고 건축이 되는 것은 아니다. DNA는 암호문이다. 그 자체로는 단백질을 생성할 수 없다. 그걸 읽고 해석하고 작업하는 기능은 DNA와 다른 기능이 필요하다. 더구나 염색체에는 생성되어야 할 동식물의 형태와 크기와 재질 등이 코딩되어 있다. 동식물의 종마다 염색체가 다르다.

단백질의 형태는 오직 유전정보에 따라 형성된다. 아미노산 몇 가지가 융합된다고 해서 세포가 생성되고 세포분열로 번식을 할 수 있는 것은 절대 불가능하다. 형질이나 형태의 변화는 저절로 일어나지 않는다. 먼저 DNA의 염기서열이 변경되어야 한다. DNA의 변경이 우선이다. DNA의 설계도를 누가 작성했을까? DNA는 완벽하게 설계되었기 때문에 변경할 필요가 없다. 그런데 창의성이나 지능도 없는 자연이 DNA의 설계를 변경할 수 있을까?

다윈 시대 사람들은 DNA에 대해 전혀 알지 못했다. 형질의 변이가 저절로 되는 줄 알았다. 동물의 형태는 환경에 따라 저절로 변경되는 줄 알았다. 그 시대의 과학자들은 유전자를 몰랐으니 다윈의 진화론을 인정한 것에 대해 비판할 수 없다. 다윈이 이 시대에 다시 살아나서 DNA에 대해 안다면 자연선택을 취소할 것이다. 그런데 DNA에 대해 아는 현대의 과학자들이 우연히 형질이 변한다고 믿거나 돌연변이로 형질이 한순간 확 바뀐다고 믿고 있는 것은 과학자답지 않다. 형질의 변이는 오직 유전자에 변이가 있을 때만 일어난다. 생물 스스로가 의지를 갖고 자신의 유전자를 변경할 수도 없고 하지도 않는다. 그러므로 진화는 없었다.

유전정보의 저장장치

인간은 정보를 저장하는 방법을 오랫동안 개량해 왔다. 처음에는 그림으로 표시하다가 문자를 발명하여 토판이나 양피지에 기록하였다. 나중에는 종이를 발명하여 종이에 정보를 기록하여 전달하고 보관하였다. 그 후에 정보를 자화(磁化)하여 자기테이프에 정보를 저장하는 방법을 개발하였다. 최근엔 자기디스크 대신 반도체 기억소자에 대용량의 정보를 저장하는 기술까지 개발되었다. 그런데 놀라운 것은 세포는 처음부터 유전정보를 저장하는 저장장치가 있다는 것이다. 그것도 진화가 웬만큼 진행된 후에 저장장치가 개발된 것이 아니라 원핵세포부터 유전정보를 저장하고 복사하는 장치가 있었다. 가장 단순한 형태의 세포인 박테리아의 크기는 약 1μ m(100만분의 1mm)이며 진핵생물의 세포 크기는 $100\mu m$다. 이렇게 작은 세포 안에 DNA와 저장장치까지 자연이 스스로 갖췄다는 것은 자연을 전능한 신으로 믿는 것과 다름이 없다.

세포는 고도로 정밀한 기계

돌연변이가 일어나는 이유로 가장 먼저 들 수 있는 것이 복제 오류다. DNA가 복제되기 위해서는 DNA 중합 효소의 작용이 필요하다. 이 효소는 매우 단순한 원핵생물에서 인간처럼 고등한 동물에 이르기까지 모든 생물체가 가지고 있는 효소이다. 이 효소는 인간의 과학기술이 절대로 흉내 낼 수 없는 정확성을 가진다. 1,000만 개의 유전자를 복제할 때 한 번 정도 실수하는 효소인데 우리 인간이 만들어낸 어떠한 기계도 이 정도의 정확성을 가지지는 못한다. 아마 우리 인류문명이 몇백만 년 더 가더라도 그런 고도의 정밀성을 가진 기계는 결코 만들어내지 못할

것이다.[45]

이일하 교수는 앞으로 몇백만 년이 더 지나도 이처럼 고도로 정밀한 기계를 만들지 못할 것이라고 단언하면서도 몇십억 년 전에 자연이 그걸 만들었다고 믿고 있다. 고도의 정밀한 기계와 같은 세포가 저절로 만들어졌다는 것에 대해 조금도 의문을 가지고 있지 않다. 이일하 교수만 그렇게 믿는 것이 아니라 진화론을 믿는 과학자들은 전부 그렇게 믿고 있다. 우주선을 발사하는 시대에도 앞으로 수백만 년이 더 지나도 세포 하나 만들어낼 수 없다면서도 자연이 세포를 만들었다는 가르침을 이상하게 생각할 줄 모르는 진화론 과학자들은 다윈이 건 최면에서 아직도 깨어나지 못하고 있다. 그래서 지각이 마비된 것이 분명하다. 유전자 코드 64가지를 누가 발명했나? 염기배열에 따라 생성되는 단백질의 크기와 모양과 위치 등이 결정되는데 그 정밀하고 복잡한 것을 누가 설계했는가? 뇌도 창의력도 없는 자연이 유전자 코드를 발명하고 저장하고 복사하는 일까지 할 수 있을까? 동물의 형태는 DNA에 의해서 결정된다. 환경의 변화나 경쟁이나 시간이 DNA의 구조를 바꾸지 못한다. 진화론은 DNA를 모를 때나 통하던 이론이다.

———

자연이 64가지 DNA 코드를 생성하고 배열하고 저장장치와 발현장치까지 만들었다고 믿는 자는 자연을 신적인 존재로 믿는 자다.

———
45) 이일하, '변이의 발생'(『이일하 교수의 생물학 산책』, 궁리출판) 네이버 지식백과.

제12장

진화론에 없는 것 세 가지

진화론에는 진화를 입증할 만한 세 가지가 없으므로 진화는 없었다.

첫째: 생명의 시작이 없다

생명의 기원에 관하여 다양한 가설이 있다.

· 자연발생설

자연발생설은 현재와 같은 환경에서 계속되는 생명이 발생할 수있다는 가설이다.

· 점토가 생명의 조상

스코틀랜드 글래스고 대학의 케언스-스미스는 최초의 복제 체계가무기물인 점토 구조였다고 한다. 수많은 얇고 아름다운 층으로 이뤄진 규산염이 단백질이나 핵산을 앞선 생명의 조상이라는 것이다.

· 외계 생명설

19세기 말 스웨덴의 물리학자인 아레니우스(Svante Arrhenius, 1859~1927)가 처음으로 주장하였다. 최초 생명의 기원을 우주에서 온 미생물에 의해 시작되었다고 주장하였다.

· 정향적 범균설(Directed Panspermia)

왓슨(James D. Watson, 1928~)과 영국의 크릭(Francis Crick, 1916~2004)의 주장으로 수십억 년 전 고도로 발달한 우주의 문명 사회가 우주선에 실려 보낸 원시 포자에 의해 시작되었다고 한다.

· 원시수프 가설

생명은 수많은 무기물이 뒤섞인 원시수프와 같은 형태에서 출발했다는 가설이다.

생명체의 3가지 필수조건

생명체의 가장 기본적인 단위는 세포다. 세포가 생존하려면 3가지 조건이 충족되어야 한다. 세포벽·DNA·대사기능이다. 세포벽이 있어야 세포를 구성하는 것을 담고 보호할 수 있다. DNA는 세포의 구성과 복제에 필요한 정보다. 대사는 먹이를 섭취해 에너지로 바꾸고 노폐물을 배출하는 기능이 있어야 세포가 생존하고 번식할 수 있다. 세포벽은 집과 같아서 저절로 만들어질 수 없다. 세포벽이 저절로 만들어졌다는 것은 집이 저절로 건축되었다는 주장과 같다. 이 세 가지가 동시에 구성되어야 세포가 될 수 있다. 세포벽이 없으면 세포가 형성될 수 없고 핵이 없으면 세포분열을 할 수 없다. 그리고 대사기능이 없으면 세포가 생존할 수 없다.

파스퇴르(Louis Pasteur, 1822~1895)가 1861년에 생물은 자연적으로 발생할 수 없다는 것을 실험을 통하여 증명해 보였다. 그럼에도 아직도 자연 발생적으로 생물이 발생할 수 있다고 믿으니 진화론은 학문적으로 진보한 것 같으나 사실은 1861년 이전으로 퇴보한 것이다. 진화론에서 생물의 시작에 대해 과학적으로 설명할 수 없다. 그러므로 아무리 그럴듯한 진화론을 주장해도 그건 허공에다 집을 지은 것과 같다. 시작이 없다면 과정도 결과도 없는 것이다.

둘째: 중간화석이 없다

진화란 발전의 과정이 있음을 의미한다. 진화란 생물이 처음부터 현재의 모습처럼 완벽한 형태로 존재한 것이 아니라 여러 과정을 거쳐 현재의 모습으로 발전해 왔다는 뜻이다. 다윈주의자는 많은 화석 가운데 적당한 것을 모아놓고 '이것은 말의 진화 과정이다' 또는 '이것은 고래의 진화 과정이다'라고 주장한다. 만약 그런 주장이 사실이라면 다른 동물의 중간 단계의 화석도 발견되어야 한다. 진화는 몇 가지 종류의 동물에게만 있던 것이 아니라 모든 생물이 진화되었다는 것이다. 그러면 적어도 모든 동물의 절반이라도 중간 단계의 화석이 발견되어야 한다. 그러나 중간 단계의 화석이라고 주장할 만한 화석은 없다. 중간화석이라는 것도 진화론에 근거하여 다양한 화석 가운데 적당한 것을 골라 짜 맞추기 한 것에 지나지 않는다. 그동안 1억 개가 넘는 화석이 발견되었다. 그 많은 화석 가운데 비슷비슷한 것을 골라 짜 맞추기 한 후에 이것은 어떤 동물의 진화단계를 보여주는 화석들이고 저것은 다른 동물의 진화단계를 보여주는 화석이라고 주장하기 쉬울 것 같다. 그런데 의외로 그것조차 쉽지 않아서 중간화석이라고 주장하는 것은 몇 종류밖에 없다. 그동안 말의 진화 과정을 보여주는 화석이라는 것도 지금은 말의 진화 과정을 보여주는 화석이라고 하지 않는다고 한다. 아직도 학교 교과서에는 그렇게 가르치고 있으나 그것이 사실이 아닌 것을 인정하고 있는 모양이다. 고래의 진화 과정을 보여주는 화석들이 있었지만, 그것조차도 진화론 과학자들의 상상이었음이 드러났다. 그렇다면 진화되어 가는 과정을 보여준다는 화석은 하나도 없는 것이 되었다. 동물마다 진화 과정을 보여주는 화석이 없다는 것은 모든 동물이 처음부터 완벽한 형태와 기능을 가진 모습으로 존재했다는 것을 증명한다. 모든 동물이 몇억 년 동안 서서히 진화되었다면 당연히 모든 동물의 진화 과정을 보여주는 화석이 발견되어야 한다. 그러나 진화론 과학자는 그것을 하나도 제시하지 못하고 있다.

진화 중인 생물은 없다

다윈은 진화는 계속된다고 주장했다. 다윈은 형질의 변이는 계속되고 그 변이 된 형질은 유전되고 누적되어 생물의 의지와 상관없이 진화는 계속된다는 것이다. 그런데 현실에서는 그의 주장과 달리 진화 중이거나 진화가 완성되어 다른 종으로 변종이 된 새로운 생물을 볼 수 없다. 현재 사는 동물은 화석에 나타난 동물보다 적게는 수만 년 길게는 수억 년 전부터 계속해서 형질이 변이 되고 누적됐다면 이전보다 더 진화된 다양한 생물이 살고 있어야 한다. 그런데 오히려 멸종하는 생물만 늘어나고 있는 것이 현실이다. 돌연변이도 마찬가지다. 긍정적으로 돌연변이 된 생물체를 본 자는 아무도 없다.

옛 인류의 조상은 약 40만 년 전에서 25만 년 전에 진화했다. 현 인류의 조상은 5만 년에서 1만 년 사이에 진화했다고 한다. 1만 년이란 기간은 결코 짧은 시간이 아니다. 그동안 변이된 형질이 누적됐으니 지금은 인간의 몸에 다양한 변화나 변형이 나타나야 한다. 변이된 형질이 누적된다고 한다면 아메바부터 누적된 것도 포함해야 한다. 아니면 적어도 영장류부터 누적된 것만 해도 수백만 년이나 된다. 누적된 형질은 무작위로 발현된다고 한다. 생존에 유리하고 불리하고 상관없이 다양한 모습으로 몸의 이곳저곳에 변이가 발현되어야 한다. 그러나 기형으로 태어난 동물 외에는 미세하게 변이된 개체도 볼 수 없는 것이 현실이다.

신생아가 기형으로 태어나면 버리는 부모도 있으나 인간은 동물과 달라 모성애가 있으므로 기형으로 태어난 아기도 사랑으로 키운다. 그래서 기형으로 태어난 아이를 볼 수 있다. 그런데 그런 변형으로 태어난 아기를 본 사람은 없다. 선천적으로 장애가 있는 채로 태어나는 아기는 있다. 그러나 이전에 없던 변형으로 태어난 아기는 없다. 더구나 생존에 더 유리한 방향으로 진화되어 태어난 아기는 전혀 없다. 지금은 산부인과 병원에서 아기를 낳는다. 의사들이 이전에 보지 못하던 기형이나 생존에 유리한 형태를 가진 신생아가 태어나면 학회에 보고한다. 그런데 아직까지 그런 신생아가 태어났다는 보고는 없다. 그뿐만 아니라 인간보다 훨씬 오래전부터 살던 모든 동물 가운데 변형이나 진화된 동물은 발견되지 않고 있다. 이런 현상은 형질이 변이되어 유전되고 누적되므로 진화된다는 다윈의 주장은 현실과 다른 것임을 보여준다. 현재는 과거를 볼 수 있는 거울이다. 과거에 있던 일은 현재도 일어난다. 현재에 일어나지 않는 일은 과거에도 일어나지 않았다.

종의 정지

20세기 최고의 고생물학자 스티븐 제이 굴드는『진화론의 구조』 (2002)에서 "한 생물의 화석은 모두 똑같아서 조금도 변화가 없다. … 화석기록들은 종의 정지를 보여준다. 이것은 데이터이다"라고 하였다. 세계적인 고생물학자가 수많은 화석을 살펴본 후에 내린 결론은 한 생물의 화석은 시대를 불문하고 똑같다는 것이다. 물론 한 생물만 그런 것이 아니라 모든 생물의 화석은 변한 것이 없다는 것이다. 즉, 중간화석이 없다는 것이다. 다시 말하면 진화를 입증할 만한 화석은 없다는 것이다. 그런데 학교에서는 여전히 말이나 고래, 또는 인간이 진화되는 과정이라는 화석 사진을 보여주며 중간화석이라고 가르치고 있다. 순진한 학생들을 속이는 것이다. 화석을 전문적으로 연구한 학자의 결론은 철저히 무시하는 것이다.

진화론 과학자인 굴드는 진화가 없었다는 결론을 내릴 수 없으니 '단속평형설'이란 새로운 가설을 내세웠다. 단속평형설은 1960대 들어서 미국의 고생물학자 엘드리지(Niles Erdredge, 1943~)가 주창한 학설이다. 1980년대 들어서 하버드 대학교의 진화생물학자인 스티븐 굴드에 의해 정리되었다. 단속평형설은 진화는 점진적으로 진행하는 것이 아니라 짧은 기간에 급격히 이루어졌다는 것이다. 그 후 오랜 세월이 지나도 생물에는 변화가 생기지 않는다는 것이다. 이런 가설도 무슨 근거가 있는 것은 아니다. 중간화석이 없으니 그 대안으로 제시한 가설일 뿐이다.

셋째: 선조화석이 없다

캄브리아기(Cambrian Period)는 지질시대의 시대구분에서 고생대의 최초의 기(紀)이다. 지금부터 약 5억 4,200만 년 전부터 4억 8,800만 년 전까지의 기간으로 지질학자 세지웍이 1832년에 명명했다. 캄브리아기 지층은 주로 사암과 셰일로 구성되며 세계적으로 분포되어 있다. 이 지층에서 1,500여 종의 무척추동물 화석이 대량으로 발견되었다. 이 지층에서 벌레, 산호, 삼엽충, 해파리, 해면동물, 연체동물, 완족류 등과 60cm나 되는 오징어 화석도 발견되었다.

중국 운남성에 있는 징강화석군(澄江化石群)에서 캄브리아기 초기시대인 5억 3,000만 년 전에 살던 약 200여 종의 고생물 화석이 발견되었다. 캐나다의 버제스 셰일, 호주의 에뮤만 셰일 등의 지층에서 보존 상태가 매우 양호한 약 5억 2,000만~5억 500만 년 전 캄브리아기 초기 화석군이 발견됐다. 캐나다 로키산맥의 가장 오래된 캄브리아기 지층에서 연체동물, 많은 종류의 벌레, 새우, 삼엽충, 게 등 다양한 종류의 화석이 발견되었는데, 화석 중에는 위, 소장 등의 소화기관, 눈, 감각기관, 신경조직, 혈관조직, 허물을 벗는 것도 발견되었다. 이렇게 정교한 기관을 가진 동물이 캄브리아기 지층에서 발견되었다. 캄브리아기 대폭발은 진화론의 허구를 밝혀주는 결정적인 증거가 된다. 그래서 진화론자들은 상당히 곤혹스러워하는 부분이 '캄브리아기 대폭발'이다.

진화론이 사실이라면 캄브리아기 지층보다 더 아래 지층인 선캄브리아기 지층에서는 적어도 100여 종의 화석이라도 발견되어야 한다. 그것도 캄브리아기 지층에서 발견된 화석보다 불완전하고 작은 동물화석이 발견되어야 한다. 그런데 그 지층에서는 어떤 화석도 발견되지 않았다. 선캄브리아기 지층에서 발견된 화석은 하나도 없었다. 캄브리아기 지층에서도 진화가 진행 중인 동물의 화석도 발견된 것도 없다. 진화가 사실이라면 캄브리아기 지층에서라도 미완성된 형태의 화석, 즉 진화 중인 동물의 중간화석이 나와야 한다. 캄브리아기 지층에서 발견된 동물은 완벽한 구조로 살다가 화석이 된 것이다. 캄브리아기 지층에서 오징어 화석도 발견되었다. 그 오징어는 눈까지 갖춘 완벽한 생명체였다.

리처드 도킨스는 그의 책 『눈먼 시계공』에서 캄브리아기 대폭발에 대해 이렇게 말하고 있다. 캄브리아기 지층에서 발견된 주요한 무척추동물이 상당히 진화한 상태임을 알 수 있다. 이렇게 화석 기록의 큰 공백이 생긴 이유에 대해 다음과 같이 설명하고 있다.

> 6억 년 이전의 과거를 알려주는 화석이 현재까지 남아 있는 경우가 극히 적기 때문에 나타난 공백이라고 믿는다. 이런 공백이 발생하게 된 이유를 훌륭하게 설명하는 것 중 하나는 그 시대의 대다수 동물의 몸이 부드러운 부분으로 이루어져 있어서 화석이 될 수 있는 껍질이나 뼈가 없었을 것이라는 점이다.[46]

리처드 도킨스의 말을 검토해 보자. 캄브리아기 이전 지층에서 화석이 발견되지 않는 것은 화석화된 생물이 극히 적기 때문에 나타난 현상이고 다른 이유는 그 이전에 살던 동물의 몸은 아주 부드럽고 뼈와 껍질이 없어서 화석이 될 수 없었다는 것이다. 캄브리아기 지층에서 가장 많이 발견된 화석은 삼엽충이다. 삼엽충은 5억 4,000만 년 전 고생대 캄브리아기에 처음 출현하였다. 삼엽충은 바다생물로 머리·가슴·꼬리의 세 부분으로 명료하게 구분되고 등 부분은 갑

---

46) 리처드 도킨스, 『눈먼 시계공』, 이용철 역, 사이언스북스, 2004, p.374.

옷처럼 딱딱한 껍질로 보호된다. 삼엽충은 오징어와 달리 딱딱한 껍질을 가졌기 때문에 캄브리아기 지층에선 진화가 완성되지 못하고 진화 중인 화석도 발견되어야 한다. 삼엽충은 종류가 아주 다양하다. 그러나 진화 중인 삼엽충의 화석은 발견된 적이 없다. 아니면 캄브리아기 지층보다 더 오래된 선캄브리아기 지층에서는 진화 중인 삼엽충 화석이 소량이라도 발견되어야 한다. 그러나 그 지층에서 발견된 화석은 아무것도 없다. 캄브리아기 지층에서 60cm나 되는 오징어 화석이 발견되었다. 잘 아는 것처럼 오징어는 뼈나 단단한 껍질도 없다. 캄브리아기 지층에서 오징어 화석이 발견되었다면 선캄브리아기 지층에서는 하다못해 작은 꼴뚜기 화석이라도 나와 주어야 한다. 캄브리아기 지층에 '게' 화석이 발견되었다면 선캄브리아기 지층에서는 새우 화석이라도 나와야 한다. 그런데 그 어떤 동물 화석도 발견되지 않았다.

캄브리아기에 살던 동물이 그 후의 지층에서 더 진화되었거나 진화 과정 중에 있던 동물이 화석화된 것도 발견되지 않았다. 나아가서 캄브리아기 지층에서 발견된 화석화된 동물은 지금도 그 모습 그대로 많은 종이 살고 있다. 그야말로 완벽한 구조를 갖춘 동물이 살다가 갑자기 화석이 된 것이다. 이런 사실은 진화가 없었다는 명백한 증거다. 캄브리아기 지층의 대표적인 화석인 삼엽충은 현재의 잠자리 눈과 비슷한 구조로 되어 있다. 오징어의 눈도 진화되는 과정에 있는 눈이 아니라 지금의 오징어와 다름이 없는 온전한 눈이다. 동물은 처음부터 눈과 코와 입이 있었다는 것을 보여준다.

최고(最古)의 화석

화석으로 우리가 인식할 수 있는 가장 오래된 생물은 모두 식물로 그중 하나로 남아프리카 짐바브웨의 32~35억 년 전에 퇴적된 암석 속에서 지름 10~100μm의 둥근 물체가 발견되었는데, 이것은 아마도 남조식물의 화석으로 추정된다. 또한, 25억 년 전에 생긴 석회암을 전자현미경으로 조사하였더니 길이 2~3μm의 세포 집합체가 들어 있었다. 이것은 이 무렵부터 석회질 조류(藻類)나 세균들이 대량으로 생존하고 있었다는 증거이다. 북아메리카 슈퍼리어호 부근의 약 20억 년 전의 암석으로부터는 철세균·남조식물, 망간 및 철산화균이 검출되었고, 그 밖에 사상균도 발견되었다. 또, 남아프리카의 21억 년 전에 생긴 암석 속에서 황세균이 발견되어, 그 무렵에는 실 모양의 다세포체가 있었다는 것이 밝혀졌다.[47]

선캄브리아기 지층보다 훨씬 오래된 지층에서 전자현미경으로 봐야 보일 정도로 극히 미세한 조류도 발견되었다면 선캄브리아기 지층에서는 적어도 새우나 게 같은 갑각류처럼 껍질이 단단한 생물의 화석은 나올 수 있는 환경이다. 그러나 그런 화석조차 없다니 진화가 없었던 것이 분명하다. 더 놀라운 것은 캄브리아기 초기시대인 5억 4,300만 년 전부터 5억 3,800만 년 전까지 약 500만 년 사이에 이전에 없던 1,500여 종의 동물이 갑자기 출현했다고 한다. 500만 년이란 기간 안에 미생물에서 1,500여 종으로 진화되는 것은 절대로 불가능하다는 것을 진화론 과학자는 너무 잘 알 것이다.

---

47) '식물의 진화', 나무위키백과.

브리기테 쉰네만 독일 쾰른대 교수 등 연구자들은 과학저널 '미국학술원회보(PNAS)' 5일 치에 실린 논문에서 예외적으로 잘 보존된 캄브리아기 초기 삼엽충 화석(종명Schmidtiellus reetae)에서 시각기관의 내부구조를 상세히 분석한 결과를 발표했다. 이제까지 삼엽충의 겹눈이 어떤 내부구조인지는 수수께끼였다. 에스토니아에서 발견된 이 화석은 오른쪽 눈 부분이 살짝 깎여 운 좋게 내부구조를 살펴볼 수 있었다. 조사결과 놀랍게도 5억 년 전 최초의 삼엽충도 현재의 절지동물에 견줄 만한 겹눈을 지니고 있었다.[48]

 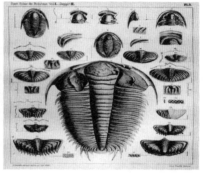

삼엽충 화석   삼엽충 상세도
출처: Mike Peel, 위키미디어   출처: Joachim Barrande, 위키미디어

 캄브리아기 지층은 화석이 발견되는 가장 아래층이다. 그러니 최초의 생물이 서식하던 때에 형성된 지층이다. 캄브리아기의 대표적인 동물은 삼엽충이다. 캄브리아기 지층에서 발견된 초기 삼엽충의 눈은 현재의 잠자리 눈과 비슷한 구조를 가졌다고 한다. 이런 연구

---

48) www.pnas org/cgi/doi/10.1073/pnas 1716824114(조홍섭, '5억 년 전 삼엽충도 잠자리 겹눈을 지녔다.' 2017.12.05. 한겨레신문 재인용).

결과를 보면 애초부터 완벽한 눈의 구조로 되어 있었다는 것을 알 수 있다. 삼엽충의 눈은 수많은 렌즈로 구성되어 있다. 눈의 구조가 얼마나 복잡한지 안다면 500만 년이란 짧은 기간에 그 정도로 진화한다는 것은 어림도 없다는 것을 잘 알 것이다. 더구나 초기 삼엽충의 눈을 살펴보면 그 눈이 완벽하고 정밀한 구조를 가졌다. 그런데 선캄브리아기 지층에서 삼엽충의 조상으로 볼 만한 화석은 하나도 없다. 빈대의 화석조차 없으니 진화는 없었다. 그렇다면 아무리 그럴듯한 말로 진화의 과정을 설명해도 진화론은 허구인 것이다.

다윈의 변명

1995년 12월 4일 Time지는 화석과 진화에 대해 다루고 있다. 지구에서 발견되는 여러 가지 지층 중에 캄브리아기(Cambrian)는 매우 유명하다. 캄브리아기는 수 킬로미터의 화석층을 이루는데, 거기에서는 척추동물을 제외한 대부분의 생물 종들이 한꺼번에 다 발견된다. 캄브리아기 지층은 영국에서도 많이 발견되고, 다윈 시대에도 이미 널리 알려진 사실이었다. 그래서 다윈에게 '진화론이 사실이라면 어떻게 캄브리아기층에서는 모든 생명체가 다 한꺼번에 어우러져 발견되느냐'고 물으면, 그들은 '캄브리아기 밑 어딘가 진화를 증명하는 지층이 숨겨져 있을 것이다'라고 주장해 왔다. 그러나 그러한 주장은 이제 더 설득력이 없게 되었다. 왜냐하면, 다윈 이후 130년간 지구의 지층을 조사해 왔고, 이제는 그 조사가 다 끝났기 때문이다. 1987년 이후 그린란드, 중국, 시베리아 그리고 최근 나미비아까지 모든 지층이 보여주는 바에 의하면 전 세계 지층들은 동일한 시간대에, 동일하게 발전했음을 보여주고 있고, 또 캄브리아기 위로는 거의 모든 종이 한꺼번에 갑자기 출현하지만, 캄브리아기 밑으로는 생

물이 전혀 발견되지 않는다는 사실을 확인하여 주고 있다.[49]

진화란 단어 자체가 세월이 흐르면서 서서히 발전된다는 뜻이다. 그런데 원시적인 형태도 없이 갑자기 완벽한 구조와 기능을 갖춘 1,500여 종의 생명체가 출현했다는 것은 진화란 의미 자체가 성립되지 않는다. 이 사실은 진화가 없었다는 것을 아주 극명하게 보여준다.

캄브리아기 대폭발에 대한 리처드 도킨스의 설명을 들어보자.

> 여기에서 내가 지적하고 싶은 사실은 이 대규모 공백에 대한 논의에 관한 한 '단속론자'든 '점진론자'든 그 해석에 아무런 차이가 없다는 것이다. 두 학파 모두 이른바 '창조과학'이라는 것을 무시하고 있다는 점에서 아무런 차이가 없고, 이 중대한 공백을 실제로는 화석기록이 불완전한 탓으로 돌린다는 점에서 일치하고 있다. 즉, 어느 학파도 캄브리아기에 그처럼 많은 복잡한 유형의 동물이 갑작스레 출현했다는 주장에 대한 유일한 대체 가설이 신에 의한 창조론이란 사실 그리고 이 대체 가설을 받아들이지 않는다는 점에서 모두 일치하고 있는 셈이다.[50]

말을 참 잘하는 리처드 도킨스는 캄브리아기 대폭발은 창조 외에 다른 방법으로는 설명할 수 없다고 인정하고 있다. 그는 『눈먼 시계공』 제9장 "구멍 난 단속평형설"에서 위와 같이 고백하고 있다. 그리고 말을 잘하는 그도 캄브리아기 대폭발에 대해 어떤 가설도 제시

---

49) 고건, '타임스(Times)지가 강력히 비판한 진화론의 문제점들', 한국창조과학회.
50) 리처드 도킨스, 『눈먼 시계공』, 이용철 역, 사이언스북스, 2004, p.374.

하지 못하고 있다. 다윈처럼 화석기록이 불완전한 탓이라고 변명하고 있다. 캄브리아기 대폭발에 대해 어떤 설명도 못 하고 있다. 그는 진화론에 조상화석이 없는 것과 중간화석이 없는 공백에 대해서는 언급하지 못하고 있다.

중간화석이 없는 것과 화석화된 동식물과 지금의 동식물의 형태가 같은 것은 진화론의 모순을 잘 드러낸다. 왜냐하면, 처음부터 생존과 번식할 수 있는 완벽한 형태를 갖추었기 때문이다. 이것은 진화가 없었음을 보여준다.

그리고 캄브리아기 지층보다 아래 지층인 선캄브리아기 지층에서는 그들의 조상이라고 볼 만한 화석이 단 한 개도 발견된 적이 없다. 진화의 과정도 없이 완벽한 구조와 기능을 갖춘 동물이 갑자기 나타났다는 것에 대해 진화론 과학자들은 아무런 해명을 못 하고 있다. 가설도 내놓지 못하고 있다. 이 사실은 진화가 없었다는 것을 너무나 명백하게 보여준다. 과학적 증거는 진화가 허구란 것을 명백히 보여주는데 그걸 인정하지 않는다. 그렇다고 해서 진화론이 과학적 사실이 되는 것은 아니다. 진화론은 과학이 아니라 종교의 영역이 되었다. 사실과 상관없이 자기가 믿고 싶은 대로 믿는 다윈주의자는 다윈을 교주로 섬기는 사이비종교의 신도라고 할 수 있다.

살아 있는 화석은 있다

진화론에도 있는 것이 하나 있다. 그것은 살아 있는 화석이다. 그런데 살아 있는 화석은 진화론의 증거가 아니라 진화가 없었다는 증거물이 된다. 지질시대에 살았던 동식물의 유해나 흔적이 지층에 남아 있는 것을 화석이라고 한다. 진화는 계속된다는 다윈의 이론이나 대빙하기(Great Ice Age)가 여러 번 있었다는 지구과학의 이론대로라면 수억, 수천만 년 전에 살다가 화석이 된 동물은 멸종되었거나다른 형태로 변형된 동물을 볼 수 있어야 한다. 그런데 화석화되기직전에 살던 동물이나 지금 사는 생물은 모양이 똑같다. 가장 유명한 예로 실러캔스가 잘 알려져 있다. 실러캔스의 화석이 발견될 당시 그런 어류는 볼 수 없었다. 그래서 실러캔스는 약 3억 9,000만년 전부터 살다가 7,000만 년 전에 멸종된 것으로 알았다.

실러캔스 박제

출처: Alberto Fernandez Fernandez, 위키미디어

그러다가 지난 1938년 12월 22일에 남아프리카공화국 이스트런던 앞바다의 수심 60m에서 채집되었다. 그 후 실러캔스가 180마리이상이 잡혔다. 그리고 최근까지도 동아프리카의 해저 1,500m의 심해에서 사는 장면이 촬영되었다. 그런데 살아 있는 실러캔스나 화석화된 실러캔스나 그 모양이 똑같다. 그러니까 무려 약 4억 만 년이지나는 동안에도 전혀 변형도 진화도 되지 않았다는 것이다. 심지어생김새만 변하지 않은 것이 아니라 염색체도 거의 변하지 않았다.

2012년에는 실러캔스 71마리에 대한 DNA 염기서열이 분석되었는데, 그 결과는 더욱 놀라웠다. 미토콘드리아 염색체에서 가장 변하기 쉬운 부분인 'd-loop' 염기쌍 726개 중에서 단지 8개만이 변이가 되었다는 것이다. 이것은 5천만 년에 한 개꼴로 변이가 일어났다는 것인데, 진화의 주 메커니즘을 돌연변이로 주장하던 진화론자들에게는 충격적인 결과였다.[51]

지느러미가 발처럼 생긴 실러캔스 화석을 보고 물고기가 지상으로 상륙하기 전 단계라고 추측했지만 4억 년이 지난 지금도 실러캔스의 지느러미는 조금도 변하지 않고 바다에 살고 있다. 그 외에도 발로 걷는 것처럼 보이는 지느러미를 가진 물고기들이 여러 종류가 있다. 몇억 년 전부터 살았으니 지금쯤 그 발로 뭍으로 상륙하는 물고기들이 발견되어야 한다. 그러나 그런 일은 없다.

변화가 없는 살아 있는 화석들

조개의 선조라고 불리는 앵무조개는 지금도 살고 있으며 1억 5,000만 년 전 쥐라기에 번성했다는 울레미 소나무(Wollemi pine)가 동일한 모습으로 호주에서 살아 있는 것이 발견되었다. 5억 년 전의 해파리 화석이 발견되었는데 오늘날의 해파리와 똑같고 5억 년 전의 투구게 4억 900만 년 전의 상어 등도 지금의 모습과 똑같다. 3억 년 전의 거미 화석이 발견됐는데 현재와 똑같이 거미줄을 짤 수 있었으며 1억 년 전의 호박(amber) 속에 갇힌 '도마뱀붙이'는 경이로운

51) Lampert, K. P., et al. (2012), Population divergence in East African coelacanths. Current Biology. Published online before print. 22 (11): R439-R440. 이병수, "다윈의 잘못된 진화 예측 2: 동일과정설적 지질학, 화석학, 지구 연대의 문제점."

발바닥 구조를 여전히 갖고 있었다. 또한, 미얀마에서 발견된 1억 년 전의 호박 속에는 방아벌레, 바구미, 나방, 메뚜기, 바퀴벌레, 대벌레, 매미, 하늘소, 사마귀 등을 포함하여 수십 종의 곤충들과 거미 등이 현재와 조금도 다름이 없는 모습으로 들어 있었다.

살아 있는 화석들

불가사리, 성게, 해삼, 말미잘, 장새류, 해파리, 새우, 상어, 철갑상어, 주름상어, 거북, 악어, 바다나리, 문어, 오징어문어, 칠성장어, 가오리, 긴꼬리투구새우, 은행나무, 모감주나무, 소철, 속새, 수련, 버드나무, 종려나무, 포도나무, 단풍나무, 목련, 콩과 식물, 야자나무, 아보카도, 바나나, 참나무, 은붕어, 주머니쥐, 귀뚜라미, 개구리, 지네, 나비, 잠자리, 실잠자리, 전갈, 노래기, 진드기, 달팽이, 파리, 모기, 개미, 말벌, 이, 앵무새, 부엉이, 펭귄, 오리, 아비새, 신천옹, 도요새, 가마우지, 물떼새… 이들 살아 있는 화석들에는 동물, 식물, 바다생물, 육상생물, 척추동물, 무척추동물, 곤충 등 다양한 생물 그룹들이 포함된다.52)

유튜브에서 칼 워너 박사(Dr. Carl Werner)의 '살아 있는 화석(Living fossils)'을 검색해 보면 화석화된 생물과 현재의 생물이 변화가 없다는 것을 확인할 수 있다. 진화론 과학자들은 진화론에 불리한 화석을 감추고 전시하지 않고 있다는 것도 알게 될 것이다.

워너 박사는 미주리 대학(University of Missouri) 생물학과를 우수한 성적으로 졸업한 후 23살에 의학박사 학위를 받았으며,

---

52) 위의 논문.

현재 세인트루이스에서 응급의학 관련 업무를 수행하고 있다. 워너 박사와 그의 아내 데비(Debbie)는 14년 동안 160,000km를 여행하면서 60,000여 장의 사진들을 찍었다. 그리고 TV 시리즈인 "진화: 거대한 실험(Evolution: The Grand Experiment)"의 제2회인 '살아 있는 화석' 편에서 그들이 수집한 결과물을 방영했다. 그들은 공룡 지층에서 발견된 화석들에 초점을 맞추었다. 그리고 그 화석들과 오늘날 살아 있는 동물과 식물들과 비교했다. 고생물학자들은 공룡 지층에서 공룡의 숫자만큼이나 많은 432종의 포유류들을 발견했다. 그들은 60개의 박물관을 돌아다 녔지만, 공룡 지층에서 발견된 포유류 화석은 보관만 하고 전시하는 곳은 한 곳도 없었다고 한다.[53)]

여기서 다윈의 자연선택설을 다시 살펴보자. 형질은 계속해서 변이 되고 유전되고 누적된다는 것이다. 그러다가 생활환경이 변화될 때 그 조건에 맞게 변이 된 개체는 생존하고 그렇지 못한 개체는 도태된다는 것이 자연선택설이다. 그런데 수억 년 전에 살다가 화석이 된 생물이나 지금의 생물이 똑같다는 것은 변이도 없고 진화도 없었다는 뜻이다. 심지어 생물의 생사를 결정할 큰 생활환경의 변화조차 없었다는 것이다. 빙하기가 여러 번 있었다는 지구과학과 자연선택설의 진화론은 서로 어긋난다는 것을 알아야 할 것이다. 진화론과 지구과학을 대조하여 검토하면 서로의 주장이 맞지 아니하여 원수가 될 것이다.

지질시대에 살던 동물이 그 모습 그대로 지금도 살아 있다는 것은 진화가 없었다는 강력한 증거다. 만약 다윈의 말대로 생물이 진화하

---

53) Don Batten, (Living fossils: a powerful argument for creation) 한국창조과학회 홈페이지 인용.

다가 공통의 조상으로 생겨야 할 것이고 그 공통의 조상에서 다양한 생물로 갈라져 나뉘어 다양한 생물이 생긴다면 화석화된 생물이 몇 천만 년이 지나는 동안 공통 조상이 생겨야 할 것이고 다른 동물로 진화되어야 했다. 그런데 그동안 형태도 변하지 않았을 뿐만 아니라 그것이 다른 동물로 진화되어 간 증거도 없다. 화석에서 보는 동물이나 현재에 사는 동물의 생김새는 똑같다. 그래서 종의 정지를 주장하는 굴드의 말은 맞다. 물론 진화하다가 중지되었다는 그의 말은 틀린 말이다. 모든 동식물은 처음부터 완벽한 행태로 존재하기 시작한 것이라 진화 자체가 없었다.

진화가 없었다는 또 다른 증거

진화가 없었다는 증거는 또 있다. 모든 물고기는 기본적으로 부레가 있다. 그런데 가오리나 삼치나 상어는 부레가 없다. 바다에 사는 물고기한테는 부레가 필수적인 기관이다. 어류는 부레 속의 기체량을 조절하면서 물속에서 뜨거나 가라앉거나 중성 부력을 유지할 수 있다. 그 덕분에 지느러미를 움직이는 노력 없이도 자신이 원하는 수심에서 머물 수 있다. 그러나 상어한테는 부레가 없다. 부레가 없는 상어는 몸이 가라앉지 않기 위해서는 계속 지느러미를 흔들며 헤엄쳐야만 한다. 삼치도 부레가 없다고 한다. 그럼 삼치가 상어로 진화되었단 말인가? 홍어와 가오리도 부레가 없다고 한다. 그럼 삼치는 홍어나 가오리가 진화된 것일까? 아니면 상어가 부레를 스스로 제거했다는 뜻이다. 그건 진화가 아니라 퇴화가 되었다는 것이다.

진화란 생존에 유리한 방향으로 진행된다고 다윈이 주장했다. 그렇다면 무엇 때문에 조상 물고기가 가졌던 부레를 없애는 방향으로 변형되었을까? 부레가 없어서 유리한 점도 없는데 가오리와 삼치와 상어는 왜 부레를 없애 버렸을까? 만약 진화란 것이 있다면 상어에 없던 부레가 그 후에라도 새로 생겼을 것이다. 부레가 있는 것이 생활에 유리하기 때문이다. 있다가 없어졌던 부레라면 다시 생기는 것은 어렵지 않다. 그러나 상어는 여전히 부레가 없이 잘살고 있다는 것은 진화가 없다는 것을 보여준다.

진화의 필요성도 없다

화석화되기 전의 모양대로 지금도 사는 것은 진화할 필요가 없다는 것이다. 다윈의 주장처럼 진화가 계속된다면 화석과 다른 형태로 살고 있을 것이다. 그런데 거의 비슷한 모습으로 지금도 살고 있다. 이것은 화석시대의 동물이 완벽한 구조로 되어 있어 진화가 필요하지 않다는 뜻이다.

・잠자리

잠자리 화석도 발견되고 있다. 잠자리도 화석화되기 이전부터 살았던 것을 알 수 있다. 잠자리는 페름기인 2억 8,900만 년 전부터 지구에 출현하였다. 그런데 화석의 잠자리나 현생의 잠자리나 거의 같은 모습을 하고 있다. 이것은 잠자리도 진화가 없었고 진화의 필요성도 없다는 것을 말해 주는 것이다.

당신이 자연이라면 잠자리에게 무엇을 더 추가해 주고 싶을까? 날개를 더 크게 하여 더 빨리 날아서 먹이를 더 쉽게 잡도록 하고 싶은가? 몸체를 더 가볍고 날씬하게 만들어 잠자리가 더 멀리 더 오래도록 날 수 있도록 해주고 싶은가? 아니면 잠자리의 몸체를 더 화려하게 만들어 짝짓기에 유리하게 하고 싶은가? 저자는 더 보태거나 개량할 부분이 전혀 보이지 않는다.

화석의 잠자리나 현생의 잠자리가 동일한 모습이란 것은 진화하지 않고도 생존과 번식하는 데 불편이 없다는 것을 보여주는 것이다. 페름기에 살던 잠자리는 이미 생존과 번식에 필요한 모든 것을 갖추고 있다. 그렇다면 더 이상의 무엇을 더 추가하거나 진화할 필요가 없다. 자연이 볼 때 잠자리가 무엇인가 좀 부족한 것처럼 보여 진화를 시켰다면 지금의 잠자리는 화석이 된 잠자리와는 다른 모습을 하고 있을 것이다. 다윈의 말처럼 진화가 계속되는 것이라면 현생의 잠자리는 제비처럼 빠르게 날며 더 많은 벌레를 잡아먹도록 진화되었을 것이다. 그러나 그 모습 그대로 살고 있다는 것은 진화가 필요 없다는 증거다.

· 개구리

자연보다 탁월한 지능을 가진 당신이 진화론 과학자라면 화석이 되던 시절에 살던 개구리에게 무엇을 더 해주고 싶은가? 뒷다리를 더 길고 굵게 만들어 더 멀리 점프하도록 개선해 주고 싶은가? 아니면 혀를 카멜레온처럼 더 길게 내뻗어 곤충을 쉽게 잡아먹도록 하고 싶은가? 아니면 곤충들이 개구리의 존재를 파악하지 못하도록 완벽한 보호색을 입혀주고 싶은가? 암컷 개구리에게 선택을 받도록 수컷 개구리의 피부색을 수컷 공작의 꽁지깃처럼 화려하게 만들어주고 싶은가? 아니면 개구리의 덩치를 더욱 크게 만들어 뱀에게 잡아먹히지 않도록 해주고 싶은가?

저자의 지능으론 개구리에게 더 추가할 부분을 발견할 수가 없다.

저자는 약 15가지 발명 특허를 출원하였다(저자는 유선전화기의 스피커폰 기능을 최초로 발명하였다. 지금은 컴퓨터 키보드로 입력할 때 Shift키를 누르지 않고도 대문자나 쌍자음을 입력할 수 있는 키보드를 특허 출원 중에 있다). 창의성이 있는 저자는 개구리의 생존과 번식을 위해 더 추가해 주어야 할 부분이 무엇인지 전혀 감을 잡을 수가 없다. 물론 필요성을 알아도 개구리를 개량할 능력은 없다. 비단 이런 동물만 그런 것이 아니라 모든 동식물이 변형이나 진화되지 않고 그 모습 그대로 지금까지 서식하고 있다. 그것은 처음부터 완벽한 구조를 갖추었기 때문이다. 그래서 진화할 필요도 없고 진화할 이유도 없다. 진화는 없었다.

현재는 과거를 볼 수 있는 거울이다.
현재 일어나는 일은 과거에도 일어났다.
진화가 있었다면 지금도 진화되고 있어야 한다.

제13장

신비한 동물의 본능

동물의 생태를 자세히 살펴보면 진화론으로는 설명할 수 없는 부분이 있다. 동물은 교육이나 훈련을 받지 않고도 부모가 한 그대로 따라 산다. 부모를 본 적도 없는 동물도 부모처럼 행동하며 살아간다. 이런 부분은 진화론으로는 도저히 설명되지 않는다. DNA로도 그것을 설명할 수 없다.

짝짓기 본능

동물에게는 생존본능과 더불어 생식본능이 있다. 하루살이는 날개가 돋은 후 아무것도 먹지 않고 짝짓기만 하고 하루 만에 죽는다. 하루살이는 짝짓기 해야 한다는 것을 듣고 본 것도 아니다. 그런데도 성충이 되고 나서 하는 유일한 일은 짝짓기 하는 것이다. 동물은 짝짓기 하는 부모를 본 적도 없고 짝짓기 하라는 유언을 부모에게 들은 적도 없고 교육을 받은 적도 없다. 그런데 성체가 된 후 짝짓기를 한다. 모든 동물도 마찬가지다.

DNA는 단백질 생성 명령만 저장되어 있다. DNA에는 짝짓기 하라는 명령이 없다. 짝짓기를 한 번도 해보지 않은 수컷도 발정기의 암컷을 보면 짝짓기 하기 위하여 동종의 개체와 목숨을 걸고 싸운다. 암컷도 발정기가 되면 수컷을 유혹하는 냄새를 풍겨 짝짓기 할 상대를 찾는다. 동물만 아니라 식물도 정받이(受精)에 대한 본능이 작용한다. 만약 이런 짝짓기 하고자 하는 본능이 생기지 않는다면 번식은 불가능할 것이다.

짝짓기의 본능은 성호르몬의 작용으로 생긴다. 아메바가 번식의 필요성을 느낄 수 있을까? 식물도 씨앗과 열매를 맺는 수고를 하며 후손을 남겨야 하겠다는 필요성을 식물 스스로가 가질 수 있을까? 그리고 번식의 필요성을 느낀다고 저절로 생식기와 자궁과 유방 등이 저절로 갖추어질 수는 없다. 정받이의 본능은 창조주의 솜씨다. 수정이 이루어지지 않으면 멸종되기 때문에 생존본능과 더불어 생식본능을 주신 것이다.

출산의 시기 선택

사계절이 분명한 온대지역에서 짝짓기 할 시기를 잘못 선택하면 한겨울에 새끼를 출산할 수 있다. 그러면 먹이도 부족하거니와 추위 때문에 어린 새끼가 동사할 위험성이 높다. 1년생 곤충은 어미가 알을 낳기 전에 얼어 죽어버릴 수 있다. 동물이 자기 수명과 계절과 상황을 알고 출산 시기를 정할 수 있는 것은 아니다. 한 해를 살다가 죽는 곤충은 겨울이 있는지 알지 못한다. 그런데도 알을 낳는 시기를 잘 선택한다. 나비를 예로 들면, 나비는 알·유충·번데기·성충의 어느 한 단계에서 겨울잠은 자는데 대부분 번데기 단계에서 잔다고 한다. 만약 시기를 잘못 선택하여 알을 낳는다면 번데기가 되기 전에 겨울이 와서 얼어 죽을 것이다.

사슴은 6~9개월의 임신 기간을 거쳐 한배에 한두 마리의 새끼를 낳는다. 만약 초산하는 사슴이 겨울에 새끼를 낳으면 태어난 새끼는 추위에 얼어 죽거나 먹이활동에 어려움을 당해 죽을 가능성이 크다. 그런데 초산이라도 겨울에 새끼를 낳는 사슴은 없다. 출산 때의 기후와 먹이 상태를 참고하여 사슴의 발정기가 결정된다. 이런 발정기를 스스로 선택하거나 결정할 수 없다.

산란지 선택

바다거북은 출생지로 돌아와 바닷가 해변에 알을 낳는다. 바다거북은 알에서 부화하자마자 바로 바다로 들어간다. 그러므로 자기가 어느 지점에 어느 정도 깊이에서 묻혀 있다가 부화 되었는지 알 수 없다. 그런데도 자기가 태어난 곳으로 돌아와 모래를 적당한 깊이로 파내고 알을 낳고는 모래로 덮는다. 자기가 낳은 알을 다른 동물로부터 보호하고 알이 부화할 수 있는 환경을 조성해 주는 것이다. 초산하는 바다거북은 자기 어미가 하는 것을 보고 따라 하는 것이 아니다. 초산하는 바다거북은 부모가 알을 낳는 것을 본 적도 없고 어느 장소에 어떻게 낳아야 한다고 누구에게 배운 적도 없다. 심지어 어미의 얼굴을 본 적도 없다. 그래도 마치 부모에게 듣고 보고 배운 것처럼 어미 거북이 한 것처럼 그대로 한다.

뻐꾸기는 탁란(托卵, deposition)하는 새로 유명하다. 뻐꾸기는 다른 새의 둥지에 자기 알을 몰래 낳는다. 자기 어미가 탁란하는 것을 본 적도 없고 배운 적도 없다. 그런데도 산란할 때가 되면 마치 보고 듣고 훈련받은 것처럼 오목눈이, 딱새, 박새의 둥지에 알을 낳는다. 그것도 기생주(寄生主)가 산란한 초기의 둥지를 선택한다. 기생주가 둥지를 비운 사이에 재빨리 기생주의 알을 하나 물어내고 자기 알을 낳는다. 기생주가 낳은 알의 개수를 맞추어야 하는 줄 아는 것은 놀랍다. 부화한 어린 뻐꾸기는 기생주의 새끼를 전부 둥지에서 밀어 떨어뜨린다. 이런 행동도 어미 뻐꾸기에게 배운 것이 아니다. 그런데 마치 보고 배운 것처럼 그런 행동을 한다. 여기서 생각해 보아야 할 것이 있다. 탁란으로 편하게 자기 새끼를 키워야겠다는 방법을 생각해 내는 것과 기생주를 선택하고 기생주의 알 한 개를 제거하는 것을 뻐꾸기의 지능으로 그런 생각을 하는 것은 불가능하다. 그런 걸 듣거나 본적도 없는 뻐꾸기 새끼도 자라서 그대로 한다는 것도 신비한 일이다. 이런 과정을 보고 듣고 훈련받은 것처럼 대를 이어가면서 같은 방법으로 새끼를 낳는 것을 진화로는 설명할 수 없다.

기생벌도 마찬가지다. 어미 벌은 다른 곤충의 알이나 애벌레, 성충의 몸에 자기 알을 낳는다. 기생벌의 숙주가 되는 애벌레나 성충은 죽지 않도록 마취시킨다. 숙주가 죽어버리면 곧 썩어버리기 때문에 숙주의 양분을 자기 새끼가 흡수하지 못하므로 숙주곤충을 가사상태로 만든다. 기생벌이 다른 곤충의 애벌레나 성충을 마취시켜 자기가 낳은 알을 성장시키는 방법을 고안해 낼 수 있을까? 그걸 고안해 내도 마취약을 발명할 수는 없다.

연어는 출생지로 돌아와서 알을 낳는다. 암컷이 꼬리를 앞뒤로 흔들어 모래나 자갈밭에 접시 모양의 구덩이를 판다. 구덩이는 지름 1m 깊이는 50cm 정도 된다. 그곳에 암컷이 알을 낳으면 옆에 있던 수컷은 그 위에 정액을 뿌려 수정을 시킨다. 그리고 알을 보호하기 위하여 모래나 자갈로 잘 덮어준다. 그리고 연어는 죽는다. 그런데도 알에서 부화한 어린 연어는 바다로 내려가서 성장한 후에 자기가 출생한 지역으로 힘들게 돌아와서는 부모가 산란하는 장면을 본 것처럼 그대로 따라 한다. 바다거북은 해변의 모래에서 부화가 되면 곧장 바다로 들어가서 바다에서 산다. 연어는 민물에서 부화한다. 연어도 알에서 부화가 되면 치어는 바다로 내려가서 바다에서 성장한다. 민물인 개울이나 강에도 살아갈 수 있으나 연어는 바다로 내려간다. 마치 바다에서 태어난 것처럼 바다로 내려간다. 바다로 간 연어의 치어는 바다에서 성장한 후에 수천 km나 헤엄쳐 자기 출생지로 돌아와서 알을 낳고 죽는다.

만약 최초로 진화한 바다거북이 모래 위에 알을 낳고 파묻지 않고 바다로 갔다면 새나 육지동물이 그 알을 먹어버려 바다거북은 멸종되고 말았을 것이다. 그런데 바다거북은 그런 상황을 잘 아는 것처럼 적당한 곳을 깊이 판 후에 그곳에 알을 낳고 모래로 알을 덮어주고 떠났다. 그 후에 태어난 바다거북도 마치 이런 행동은 보거나 배운 것처럼 똑같이 한다. 연어도 알을 낳을 곳을 만들고 알을 낳은 후 모래 등으로 덮지 않는다면 그 알은 부화하기 어렵거나 다른 물고기의 먹이가 된다는 것을 본능적으로 안다. 연어는 알을 낳고 죽어버리기 때문에 그 알이 어떻게 되는지를 보고 개선할 수가 없다. 이런 생명의 신비는 태어날 때부터 프로그램화되어 있지 않으면 불가능한 일이다. 이런 동물의 본능적인 행동은 진화로 설명이 불가능하다.

식물 번식의 방법

식물은 동물과 달리 이동할 수 없다. 그렇다고 자기가 자생하는 지역에서만 번식하면 생존과 번식에 불리하다. 그래서 씨앗을 멀리 퍼트리는 방법을 사용하고 있다. 민들레처럼 씨앗이 바람에 날려 널리 퍼지는 식물이 있고 도꼬마리처럼 씨앗에 가시가 달려 동물의 털에 묻어 이동하는 것도 있고 동물이나 새의 먹이가 되어 널리 퍼지는 방법을 사용하기도 한다. 또는 물의 힘을 빌려 널리 퍼져 나가는 식물도 있다. 이런 방법은 식물 스스로 고안하고 그런 기능을 갖도록 씨앗의 모양을 만들 능력이 식물 자체에는 없다.

변태(變態, Metamorphosis)

변태는 동물의 정상적인 성장 과정에 있어 짧은 기간 동안 크게 형태를 바꾸는 것을 의미한다. 특히 생존과 성장에 적합한 형태를 가진 '유생'에서 세대 번식을 위해 생식 기능을 갖추는 '성체'가 되는 과정으로 변태하는 경우가 많다. 그런데 변태가 동물의 의지와 노력으로 되는 것이 아니라, 때가 되면 저절로 변태가 된다. 개구리 같은 동물도 변태 과정을 거치지만 곤충은 대부분 변태 과정을 거친다. 변태하는 과정에 따라 생활양식이나 서식지를 바꾸기도 한다.

한살이 과정에서 놀라운 변화를 보이는 것은 곤충이다. 곤충 대부분은 알에서 부화하면 애벌레가 된다. 애벌레 대부분은 풀을 먹고 성장한다. 어느 정도 성장하면 자기 몸에서 실을 내어 고치를 만들거나 번데기가 된다. 그다음엔 고치에서 한동안 시간을 보낸 후에 몸에 날개가 생겨 하늘을 날아다니며 작은 벌레를 잡아먹거나 꿀을 먹는 나비가 된다. 시계도 달력도 없는 애벌레가 때가 되면 저절로 몸에 변화가 일어난다. 물고기는 알에서 부화하면 어린 물고기가 되어 바로 먹이활동을 한다. 조류는 알에서 부화하면 날개와 깃은 없지만, 어미를 그대로 닮은 모습으로 부화가 되지만 곤충은 변태의 과정을 거친다.

잠자리의 변태

잠자리는 짝짓기를 마친 후 물속에 알을 낳는다. 알에서 깨어난 유충은 물속에서 아가미를 사용하여 숨을 쉰다. 올챙이나 작은 물고기를 잡아먹고 성장한 후 물 밖으로 나와 탈피를 한다. 탈피를 거듭하며 자란 유충은 물 밖의 세계로 나와 잠자리로 변신을 하게 되는데 이 과정을 우화(羽化)라고 한다. 우화 시기가 되면 날개 주머니가 부풀어 오르게 된다. 또 겹눈이 투명해지고 물속에서의 아가미 호흡이 육상생활에 적합한 기관호흡으로 바뀌게 된다. 이때 우화에 필요한 지지대에 기어올라 호흡 적응 과정을 거친다. 날개가 돋는 과정은 등 부분의 Y자 탈피선이 갈라지고 그 갈라진 틈으로 몸을 빼낸 후에 다리가 굳을 동안 잠시 기다린다. 날개가 마르는 과정을 거친 후에 하늘로 날아오른다. 잠자리의 한살이는 물속에서 시작하여 하늘을 날아다니며 서식한다. 새는 뭍에서 부화하여 하늘을 날지만 잠자리는 물속에서 부화하여 하늘을 난다. 그것은 잠수함이 비행기처럼 하늘을 나는 것만큼 놀라운 일이다. 자연이 이런 한살이의 변태 과정을 프로그램 할 능력이 있을까?

명주실을 만드는 누에를 살펴보자

알에서 깨어난 누에는 보통 4번의 잠을 자고 5령(누에가 네 번째 잠을 자고 섶에 오를 때까지의 사이)이 끝날 때 즈음에 고치를 짓기 시작한다. 약 60시간 동안에 무게 2.5g 정도 되는 타원형의 고치를 완성한다. 1개의 고치에서 풀려 나오는 명주실의 길이는 약 1,200~1,500m 정도 된다. 고치를 짓고 나서 약 70시간이 지나는 동안 없었던 날개와 더듬이가 생긴다. 성체가 된 나방으로 변하여 고치를 뚫고 밖으로 나와 날아다닌다.

그 누에는 고치의 모양을 본 적도 없다. 누에의 부모가 가르쳐 준 것도 아니다. 다른 누에가 하는 것을 보고 따라 하는 것도 아니다. 그런 모양으로 고치를 짓는 것은 자기 몸의 상태가 되면 알아서 고치를 짓도록 DNA에 프로그래밍이 되어 있고 그 정보가 저장된 것으로 봐야 한다는 것이다. 더구나 뽕잎만 먹은 그 작은 누에의 몸에서 약 1.5km 정도의 명주실이 나온다는 것은 누에가 스스로 할 수 있는 일은 아니다.

개구리의 변태

개구리의 변태는 이런 것들보다 놀랍다. 알에서 부화한 올챙이는 개구리의 모습을 볼 수 없다. 올챙이는 물고기처럼 꼬리로 헤엄친다. 성체로 성장하는 과정에 폐가 발달하여 공기호흡을 할 수 있게 된다. 입은 점점 넓어지고 혀는 날아가는 곤충도 잡을 수 있게 길게 발달한다. 네 개의 발이 몸통에 생성되고 기어 다닐 즈음에 꼬리는 서서히 사라지게 된다. 알에서 막 깨어났을 때는 물속 생활에 필수적인 아가미가 있다. 성장하는 과정에 아가미가 사라지고 폐가 발달하여 지상 생활을 할 수 있도록 변화가 일어난다.

물고기는 알에서 새끼 물고기로 부화한다. 부화하자마자 먹이활동을 스스로 한다. 그런데 잠자리나 개구리 같은 동물은 여러 번의 변태 과정을 거친다. 다른 동물처럼 알에서 부화하여 성체가 되면 편하다. 그런데 이런 동물은 복잡한 변태 과정을 거쳐서 성체가 된다. 그래서 시간도 오래 걸리고 번거로운 데도 지금까지 곤충과 개구리는 복잡한 변태 과정으로 성체가 된다. 그런 부분은 왜 진화가 안 되었을까?

생활의 지혜

한번은 텔레비전에서 동물 관련 프로그램을 보고 있는데 돼지코뱀(Western Hognose Snake) 새끼가 알에서 부화하자마자 포식자를 만나게 되었다. 그러자 돼지코뱀은 죽은 척을 하는 것이다. 몸을 뒤집고 혀를 내밀고 분뇨까지 방출하여 시체 썩은 냄새까지 풍겨 그 위기를 넘기는 것을 보았다. 갓 부화한 돼지코뱀은 죽은 뱀을 본 적도 없다. 그런데도 죽은 지 오래된 뱀처럼 몸을 뒤집고 혀를 내밀고 시체 썩은 냄새까지 풍기는 모습은 "칸 영화제(Festival de Cannes)"에서 주연상을 받고도 남을 연기를 한다. 포유류처럼 어미가 하는 것을 본 적도 없고 배운 적도 없는데 알에서 부화하자마자 그렇게 하는 것을 보고 그야말로 깜짝 놀랐던 적이 있다.

이미 잘 알려진 사실이지만 벌집의 육각형은 최소한의 재료로 최대한의 공간을 확보할 수 있는 가장 안정적인 구조물이다. 벌의 그 작은 뇌에서 나올 수 없는 아주 과학적인 구조다. 거미가 자기 지능으로 거미줄로 그물을 만들어 먹잇감을 잡을 생각을 할 만큼 창의성은 있을 수가 없다. 창의성이 있다고 몸에서 저절로 거미줄이 나오는 것도 아니다. 그 외의 동물은 다양한 먹이와 생존방법을 가지고 살아간다.

동물의 한살이 생태와 이런 본능은 진화론만으론 설명할 수가 없다. DNA에 중에는 아무런 정보가 저장되어 있지 않은 정크(junk) DNA가 있다. 그래서 불필요한 쓰레기처럼 여겼다. 그러나 저자는 그곳에 생물의 한살이에 대한 프로그램과 생존의 지혜와 본능 같은 것이 담겨 있을 것으로 추측한다. DNA는 단백질 생산명령서이다. 동물은 살과 뼈로 형태만 갖추었다고 살 수 없다. 생식과 무엇을 먹어야 하는지 먹이활동과 포식자를 피하는 방법 등, 소위 본능이라는 생활의 과정이나 지혜 같은 것들이 정크DNA란 곳에 다른 형태로 저장되어 있을 것으로 생각한다. 생존하기 위한 본능적인 정보도 어딘가에 저장이 되어 있어야 부모를 본 적이 없어도 부모의 생태를 따라 살 수 있기 때문이다.

―――――

동물은 본능을 따라 행동한다. 듣고 보고 배우지 않아도 부모처럼 행한다. 그런 본능은 DNA와는 상관없다. 동물의 그런 본능은 어디서 났을까?

제14장

노아의 홍수는 역사적 사실인가?

성경에도 대홍수에 대한 기록이 있다. 이것을 노아의 홍수라고 한다. 대홍수에 대한 설화는 성경 외에도 많은 민족에서 찾아볼 수 있다. 그것만으로도 노아의 홍수가 역사적인 사건이었음을 알 수 있다. 왜냐하면, 세계적인 대홍수는 어느 곳에서나 일이 아니기 때문이다. 폭이 넓고 큰 강에 홍수가 범람하는 현상 때문에 그런 설화가 생길 수밖에 없다는 주장도 있다. 그러나 큰 강이 없는 북유럽이나 마야 문명에도 대홍수 설화가 있다. 마야문명의 대홍수 설화의 줄거리도 성경과 비슷하다고 한다. 홍수에서 살아남은 노아의 세 아들과 후손들이 여러 대륙으로 흩어져 살았다. 그들이 여러 민족의 조상이 되어 그들의 자손들에게 홍수사건을 전하였기 때문에 대홍수에 관한 이야기를 여러 곳에서 들을 수 있는 것이다. 그러나 현재의 관점에서 노아의 홍수를 보면 전설처럼 보인다. 그처럼 많은 물이 어디서 났으며 홍수가 끝난 후 그 물은 어디로 갔는가를 생각해 보면 소설처럼 보일 수 있으나 충분히 설명할 수 있다.

노아의 홍수를 일으킨 물은 어디서 났는가?

노아의 홍수에 대한 성경의 기록은 이렇게 되어 있다.

노아가 육백 살 되는 해의 둘째 달, 그달 열이렛날, 바로 그날에
땅속 깊은 곳에서 큰 샘들이 모두 터지고, 하늘에서는 홍수 문
들이 열려서, 사십 일 동안 밤낮으로 비가 땅 위로 쏟아졌다(창
세기 7:11~12).

이 구절을 보면 노아의 홍수는 두 가지 요인으로 지구 전체가 물
에 잠겼다는 것을 알 수 있다. 먼저 큰 깊음의 샘이 터져 지하수가
솟아올랐다. 그리고 하늘의 문이 열려 사십 일 동안 비가 밤낮으로
계속해서 쏟아졌다. 여기서 가장 이해할 수 없는 것은 하늘에 문들
이 있다는 것과 하늘에 엄청난 물이 있었는데 그 물이 사십 일 동안
쏟아져 내렸다는 것은 믿기 어렵다. 여기에 대한 성경의 내용을 살
펴보자.

태초에 하나님이 천지를 창조하셨다. 땅이 혼돈하고 공허하며,
어둠이 깊음 위에 있고, 하나님의 영은 물 위에 움직이고 계셨
다(창세기 1:1~2).

하나님이 말씀하시기를 "물 한가운데 창공이 생겨, 물과 물 사
이가 갈라져라" 하셨다. 하나님이 이처럼 창공을 만드시고서, 물
을 창공 아래에 있는 물과 창공 위에 있는 물로 나누시니, 그대
로 되었다(창세기 1:6~7).

이런 구절을 보면 하나님이 동식물을 만드시기 전의 지구는 달걀
과 같은 모양을 하고 있었다. 마치 달걀노른자를 흰자가 둘러싸고
있는 것처럼 둥근 지구를 물이 감싸고 형태였다. 그런데 하나님이
그 물 가운데 대기권을 두어 물을 상하로 나뉘게 한 것이다. 대기권

아래의 물을 한곳으로 모이게 하여 땅과 바다를 나누었다. 대기권 위의 물은 땅에 떨어지지 않도록 막아 둔 것이다. 문제는 대기권 위에 물이 존재할 수 있느냐 하는 것이다. 물이 어떻게 쏟아져 내리지 않고 그곳에 물층을 형성할 수 있느냐는 것이다.

사십 일 동안 밤낮으로 쏟아질 정도의 엄청난 물이 어떻게 대기권 밖에 있었는지 상식적으로 도저히 이해가 되지 않는다. 모세는 이집트에서 왕자들과 함께 그 당시 최고의 학문을 배운 사람이다. 그래서 모세도 그 정도의 상식은 있다. 하늘에 엄청난 물이 있었다는 것은 불가능하다는 것을 모세도 알았을 것이다. 그는 자기 마음대로 창세기를 기록한 것이 아니다. 모세는 공상소설 작가는 아니다. 하나님이 그렇게 말씀하시니 그렇게 기록한 것이다.

상식적으로 이해가 안 된다고 역사적 사실이 아니고 신화라고 부정하고 비판한다면 자연이 스스로 존재하기 시작했고, 자신을 개량하고 진화시켰다고 믿는 진화론자야말로 신화를 만들고 그걸 믿는 자라고 할 수 있다. 근거도 없고 상식적으로 도저히 말도 안 되는 사실을 과학자가 믿고 있으니 창조론자보다 더 비이성적이고 비과학적이다. 창조론자는 전능하신 하나님이 천지 만물을 창조하신 것을 믿는다. 그분이 우주와 그 가운데 있는 만물을 창조하신 것을 믿는다. 그분은 영원 전부터 스스로 계시는 분이라고 친히 말씀하셨다. 그 말씀을 믿으면 모든 의문이 풀린다.

하나님이 어떻게 영원 전부터 스스로 계실 수 있느냐? 절대로 그런 일은 없다고? 그럼 다음 질문에 답을 해보기 바란다. 우주의 공간은 어떻게 생겼느냐? 우주의 먼지는 어떻게 생겼느냐? 우주의 먼지는 어떻게 거대하게 뭉쳐졌다가 폭발했느냐? 별은 동력이나 에너지도 없이 지금도 자전과 공전을 하며 빛을 낼 수 있느냐? 이런 질문에 대답할 수 있는 사람은 없다. 우주의 존재 자체가 이성으로 이해가 안 된다. 우주가 확장되고 있다는데 우주 밖의 공간은 어떤 것인가? 우주의 공간과 우주 밖의 공간이 다른 점은 무엇일까? 그 공간은 언제부터 어떻게 있게 되었을까? 도저히 설명할 길이 없다. 이성적으로 이해가 되지 않는다고 해서 사실이 아니라면 우주의 존재 자체를 부정해야 한다. 이성으로 이해되지 않으나 우주가 있는 것은 부정할 수 없는 사실이다. 그처럼 창조주 하나님이 계신 것도 이성으론 이해되지 않지만 부정할 수 없는 사실이다. 하나님이 성경에만 기록되어 있고 경험되지 않는다면 하나님을 부정할 수 있다. 그러나 하나님의 음성을 듣고 인도와 위로를 받는 신자가 한둘이 아니다. 예수님을 믿는 많은 신자가 하나님과 인격적으로 교제를 하고 있다. 지금도 기적을 행하시고 섭리하시는 것을 보고 체험하고 누리는 신자가 많아서 하나님의 존재와 능력을 부정할 수는 없다.

더구나 우주의 수많은 별 가운데 오직 지구만 물이 풍부하고 수백만 종의 생명체들이 살아가고 있다. 생명체의 시작에 대해서도 진화론 과학자들은 대답할 수 없다. 인간이 사용하는 모든 도구는 지구에 있는 원자재를 가공하여 만든 것이다. 그 원자재는 어디서 났을까? 저절로 우연히 또는 진화로 생겼다? 그저 모든 것이 우연히 저절로 있는 것이란 비과학적인 대답을 할 수밖에 없다. 세포가 어떻게 존재하게 되었는지도 인간의 이성과 과학으로 도저히 풀리지 않는다. 더구나 DNA의 코드와 저장과 프로그래밍이 저절로 되었다는 것은 상상력의 극치다. 과학을 조금이라도 아는 자는 저절로 그렇게 되었다고 대답할 수 없다. 과학은 우연이나 저절로 생성되었다는 말과는 전혀 어울리지 않는다. 인간의 이성과 과학으로 설명이 안 된다고 그런 일은 없다고 하려면 먼저 그 이론을 진화론부터 적용해야 할 것이다. 하나님께서 스스로 계시는 분이시고 전지전능하시며 그분이 천지 만물을 창조하셨다는 하나님의 말씀을 믿으면 모든 의문이 풀린다.

대기권 밖에 물층이 있었다는 증거

노아의 홍수 이전의 지구환경

대기권 밖에 물층은 유리온실이나 비닐하우스 같은 효과를 주어 지구 전체가 따뜻하고 온화하였다. 햇빛은 그걸 투과하여 들어오지만 열은 대기권 밖으로 빠져나가지 못하기 때문에 열대지역뿐만 아니라 북극지방까지 따뜻했다. 그래서 노아의 홍수가 일어나기 전까지는 지구는 온실처럼 식물이 살기 좋은 환경이었다. 북극지방의 빙하에서 발견되는 매머드의 내장에서 소화되지 않은 열대지역의 나뭇잎이 발견되었다. 북극과 가까운 알래스카 지하에는 엄청난 양의 석유와 석탄이 매장되어 있다. 석유는 동물의 사체에서 나온 기름이 변화된 것이고 석탄은 나무가 매장되어 변화된 것으로 보고 있다. 그래서 석유와 석탄을 화석연료라고 한다. 그러니 북극 가까운 지방에도 많은 나무와 동물이 살았다는 증거로 볼 수 있다. 지금의 관점에서나 동일과정설로는 북극지방에서 엄청난 양의 동식물이 살았다고 할 수 없다.

석유가 많이 나오는 중동의 사막지역도 원래는 동식물이 많이 살던 지역으로 봐야 한다. 그리고 석유와 석탄은 육지에서만 나는 것이 아니라 해저에서도 나온다. 그런 것을 보면 노아의 홍수가 일어나기 전의 지구의 생활환경은 지금은 상상할 수도 없을 만큼 좋았다는 것을 알 수 있다.

노아의 홍수가 일어나기 전에는 지구에 거대한 초식공룡이 득실거렸다. 코끼리는 하루에 약 300kg의 풀과 나뭇잎을 먹는다고 한다. 코끼리보다 훨씬 거대한 초식공룡은 하루에 약 1톤 이상의 풀과 나뭇잎을 먹어야 생존할 수 있다. 초식공룡이 많아야 초식공룡을 잡아먹고 사는 육식공룡도 생존할 수가 있다. 그렇다면 초식공룡이 아주 많이 살았다는 것을 알 수 있다. 지구 전체의 환경은 지금의 밀림처럼 풀과 나무가 아주 울창했던 것을 짐작할 수가 있다. 길이가 1m나 되는 잠자리 화석이 발견되었다. 그 당시 잠자리는 지금의 잠자리보다 무려 열 배 정도 더 길었다. 지금은 길이가 30cm 되는 잠자리도 없다. 길이가 50cm 되는 바퀴벌레 화석도 발견되었다. 지금은 그처럼 큰 바퀴벌레는 없다. 그러니 노아의 홍수 이전에 지구환경은 지금은 상상할 수 없을 정도로 좋았던 것을 짐작할 수 있다. 길이 1m나 되는 잠자리 화석만 봐도 동일과정설은 허구에 지나지 않는다. 동일과정설은 옛날이나 지금의 지구의 환경이 같았다고 하지만 동일과정설의 관점에서는 이 모든 것들을 도저히 해석할 수 없다.

노아의 홍수 이전에는 지구의 생활환경이 최고로 좋았다. 공룡이 살 정도로 울창한 숲이 있었다. 대한민국에도 공룡의 알과 발자국이 발견되고 있다. 몽골의 고비사막에서 공룡화석이 많이 발견되고 있다. 몽골지역의 겨울은 무척 춥다. 그러므로 파충류인 공룡이 살기는 부적당하다. 그런데 몽골에서도 공룡화석이 많이 발견되는 것은 공룡이 멸종되기 전의 몽골지역에는 추운 겨울이 없었다는 것을 나타낸다. 미국에서 발견된 종려나무 잎 화석은 잎 하나의 길이가 4m

나 된다고 한다. 그걸 볼 때 종려나무의 높이는 20m 이상 될 것으로 보고 있다. 날개폭이 51cm나 되는 나비 화석, 길이가 50cm가 되는 사람 발자국. 거인의 유골 등이 발견되고 있다. 돈벌이를 목적으로 만든 가짜 거인 유골도 있겠지만 세계 여러 나라에서 발견된 거인 유골이나 동남아시아 여러 지역에서 발견된 거인 발자국 등은 성경에 있는 '네피림'이란 거인족이 있었음을 기록하고 있다. 인터넷에서 '네피림'이나 '거인 유골'이나 '거인 화석'을 검색해 보면 세계 곳곳에서 발견된 여러 사진 자료를 볼 수 있다. 진화론 과학자들은 거인의 유골과 발자국 등에 대해서는 침묵하고 있다. 그들은 거인 유골이나 유적이 전부 조작이라고 발표하지 못하고 침묵하고 있을 뿐이다.

노아의 홍수 전에 인간의 수명은 지금보다 열 배 정도 더 길었다. 노아의 홍수가 나기 전에 살았던 족장 9명의 평균수명이 912살이나 된다. 창세기를 기록한 모세는 120살에 죽었다. 그 시대는 대부분 그 정도로 살았던 것 같다. 그런데 모세가 자기 맘대로 노아의 홍수 이전 사람은 약 900살 정도 살았다고 기록하진 않았다. 모세가 살던 시대의 인간 최대 수명은 약 120살 정도다. 사람이 거짓말을 해도 어느 정도까지 한다. 상식적으로 생각하면 노아의 홍수 이전에 살던 조상은 200~300살 정도 오래 살았다고 해도 사람들은 믿기지 않을 것이다. 그런데 노아의 홍수 이전에 살던 이들은 평균 900살 정도 살다가 죽었다고 하면 사람들이 믿지 않을 것을 모세도 안다. 어린 아이를 위해 쓴 동화책도 아닌데 모세가 거짓말로 노아의 홍수 이전의 사람들의 향년을 터무니없이 기록한 것은 아니다.

저자는 예수님을 믿고 성경을 처음 읽을 때 이런 부분에 의아심이 생겨 도표를 그려본 적이 있다. 노아의 홍수 이전에 가장 오래 살았던 사람은 므두셀라다. 므두셀라는 969살에 죽었다고 성경에 기록 되어 있다. 그는 노아의 할아버지다. 만약 노아의 홍수가 난 후에도 므두셀라가 살아 있는 것으로 나온다면 성경은 신화에 가깝거나 모 세가 임의로 족장들의 나이를 기록한 것일 수도 있다고 보았다. 그 래서 도표를 그려보니 므두셀라는 노아홍수가 나던 해에 죽었다. 노 아홍수가 일어나기 얼마 전에 노환으로 죽었는지는 모르지만 분명 한 것은 므두셀라가 노아의 홍수가 시작된 후까지 살아 있지 않았던 것은 분명하다. 모세가 창세기를 기록하면서 저자 같은 사람이 있을 것을 예측하고 도표를 그려 확인한 후에 므두셀라가 969살까지 산 것이라고 하지는 않았을 것이다. 하여튼 노아의 홍수가 나기 전의 지구의 생활환경은 지금과 비교할 수 없을 정도로 좋았던 것은 분명 하다. 대기권 밖에 물층이 없었다면 도저히 지구환경에 관해 설명할 방법이 없다. 온 지구가 따뜻하고 온화한 기후였고 우주에서 각종 해로운 광선이 지구와 생물에 영향을 미치지 못하게 된 최적의 상태 였다.

생명은 하우스재배의 채소처럼 그 탄생 이래 따뜻한 온실 속에 서 자랐다. 만약 이 온실이 없었으면 생명은 현재처럼 지구표면 을 온통 차지할 수 없었을 뿐만 아니라 태어날 수조차 없었을지 모른다. 이 온실을 만든 것이 대기 속의 탄산가스(이산화탄소)이 다. 탄산가스에는 마치 온실의 유리같이 일광은 통하게 하지만 따뜻한 열은 밖으로 내보내지 않는 성질이 있다. 그 때문에 대 기 중에 탄산가스가 많으면 많을수록 두꺼운 유리가 있는 따뜻 한 온실이 되는 것이다.[54]

---

54) 『과학동아』 (1986년 04호 편집부).

이 글에서도 한때는 지구가 온실처럼 아주 좋은 생활환경이 조성되어 있었음을 인정하고 있다. 이 이론의 문제는 대기 중에 탄산가스가 어떻게 생성되었으며 그 가스가 우주로 날아가지 않고 어떻게 두껍게 층을 이루어 지구를 온난하게 했느냐? 그리고 그렇게 많던 탄산가스는 어디로 사라졌기에 지구에 사계절이 생기고 빙하와 동토층이 생겼는지 설명할 수 없다. 성경은 대기권 밖의 물이 쏟아져 내렸다고 기록하고 있다. 노아의 홍수 후에는 지구는 유리가 모두 깨진 유리온실처럼 되었다. 그 후로 급격한 지구환경의 변화가 일어난 것이다.

큰 깊음의 샘물

성경에 나오는 큰 깊음의 샘물이 터졌다는 내용도 믿을 수가 없을 것이다. 그처럼 많은 물이 지하에 있었다는 것은 수긍이 되지 않는다. 그에 대한 해답은 최근의 연구 결과를 보면 알 수 있을 것이다. 'The Science Times' 2018년 12월호에 동아시아의 땅속 맨틀에 최소한 북극해와 맞먹는 어마어마한 규모의 지하수층이 자리 잡고 있다는 최초의 연구 결과가 발표되었다. 미국 세인트루이스에 있는 워싱턴 주립대의 마이클 와이세션 교수 등 연구진은 미국지구물리학연맹이 곧 출판한 연구 보고서에서 세계 각지에서 수집한 60만 건 이상의 지진파 분석을 통하여 이런 결론을 얻었다고 한다. 지금도 지하에 엄청나게 많은 지하수가 있다고 한다. 그러니 노아의 홍수 이전에도 지하에 엄청난 지하수가 있었다는 것은 납득이 되리라 본다. 다른 지역에서도 그처럼 많은 지하수가 있을 수가 있다.

시편 31편 7절에 다음과 같은 구절이 있다.

"주님은 바닷물을 모아 항아리에 담으셨고 그 깊은 물을 모아 창고 속에 넣어 두셨다."

노아의 홍수의 범위

전 지구적이다. 성경에 이렇게 기록되어 있다.

물이 땅에 더욱 넘치매 천하의 높은 산이 다 잠겼더니(창세기 7:19).

높은 산이란 표현을 지금 기준으로 해석하여 그 당시에도 에베레스트산이 있었다고 생각하면 안 된다. 에베레스트산은 달이나 화성에 있는 아주 높은 화산처럼 화산으로 생성된 산이 아니다. 에베레스트산은 히말라야산맥에 있다. 히말라야산맥은 인도가 섬이었다가 아시아에 다가가 합쳐질 때 생겨났다. 인도가 밀면서 그 힘으로 생겨났다고 한다(위키백과 참조). 지면이 융기되면서 히말라야산맥이 형성된 것이다. 이런 현상은 노아의 홍수 과정에나 그 후에 일어난 것으로 봐야 한다. 그렇다면 노아의 홍수 이전에 산의 높이는 1km 이내였을 것으로 보는 것이 합리적이다. 그래서 지하수가 솟아나고 대기권 밖의 물이 다 쏟아져 내리면서 지구가 물에 빠진 달걀처럼 되는 것은 어렵지 않았다.

노아의 홍수 이후의 지구환경

온 땅을 덮었던 물은 어디로 갔을까? 노아의 홍수 이후에 지구는 하늘에서 쏟아진 대기권 밖에 있던 물들과 큰 깊음의 샘에서 솟아난 물로 지구는 다시 달걀노른자를 흰자가 둘러싼 것처럼 물에 잠겨 있었다. 그러다가 물이 서서히 빠져나가고 지면이 다시 드러나게 되었다. 그 물은 다 어디로 갔을까? 거기에 대한 저자의 해석은 이렇다. 큰 깊음의 샘에 갇혀 있던 물이 다 솟아 나온 후에 그만큼 지하에 빈 공간이 생길 것이다. 반면, 지면에는 하늘에서 쏟아져 내린 물과 용출된 지하수로 압력이 엄청나게 높아졌다. 그래서 그 빈 공간은 결국 물의 압력을 견디지 못하고 싱크홀(sink hole-가라앉아 생긴 구멍이란 뜻으로 땅속의 지하수가 빠져나가면서 생긴 공간에 땅이 가라앉아 생긴 현상)처럼 지표면이 아주 폭넓게 주저앉은 것이다. 지하수가 빠져나간 양이 많을수록 싱크홀의 규모도 크고 넓어져, 아주 넓은 범위의 지표면이 밑으로 깊게 가라앉았을 것이다.

지면 전체에 이런 싱크홀 현상이 일어날 때 지각이 변동되고 화산이 폭발하여 높은 산이 솟아오르고 해저면은 이전보다 더 깊어졌을 것이다. 바다의 평균 깊이가 4,000m 정도로 깊다. 지구에서 가장 깊은 바다는 북태평양 마리아나제도 동쪽에 있는 해구다. 평균 수심이 7,000~8,000m나 된다. 마리아나 해구 중에서도 가장 깊은 부분인 챌린저 심연의 깊이는 11,092m에 달한다. 육지와 바다의 비율은 3:7이고 바다의 평균 깊이는 4,000m이고 육지의 평균 높이는 857m이다. 이런 수치만 보아도 지구를 덮었던 물이 어디로 갔는지 해답을 얻을 수 있다고 본다.

해변에서 수심 240m 이내의 해저면을 대륙붕이라고 한다. 대륙붕의 폭은 지역에 따라 매우 다양하여 남북아메리카 대륙의 태평양 연안과 같이 거의 대륙붕이 없는 곳도 있고 아르헨티나와 브라질 앞바다처럼 600km, 북극해는 1,000km까지 대륙붕이 발달한 곳도 있으나 세계적인 평균은 약 65km 정도이다.

대륙붕의 기원으로서는 퇴적성(堆積性), 구조성(構造性), 침식성(侵蝕性) 그리고 이들을 합친 이론이 있다. 퇴적성은 주로 큰 하천이 운반한 퇴적물에 의해 형성된 것으로 본다. 그런데 남북아메리카 대륙의 태평양 연안과 같이 거의 대륙붕이 없는 곳도 있으므로 퇴적물이 쌓여 대륙붕이 되었다고 볼 수 없을 것 같다. 그것은 아메리카 대륙은 많은 비가 내리지 않았다는 말과 같기 때문이다. 남북아메리카 대륙에 대륙붕이 없다는 것은 그만큼 지하수가 많이 용출되어 빈 곳이 넓고 깊었다는 것을 보여준다. 그래서 싱크홀 현상이 나타날 때 해저면이 아주 넓고 깊게 가라앉은 것으로 봐야 한다. 그렇게 될 때 지구를 감싸고 있던 물은 깊은 바다로 내려가서 뭍이 드러나게 될 수 있다. 그리고 지하의 공간은 밖으로 나왔던 물로 다시 채워져서 지표면이 드러난 곳도 있다. 이런 추측의 근거는 히말라야산맥 정상 부근에서 조개, 산호, 물고기 화석이 발견되었다. 로키산맥이나 알프스산맥에서도 그런 것이 발견되었다. 원래는 해저였던 곳이 화산폭발이나 지각변동 등으로 아주 높게 솟아올라 아주 높은 산이 되었다는 증거다. 그래서 창세기 7장 19절에 나오는 높은 산이란 지금의 높은 산이 아니란 것이다. 동일과정설로는 히말라야산맥에서 해양생물의 화석이 발견되는 것을 설명할 수 없다.

노아의 홍수 후의 상황에 대한 성경 기록을 살펴보자

창세기에 노아의 홍수에 대해 구체적으로 기록되지 않은 내용을 시편 104편 6~9절에서 볼 수 있다.

"옷으로 덮음같이 주께서 땅을 깊은 바다로 덮으시매 물이 산들 위로 솟아

올랐으나 주께서 꾸짖으시니 물은 도망하며 주의 우렛소리로 말미암아 빨리 가며 주께서 그들을 위하여 정하여 주신 곳으로 흘러갔고 산은 오르고 골짜기는 내려갔나이다. 주께서 물의 경계를 정하여 넘치지 못하게 하시며 다시 돌아와 땅을 덮지 못하게 하셨나이다."

노아의 홍수 때 깊음의 샘, 즉 지하수가 솟아올라 땅을 덮었다는 것이다. 노아의 홍수가 끝난 후에는 땅을 뒤덮었던 물은 하나님이 정하여 주신 곳으로 흘러갔다. 하나님은 물의 경계를 정하여 넘쳐 다시는 땅을 덮지 못하게 하셨다. 그리고 산은 오르고 골짜기는 내려갔다. 지각변동이 있었다는 것이다. 육지와 바다의 비율과 높이와 깊이를 생각해 보면 그 물이 어디로 갔는지 알 수 있다.

바람이 불기 시작했다

그때 하나님이, 노아와 방주에 함께 있는 모든 들짐승과 집짐승을 돌아보실 생각을 하시고, 땅 위에 바람을 일으키시니, 물이 빠지기 시작하였다(창세기 8:1).

성경의 기록을 보면 사십 일 동안 밤낮으로 엄청난 비가 쏟아지기 시작한 후 5개월 동안 달걀노른자를 흰자가 감싸고 있는 것처럼 지구는 물에 둘러싸여 있었다. 대기권 밖에 있던 물이 다 쏟아져 내렸기 때문에 우주의 냉기가 직접 지구에 영향을 주기 시작했다. 반면에 햇볕으로 인한 온기는 대기권 밖으로 빠져나가게 되었다. 그래서 햇볕을 많이 받는 열대나 온대지역은 햇볕으로 따뜻하지만, 일조시간이 짧고 일조량이 적은 남극과 북극은 얼음이 얼기 시작한 것이다.

더구나 지구의 자전축이 23.5도 기울어져 있고 지구가 구형이기 때문에 적도지방에 가까운 온대지역은 따뜻하다. 그러나 적도지방에서 아주 멀리 떨어진 북극과 남극지방은 햇볕을 상대적으로 덜 받게 되어 빙하가 생긴 것이다. 지역에 따라 온도차가 발생하여 공기의 이동으로 바람이 불기 시작했다. 위의 성경 기록에는 노아의 홍수 이전에는 지구에는 바람이 없었던 것처럼 보인다. 지구 전체의 기온이 비슷하였기 때문이다. 그러나 노아의 홍수 이후에 지역에 따른 온도 차이가 발생하자 바람이 불기 시작한 것이다. 높은 산과 남극과 북극지방은 찬바람의 영향으로 얼음이 아주 두껍게 얼어서 물이 감해진 것도 있다. 남극과 북극의 빙하가 다 녹으면 해수면이 지금보다 60m 상승한다고 한다.

노아의 홍수 후의 생활환경의 변화
사계절이 시작되었다

땅이 있는 한, 뿌리는 때와 거두는 때, 추위와 더위, 여름과 겨울, 낮과 밤이 그치지 아니할 것이다(창세기 8:22).

대기권 밖에 있던 물층이 있을 때는 지구 전체가 온실처럼 항상 따뜻했다. 그러나 물층이 사라지고 남극과 북극지방은 빙하가 생성되었다. 햇볕을 가장 많이 받는 열대지역과 남극과 북극 사이에 있는 지역은 온대지역이 되면서 사계절이 시작된 것이다.

인간의 수명이 급격히 줄어들었다

인류의 시조인 아담은 930세까지 살았다. 아담의 아들 셋은 912세까지 살았다. 아담의 손자인 에노스는 905세까지 살았다. 그 이후에도 노아의 홍수 이전에는 보통 800에서 900세를 살다가 죽었다고 성경에 기록되어 있다. 그런데 노아의 홍수 후부터 인간의 수명이 급격히 줄어들게 된다. 노아는 홍수 이후에 350년을 더 살다가 950세에 죽었다. 노아의 아들 셈은 600세, 노아의 손자 아르박삭은 438년 동안 살다가 죽었다. 아브라함의 아버지 데라는 205세까지 살았다. 아브라함은 175세까지 살았다. 노아의 아들 셈부터 175세에 죽은 아브라함까지 9명의 평균수명은 241세였다. 노아의 홍수 이후로 인간의 수명이 급격히 줄어들었다.

왜 이렇게 사람의 수명이 줄게 되었는지에 대한 설명은 성경에서 찾아볼 수 없다. 왜냐하면, 성경은 과학책이나 역사책이 아니기 때문이다. 다만 홍수심판 이전에 하나님께서 말씀하시길 사람이 타락하므로 사람의 수명이 120년이 될 것으로 말씀하셨다.

사람의 수명이 급격하게 줄어든 것은 노아의 홍수로 지구의 생태환경에 큰 변화가 있었음을 짐작할 수 있다. 노아의 홍수로 우주에서 들어오는 해로운 광선 등을 막아주던 대기권 밖에 있던 물이 다 쏟아져 내리므로 유해광선 등이 그대로 지구로 쏟아져 들어왔다. 밤과 낮의 온도차가 크게 나기 시작하는 등 생활환경이 급격히 나빠져서 수명이 줄어들었다. 온실에서 살던 화초가 온실 밖에 나온 것처럼 생활환경이 이전보다 좋지 못하므로 사람들의 수명이 급격히 줄어든 것이다.

그래서 노아의 홍수 이후에는 길이가 1m나 되는 잠자리는 발견되지 않고 있다. 사람의 수명이 10분의 1로 줄어든 것처럼 잠자리의 크기도 10분의 1로 줄어들었다. 공룡과 같은 대형 동물은 생존할 수 없게 된 것이다. 저자는 노아의 방주에 공룡은 싣지 않았을 것으로 본다. 공룡을 종류별로 한 쌍씩만 모아도 노아의 방주 크기로는 감당이 되지 않을 것이고 또 노아의 홍수 후에 공룡이 살아갈 만한 생활환경이 되지 않을 것이기 때문에 굳이 방주에 실을 필요가 없었다고 본다. 그 근거로 뱀이나 도마뱀 등 모든 파충류는 멸종되지 않고 지금도 서식하고 있다. 만약, 그 당시 크고 작은 모든 공룡이 실렸다면 적어도 몇 종류의 공룡이라도 지금도 서식하고 있어야 한다. 그러나 모든 공룡은 멸종되고 없다. 그래서 하나님께서 공룡을 방주로 들여보내지 않았을 것으로 추측한다.

공룡 멸종의 원인이 운석 충돌이라는 해석이 있다. 그러나 그런 해석은 모순이 있다. 개구리나 뱀이나 악어와 같은 양서류와 파충류는 지금도 생존하고 있다. 그런데 오직 모든 공룡만 멸종되었다는 것은 합리적인 해석이 못 된다. 운석 충돌로 발생한 지구환경의 변화로 크고 작은 모든 공룡이 죽었다면 같은 파충류인 뱀, 도마뱀, 악어도 죽었어야 한다. 그런데 지금 지구상에는 약 6,000여 종의 파충류가 서식하고 있다.

대륙이동설(大陸移動說, Continental Drift Theory)

약 2억 년 전 한 덩어리로 이루어져 있었던 거대한 대륙 '판게아(Pangaea)'에서 점차 갈라져 나와 6대륙이 만들어진 것이라는 이론이다. 대륙이 맨틀 위를 떠다니며 움직인다는 의미에서 대륙표이설(大陸漂移說)이라고도 한다. 독일의 기상학자이자 지구물리학자인 알

프레트 베게너(Alfred Wegener)가 1915년 『대륙과 대양의 기원(Die Entstehung der Kontinente und Ozeane)』이라는 저서를 통해 대륙이 동설을 제시하였다. 그는 현재의 대륙이 판게아라 이름 붙인 초기의 커다란 하나의 대륙에서 갈라져 나와 이동한 것이라고 주장하였다.

성경에도 땅이 나누어졌다는 기록이 있다. "에벨은 두 아들을 낳고 하나의 이름을 벨렉이라 하였으니 그때 땅이 나뉘었음이요"(창세기 10:25). 노아의 홍수 후에 대륙이 나누어졌다는 것으로 해석할 수 있다.

대륙이동의 증거

첫 번째, 남아메리카 대륙의 동쪽 부분과 아프리카 대륙의 서쪽 부분 해안선의 모습이 비슷하다는 것이다. 대륙의 해안선은 침식작용을 받아 변함으로 이 사실은 인정받지 못했으나, 1960년대 들어와 대륙의 실제 경계인 대륙붕까지의 지도가 만들어졌고 두 지역이 맞아 들어간다는 사실을 알게 되었다.

두 번째, 남아메리카 대륙과 아프리카 대륙에서 공통적인 생물 화석이 발견되었다는 것이다. 지금처럼 두 대륙이 멀찍이 떨어져 있다면 두 대륙에서 공통적인 생물이나 화석이 발견될 수는 없다. 그러나 대륙이 붙어 있었다면 두 대륙에서 공통적인 생물을 발견하는 것은 당연한 일이다.

세 번째, 북아메리카 대륙과 유럽의 지질구조가 연속적이고, 같은 지층이 분포되어 있으며, 같은 암석이 발견된다는 것이다. 애팔래치아산맥과 스칸디나비아 지역의 산맥을 붙이면 산맥은 연장되고 발견되는 암석들이 비슷하다.

마지막은 기후의 문제다. 인도와 호주 등 적도 부근의 지역에서도 빙하의 흔적이 나타난다. 이 지역들이 계속해서 적도 부근에 있었다면 빙하는 이들 지역에 존재하지 않았을 것이다. 베게너는 이러한 증거들을 제시하면서 대륙이동설을 주장하였다.[55]

대륙을 이동시킨 힘은 노아의 홍수 후유증 탓인 것 같다. 즉, 지하에 있던 지하수가 지상으로 뿜어져 나온 후에 생긴 공간에 지면에 있는 지하수와 하늘에서 쏟아져 내린 물이 합쳐져 엄청난 수압으로 지면이 아래로 내려앉은 것이다. 거대한 지면이 무너져 내리면서 그 충격으로 지층에 균열이 생겼다. 그 틈새로 마그마가 분출하며 곳곳에서 화산도 폭발하였을 것이다. 그 지표면이 갈라진 틈 사이로 물이 빨려 들어갔을 것으로 본다. 이런 여러 가지 복합적인 여파로 대륙의 이동이 시작된 것으로 추측된다. 이런 힘의 작용으로 대륙이 이동된 것으로 보는 것이 합리적이다. 그렇지 않으면 대륙이 이동할 힘이 없다.

동일과정설의 허구

허튼과 라이엘의 주장처럼 지구 역사에 대격변이 없었고 동일한 과정의 풍화작용만 반복되었다면 화석의 생성이나 석탄이나 석유 같은 화석연료의 생성도 없었다. 급격한 물의 흐름이 아니라면 화석이나 화석연료는 생성될 수 없다. 공룡 같은 거대한 동물의 사체가 일반적인 홍수로는 멀리 떠내려갈 수가 없다. 공룡의 사체에 서서히 고운 흙이나 모래로 덮이려면 엄청나게 많은 시간이 흘러야 한다. 그동안 동물의 사체는 부패하거나 청소동물에 의해 흔적도 없이 사라져 버리기 때문에 온전한 형태를 가진 화석은 한 개라도 생성되기

---

55) 두산백과, '대륙이동설' [네이버 지식백과].

가 어렵게 된다.

더구나 깊은 해구가 형성될 수 없고 에베레스트산처럼 높은 산맥과 산이 형성될 수 없다. 에베레스트산 정상 부근에도 조개나 해양 생물의 화석이 발견되는 것은 바다의 밑바닥이 솟아 올라온 증거다. 대륙이동도 마찬가지다. 전 지구적인 싱크홀 현상으로 지층이 가라앉으며 지각이 변동되고 지각충돌이 일어나며 화산이 폭발하는 등 지구의 대격변이 일어난 것에 대해 동일과정설로는 도저히 설명할 수 없다. 어느 별에도 산맥이 없는 줄 안다. 그런데 유독 지구에만 그런 것이 있는 것은 노아의 홍수 사건으로 인한 지구의 대격변으로 대륙이 이동하는 현상도 나타난 것이다. 그 후로 화산폭발로 작은 화산섬이 생기기도 하고 지진도 일어나고 있지만, 대규모 지각충돌로 산맥이 형성되거나 제주도만큼 큰 화산섬이 생겨나지 않고 있다. 동일과정설이 사실이라면 그동안도 대륙의 분리나 충돌, 엄청난 화산폭발로 대형 화산섬이 생성되어야 한다. 그러나 그런 대규모 융기나 조산운동이 있었다는 기록이 없으므로 동일과정설은 진화론처럼 허구에 지나지 않는다.

화석이 대홍수 사건을 증명한다

진화론에서는 화석으로 진화를 설명하였다. 화석은 진화론의 밑천인 동일과정설을 부인하고 있다. 화석은 오히려 대격변이 있었음을 증명하고 있다.

지금까지 발견된 화석의 70% 이상이 해양 동물의 화석이라고 한다. 동일과정설 이론대로라면 물고기 화석은 생성되기 불가능하다. 태풍 등으로 생긴 홍수로 퇴적물이 바다로 쏟아져 들어올 때 살아 있는 물고기는 멀리 도망을 칠 것은 뻔하다. 대형 어류는 깊은 바다에 산다. 깊은 바다에 사는 대형 물고기 화석은 생성되기가 불가능하다. 퇴적물이 바닷물의 저항 때문에 대형 어류가 사는 곳까지 도달하지 못한다. 또한, 어류의 사체가 해저에 가라앉으면 소라와 게 같은 청소동물이 달려들어 금방 청소해 버린다. 작은 물고기는 하루가 지나기 전에 뼈만 남게 될 것이다. 대형 어류 사체에 모래나 먼지 등이 두껍게 덮이려면 아주 많은 시간이 필요하다. 고운 흙이 사체 위에 다 덮이기 전에 죽은 상어나 고래의 살은 흔적도 없이 사라지게 된다. 뼈만 남은 어류의 유골은 조류에 의해 다 흩어져 버려 화석이 될 수 없게 된다.

뭍에 사는 동물도 마찬가지다. 동물이 죽으면 독수리 등 동물의 시신을 즐겨 먹는 조류나 쥐나 심지어 구더기 같은 것이 달려들어 며칠이 못 가서 뼈만 남게 된다. 살과 힘줄이 없이 뼈만 남은 사체는 비바람에 흩어지기 쉽다. 온전한 형태로 화석이 되기 어렵다. 풍화작용으로 동물의 사체나 유골 위에 고운 모래나 흙이 쌓이려면 아주 오랜 시간이 필요하다. 그러나 그동안 청소동물이 동물의 유해를 청소해 버리기 때문에 고운 흙이 쌓일 틈이 없다.

나비나 잠자리의 날개와 몸체는 뼈도 없고 새우나 게처럼 단단한 껍질도 없다. 그런데도 나비와 잠자리의 화석이 발견되었다. 잠자리의 사체 위에 바람으로 고운 흙가루가 덮히려면 적어도 한 달 이상 걸릴 것 같다. 그동안 이들 곤충의 사체는 개미 같은 청소 곤충에 의해 하루도 지나지 않아 흔적도 없이 사라지고 말 것이다. 또한, 사체 위에 흙만 덮인다고 화석이 될 수 없다. 사체 위에 흙이 덮이면 개미나 곤충으로부터 사체가 보호되지만, 흙에는 미생물이 그걸 분해해

버린다. 그러므로 날개나 몸체가 미생물에 의해 분해되기 전에 엄청난 압력이 가해져야 온전한 화석이 될 수 있다. 그러므로 모든 동물의 사체 위에 엄청나게 높은 산이 순식간에 쌓이지 않으면 온전한 형태의 화석 생성은 불가능하다.

동일과정설이 사실이라면 지금도 해저에 내려가면 고운 모래에 반쯤 묻힌 죽은 물고기들을 많이 볼 수 있어야 하고 들판에 나가면 동물의 유골이나 유해 위에 흙이 쌓여가는 것을 볼 수 있어야 한다. 그런데 어느 바다 밑이나 인적이 드문 들판이나 산속에도 고운 흙에 반쯤 파묻힌 동물 사체는 볼 수가 없다. 텔레비전을 보면 사막에 두개골만 남은 동물의 뼈를 볼 때는 있다. 그러나 살과 뼈가 있는 사체에 고운 흙이나 모래가 쌓여가고 있는 것을 본 현지인들도 없을 것이다. 현재는 과거를 볼 수 있는 거울이다. 과거에 있던 일은 현재도 일어난다. 현재에 일어나지 않는 일은 과거에도 일어나지 않았다. 그러니 화석 자체가 동일과정설을 부정하는 것이다.

해양 동물 화석 가운데 산 채로 화석이 된 것도 있다. 짝짓기를 하는 상태나 먹이를 잡아 삼키는 도중에 화석이 된 거북이와 물고기도 있다. 일반적으로 죽은 후에 화석이 된다. 그런데 산 채로 화석이 된 것들은 동일과정설로는 설명할 수 없다. 그러므로 쓰나미 때처럼 흙탕물이 급격하게 해저로 밀어닥치지 않았다면 살아 있던 채로 화석이 되는 것은 절대로 불가능하다. 그리고 나무나 동물의 사체가 한곳에 집중적으로 쌓이는 일도 불가능하다. 화석 대부분은 군(群)을 이루어 발견되고 있다.

비늘까지 선명하게 남아 있는 물고기 화석

출처: 김학충

큰 물고기가 작은 물고기를 잡아 삼키는 과정에 화석이 되었다.
죽은 후에 화석이 된 것이 아님을 보여준다.

출처: pixaboy

　동일과정설의 주장처럼 과거에 있던 일이 지금도 일어난다면 현재도 지구 곳곳에서 지질시대 이후에 생성된 화석이 발견되어야 한다. 길고 깊은 강의 하구(河口)를 지금이라도 발굴한다면 새로운 화석이 나와야 할 것이다. 그런데 그런 화석이 발견되었다는 소식은 아직도 없는 줄 안다. 동일과정설이나 지구과학이론을 따르면 진화론도 붕괴된다. 지구과학에서는 고생대에서 중생대로 넘어오는 분기점인 2억 4,500만 년 전과 중생대에서 신성대로 넘어오는 분기점인 6,640만 년 전은 지구환경의 변화로 당시 전체 생명체의 70~95%가 멸종되었다고 한다.

그렇다면 그곳의 동식물은 어떻게 다시 서식할 수 있는가 하는 문제가 있다. 적도 부근에서도 빙하의 흔적이 발견되었다는데 그렇다면 거의 모든 생물이 멸종되었다고 봐야 한다. (빙하의 흔적은 얼음이 아니라 대홍수로 산 정상 부근에 있던 큰 바위가 급류에 휩쓸려 내려간 흔적이라고 저자는 추측한다.) 그럼 다시 아미노산이 세균이 되고 세균이 진화되는 과정을 거쳤다는 것이 된다. 그러나 그런 흔적은 화석으로 발견되지 않는다. 고생대 이전에 화석화된 동물이나 현생의 동물의 형태는 똑같다. 이것은 그런 대빙하기가 없었다는 증거다. 빙하기를 말하는 지구과학과 진화론의 상관관계를 검토해 보면 서로 상충한다.

성경에 기록된 노아시대의 대홍수 사건은 지금으로는 도저히 상상할 수 없는 어마어마한 사건이므로 신화처럼 여기는 자들이 많다. 성경은 과학책이나 역사책은 아니다. 그러므로 대홍수 사건의 전개 과정에 대해 왜 또는 어떻게 그렇게 되었는지를 설명하지 않는다. 그러나 성경의 창세기에 기록된 사건만 자세히 살펴보아도 노아의 홍수가 역사적 사건임을 알 수 있다. 그리고 거대한 홍수가 있었다는 설화는 많은 민족에게서 발견되는 것도 역사적 사실의 증거라고 봐야 한다. 돌발적이고 거대한 홍수가 아니라면 살아 있는 채로 화석이 되는 것은 불가능하다. 죽은 동식물의 사체가 집단으로 매장되어 석유나 석탄 같은 화석연료로 생성되는 것도 불가능하다. 습곡이나 단층 작용으로 지각이 융기되어 산맥을 형성하는 조산운동도 노아의 홍수 이후에 다시는 일어나지 않았다.

———

지구환경의 급격한 변화와 화석의 생성은 노아의 홍수의 역사성을 증명하고 있다.

제15장

유별난 동물

인간을 동물의 부류에 포함하는 것은 인류에 대한 모독이다. 물론 살아 움직이니 동물이라고 할 수는 있다. 인간을 동물의 범주에 넣는 것은 유인원에서 진화되었다고 보기 때문이다. 진화론에서는 인간을 꼬리 없는 원숭이 정도로 취급한다. 그러나 인간이 누군지를 제대로 안다면 생물을 분류할 때 인간은 제외할 것이다. 인간은 지구상 모든 생물을 다 합한 것과도 비교할 수 없을 만큼 유별나고 아주 특별한 존재다.

인류의 기원

일반인은 원숭이가 진화하여 인간이 된 줄로 잘못 알고 있다. 진화론에서는 인간은 '유인원과'의 공통 조상으로부터 인간과 유인원으로 분지(分枝)되어 각기 진화되었다고 한다. 인간과 비슷하게 생긴 모든 동물이 다 유인원이 아니다. 인간과 비슷하게 생긴 동물은 영장류(靈長類: 영묘한 힘을 가진 우두머리)라고 한다. 영장류는 원숭이와 유인원으로 구분된다. 사실 원숭이와 유인원은 거의 비슷하다. 두 종류의 생김새나 생태도 비슷하지만 가장 큰 차이는 꼬리가 있느냐 없느냐로 유인원이냐 원숭이냐가 분류된다. 원숭이는 꼬리가 있고 침팬지, 고릴라, 오랑우탄과 같은 유인원은 인간처럼 꼬리가 없다. 원숭이는 꼬리가 있어 유인원에 포함을 시키지 않는다. 유인원(類人猿)은 영장류 가운데 꼬리가 없는 종을 말하며 2과 8속 24종으로 나눈다. 긴팔원숭이과(Hylobatidae): 긴팔원숭이 등 4속 17종을 포함하는 소형 유인원류로 꼬리가 없다. 사람과(Hominidae): 고릴라, 오랑우탄, 침팬지, 사람 등 4속 7종을 포함하는 대형 유인원류이다.

인류의 진화 과정

기후변화로 더 이상 밀림에서 살 수 없게 된 원숭이는 나무에서 내려와 초원에 적응해야만 하였다. 두 발로 서게 된 초기 인류는 분화와 적응을 거듭하며 지구 전역으로 진출하였다.

① 영장류 - 6,500만 년 전에 나타났으며 유인원은 사회생활을 하였고, 800만 년 전 유인원과 인류로 각각 진화하였다.
② 오스트랄로피테쿠스(남쪽원숭이) - 300~400만 년 전 유인원들이 짧은 뒷다리로 몸을 지탱하여 일어섰고, 생김새는 고릴라와 비슷하였다.
③ 호모하빌리스(손쓴사람) - 250~300만 년 전에 나타난 최초의 인류이다. '손재주가 있는 사람'이란 뜻이다.
④ 호모에렉투스(곧선사람) - 호모하빌리스의 후손으로, 꼿꼿하게 서서 다니고 불을 사용하였다. 200만 년 전에 나타나 먹이를 찾아 세계 각지로 진출하였으며, 50만 년 전 호모사피엔스와 네안데르탈인으로 진화하였다.
⑤ 호모사피엔스(슬기사람) - 호모사피엔스는 뇌의 용량이 커지고 다양한 도구를 사용하였다. 그러나 네안데르탈인은 약 3만 년

전에 후손을 잇지 못하고 사라졌다.

⑥ 호모사피엔스사피엔스(슬기슬기사람) - 호모사피엔스보다 현대
  인과 비슷한 외모와 지능을 가졌다. 유럽에서는 크로마뇽인이
  라 부른다.[56)]

인류 조상화석의 발견

호모에렉투스(곧선사람)의 대표적인 것은 북경원인과 자바원인
화석이 있다. 그러나 이들 화석 사진을 살펴보면 고릴라처럼 눈두덩
뼈가 튀어나와 있다. 원숭이와 유인원은 눈두덩 뼈가 두 개의 반원
형으로 되어 있다. 그리고 입이 앞으로 돌출되어 있다. 개나 여우처
럼 주둥이가 많이 튀어나온 것은 아니지만 입이 이마나 코보다 돌출
되어 있다. 이것은 영장류나 유인원의 특징이다.

고생인류(古生人類) 또는 원시인류(原始人類)라는 네안데르탈인,
로디지아인(Rhodesia人), 솔로인(Solo人)의 화석도 마찬가지로 눈두
덩 뼈가 돌출되어 있다. 1868년 3월 프랑스 크로마뇽 동굴에서 발견
된 크로마뇽인은 4~1만 년 전까지 살았던 것으로 추정된다. 근대인
의 유형으로 보는 크로마뇽인의 화석도 마찬가지로 눈두덩 뼈가 돌
출되어 있고 입도 돌출된 형태다.

---

56) [네이버 지식백과] 기후, 유인원에게 인류로의 진화를 명하다(살아 있는 지리 교과서,
   2011.08.29. 전국지리교사연합회).

| 자바원인 | 크로마뇽인 | 북경원인 | 침팬지 |

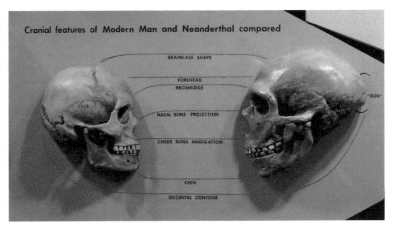

Cranial features of Modern Man and Neanderthal compared

BRAINCASE SHAPE

FOREHEAD
BROWRIDGE

NASAL BONE PROJECTION

CHEEK BONE ANGULATION

"BUN"

CHIN

OCCIPITAL CONTOUR

현대 인류와 네안데르탈인 비교

출처: hairymuseummatt, 위키미디어

　인류 조상의 화석이란 것들은 한결같이 눈두덩 뼈와 입이 돌출되어 있다. 그러나 인간의 얼굴은 코만 돌출되어 있고 이마나 턱이 수직면에 가깝다. 그러므로 그런 화석을 유인원과 인류의 중간화석으로 보는 것은 무리한 해석이다. 인류의 조상화석이란 것은 사람보다 유인원 쪽으로 더 닮았기 때문에 멸종된 유인원의 화석으로 보는 것이 합리적인 판단이다. 왜냐하면, 지금까지 1억 개 이상의 화석이 발견되었지만 다른 동물 진화의 과정을 보여주는 화석은 없기 때문이다. 다른 동물의 진화 과정을 보여주는 중간화석은 전무하다. 그래서 굴드는 종의 정지를 주장했다. 유인원만 해도 그렇다. 오랑우탄이나 침팬지나 고릴라의 진화 과정을 보여주는 화석은 없다. 그런데 오직 유인원에서 인간으로 진화되는 다양한 화석만 있다는 것은 합리적이지 않다. 더구나 그 짧은 기간에 오직 인류의 조상만 다양한 진화의 과정을 거쳤다는 것도 불합리하다. 그러므로 지금까지 발굴된 인류의 조상화석이란 것은 전부 멸종된 유인원의 화석으로 보는 것이 합리적이다.

인간의 상안부에 돌출된 뼈가 없다. 그 자리에 눈썹만 있다. 그러므로 지금까지 발견된 화석은 유인원이 인류의 조상으로 진화되는 과정의 화석으로 볼 수 없다. 앞에서 살펴본 것처럼 동물은 고유의 형태, 즉 골격, 특히 두개골의 형태는 바뀌지 않았다. 서식지가 달라도 얼굴 모양은 달라지지 않는다. 서식지 환경이 아주 많이 다른 시베리아호랑이나 벵골호랑이는 모든 것이 똑같다. 누가 봐도 호랑이란 것을 알 수 있다. 그건 얼굴 골격이 변하지 않기 때문이다. 핀치의 부리는 연질로 되어 있으나 두개골의 골격은 단단한 뼈로 되어 있어 두개골의 형태는 변하지 않는다. 그러므로 영장류의 눈두덩 뼈는 없어지지 않는다. 영장류 외에 눈두덩 뼈가 돌출된 동물은 없는 줄 안다. 어느 동물에도 없던 눈두덩 뼈가 생기기도 하고 없어지기도 할까? 더구나 모든 영장류에 있는 눈두덩 뼈가 오직 인간에게만 없는 이유는 무엇일까? 눈두덩 뼈가 있으므로 불편하지 않을 것 같다. 만약 생존에 불편하다면 다른 영장류의 얼굴에서 눈두덩 뼈도 없어졌을 것이다.

다른 모든 동물은 눈두덩 뼈가 없다. 눈두덩 뼈가 없어도 모든 동물은 보는 데 전혀 문제가 없다. 진화가 맞는다면 앞을 보는 데 유익하므로 없던 눈두덩 뼈가 생겼다고 봐야 한다. 그런데 인간의 얼굴에는 눈두덩 뼈가 없다. 뼈는 옆구리 살처럼 쪘다 빠졌다 하지 못한다. 인간이 서서 생활하고 손을 많이 사용한다고 눈두덩 뼈가 없어지는 것은 아니다. 그러므로 영장류의 한 종류가 인간으로 진화되었다는 것은 합리적 추측이 아니다.

모든 동물 가운데 영장류가 인류와 모양과 형태가 비슷하게 생긴 것처럼, 그 화석들은 다양한 유인원의 종들 가운데 인간과 가장 많이 닮은 유인원의 화석으로 보는 것이 합리적이다. 원숭이는 10과 50속, 200여 종이 있다고 한다. 그런데 침팬지는 동부, 중부, 서부 나이지리아 카메룬 침팬지만 있다고 한다. 고릴라도 2속에 5종만 살고 있다. 그렇다면 침팬지나 고릴라도 원숭이처럼 많은 종이 있었다가 대부분 멸종되고 몇 종만 남았다고 봐야 한다. 인류의 조상으로 보는 화석은 모두가 눈두덩 뼈와 입이 돌출되어 있다. 그러므로 이런 화석은 수많은 유인원의 종들 가운데 인간과 비슷하게 생긴 멸종된 유인원 화석이라고 보는 것이 합리적이다.

거꾸로 가는 화석 발굴

크로마뇽인 화석은 1868년에 발굴되었고 북경원인 화석은 1921년에 발굴되었다. 1994년에는 남아프리카공화국 요하네스버그 인근 동굴에서 보존 상태가 가장 완벽한 오스트랄로피테쿠스 화석인 리틀풋(Little Foot)을 발견했다. 리틀풋은 367만 년 전에 살았던 인류의 조상이라고 한다. 여기서 한 가지 생각해 볼 부분이 있다. 다른 동물의 중간화석을 발굴했다는 보고는 없다. 그리고 근대나 현대 인류의 조상화석이 발견되었다는 보고는 없고 오히려 인류의 아주 먼 조상화석만 발견했다고 한다. 인류의 진화 과정을 보여주는 화석 발견은 거꾸로 가고 있다. 화석을 발굴하고 연구하는 사람이 이전보다 더 많으니 지금쯤 현대 인류의 조상화석도 발견되어야 한다. 현대 인류의 조상은 죽은 지 얼마 되지 않았기 때문에 그런 화석이 가장 많이 남아 있을 가능성이 훨씬 더 크다. 그리고 현대 인류의 조상은 근대 인류의 조상보다 얕게 묻혔을 것이므로 발견되기 쉽다. 그래서 더 많이 발견되어야 한다. 그런데 아직까지 현대 인류의 조상화석은 하나도 발견되지 않고 있다. 현대 인류의 화석이 전혀 발견되지 않는 것은 인간이 진화된 것이 아님을 분명히 보여주는 것이다. 현대 인류는 1만 년 전부터 살았으니 가장 많은 화석이 남아 있을 것이다. 그런데 아직까지 한 개도 발견되지 않았다는 것은 유인원이 인간으로 진화되지 않았기 때문에 그런 화석은 발견되지 않는 것이다. 진화는 애초부터 없었기 때문에 현대 인류의 조상화석이나 어떤 동물의 중간화석도 찾을 수 없는 것이다. 진화론 과학자들은 이전에 있던 화석보다 더 현생인류의 조상이라고 볼 수 있는 화석을 찾아내지 못하고 이전보다 더 오래된 인류의 조상화석을 찾아낸 것이 대단한 발견인 양 대대적으로 보도하고 있다. 진화론 과학자는 인류의 고대 조상화석만 찾지 말고 현대 인류의 조상화석을 찾는 일에 매진해야 할 것이다. 즉, 상안부에 뼈가 돌출되지 않았고 입이 이마보다 돌출되지 않은 인간의 화석을 찾아내야 할 것이다.

영장류와 인간이 큰 차이가 나는 것이 있다. 털이다. 모든 영장류는 온몸이 털로 덮여 있다. 지상에 서식하는 모든 포유류는 온몸이 털로 덮여 있다. 온대나 한대지역에 서식하는 포유류만 그런 것이 아니라 열대지역에 서식하는 동물도 마찬가지다. 열대지역에 서식하는 유인원도 온몸이 털로 덮여 있다. 그런데 인간의 몸에는 머리털 외에는 없다. 인간의 몸에도 털이 있으나 몸을 보호하는 감각작용을 하는 데 필요한 정도만 있다. 치모와 겨드랑이 털도 있지만, 보온을 위한 것이 아니므로 털이 없다고 해도 과언은 아니다. 그런데 유인 원 공동의 조상에서 진화했다는 인간의 몸에는 왜 털이 없을까? 추위로부터 몸을 보호하기 위해 동물의 가죽으로 옷을 해 입었기 때문에 털이 없어진 것일까? 그런데 무더운 밀림에 사는 인간도 털이 없다. 인간의 지능이 발달하고 윤리와 도덕도 발달하여 벌거벗고 다니는 것이 수치스러운 것을 깨닫고 옷을 입고 다니면서 서서히 털이 없어진 것이라고 대답할 수도 있겠다. 그러나 아프리카 밀림에 사는 이들 가운데 나체로 사는 이들도 있다. 서구 문명이 아프리카에 들어가기 전에는 모든 부족이 나체로 살았을 것으로 추측된다. 아니면 나뭇잎을 엮어 아담과 하와처럼 성기만 가리고 살았을 것이다. 하여 튼 밀림에 사는 그들의 몸에도 털은 없다. 그렇다면 인간의 조상이라는 유인원에게 있는 털이 인간에게는 왜 없어졌을까? 동물의 몸에 없는 땀구멍도 인간의 몸에만 있다. 필요에 따라 털이 없다가 생기기도 하고 있던 털도 없어진다면 밀림에 사는 포유류의 털은 없어지거나 털이 짧아지거나 반만 남게 되었을 것이다.

인간은 유인원의 후손일까?

유인원 가운데 침팬지가 인간과 가장 많이 닮았다고 한다. 진화론 과학자들은 DNA의 98%가 같다고 한다. 즉, 침팬지와 인간이 다른 점은 2%밖에 되지 않는다는 것이다. 이런 발표는 인간은 유인원으로

부터 진화되었구나 하는 확신을 더욱 가지게 한다. 하지만 이것은 과학자들의 발표와 다르게 정직한 연구 결과가 아니다. 우선 침팬지와 사람은 염색체 개수부터 틀린다. 사람의 염색체는 23쌍이고 침팬지의 염색체는 24쌍이다. 또한, 인간의 DNA 염기쌍은 약 30억 개 정도이고 침팬지는 이보다 8~12%가 더 많다. 그러므로 인간의 DNA 서열 30억 개가 100% 다 침팬지와 동일해도 8%나 차이가 난다.

> 2005년 7월 Nature지에 게재된 또 다른 논문 침팬지 게놈과 인간 게놈의 초기 비교를 보시면 전체 27억 개의 서열 중 24억 개, 즉 89%만이 같으며 11%의 차이가 있다는 결론을 내렸음을 알 수 있다.[57]

진화론 과학자의 발표대로 인간과 침팬지의 염기서열이 11%만 차이가 난다고 해도 침팬지와 인간은 약 3억 개가 넘는 염기서열이 차이가 난다. 침팬지와 인간의 공통 조상이 살았던 500~1,300만 년 동안 3억 개의 염기서열 차이가 날 수는 없는 것을 진화론 과학자는 잘 알 것이다.

인류의 출현 시기

일반적으로 인간과 침팬지의 공동조상은 약 500~600만 년 전, 고릴라와는 약 700~800만 년 전에 갈라진 것으로 알려졌다. 인간의 선조는 약 15~20만 년 전쯤에 아프리카에 살았던 것으로 추정

---

57) TC Sequencing, Initial Sequence of the chimpanzee genome and comparison with the human genome, Nature 437, 2005.09.01. "침팬지와 인간 DNA의 98%가 같다고?" Finger of thomas에서 재인용.

되고 있다.

그러나 1987년 캘리포니아 대학에서 각 대륙 여러 인종의 147명 여성의 태반을 조사하던 중 여성에게만 유전되는 미토콘드리아 DNA의 서열이 인종과 관계없이 굉장히 비슷한 것을 발견했다. 이는 이 모든 여성이 한 명의 공통 조상을 갖고 있다는 증거다. 이후 남성에게만 유전되는 Y 염색체에 관한 연구가 진행되었고 역시 모든 남성 역시 인종에 상관없이 공통 조상을 갖고 있다는 결론을 얻게 되었다.

아프리카 출신 미토콘드리아 이브가 인류의 어머니?

현재 현생인류의 기원에 대한 가장 유력한 가설이라는 아프리카 이브 가설은 구체적으로 어떤 내용인지 살펴보자. 미국의 앨런 윌슨(Allan C. Wilson), 레베카 칸(Rebecca. L. Cann), 마크 스톤킹(Mark Stoneking) 박사 팀은 1987년 Nature지를 통해, 세계 각 대륙을 대표하는 147명 여성의 태반으로부터 얻은 미토콘드리아 DNA를 분석한 결과 이들 모두가 약 20만 년 전 아프리카에서 살았던 것으로 추정되는 한 여성으로부터 유래되었음을 알수 있었다며 현생인류의 아프리카 기원을 주장하였다.[58]

1997년 Parsons 박사는 새로운 방식으로 미토콘드리아 이브의 나이를 계산해 보았다. 미토콘드리아의 DNA는 일반 DNA와 달라서 모계로부터만 이어진다. 즉, 할머니, 엄마, 딸로 이어진다. 그래서 과학자들은 거꾸로 모계 쪽의 유전자를 거슬러 올라가며 돌연변이가 어떤 속도로 일어나는지를 계산하고, 직접 측정한 그 돌연변이율을 기준으로 미토콘드리아 이브가 살았던 연대를 계산한 결과, 인간 사이의 돌연변이 속도는 다른 과학자들의 예

---

58) 현창기, "인류의 어머니 미토콘드리아의 비밀1", GODpia, 2016.04.15.

측보다 20배가 빠름을 계산했다.59)

평균적으로 할머니와 딸과 손녀 사이에 돌연변이가 4개, 즉 한 세대당 2개의 돌연변이가 생긴다고 예를 들어보죠. 그 둘 사이에 100개의 돌연변이가 있다면 50세대가 지났음을 계산할 수 있을 것입니다. 이런 식으로 실제 돌연변이 차이의 범위는 6,000년을 가정하고 예측한 범위에 들어가며, 50,000년을 가정하고 예측한 최소 신뢰 지수보다 훨씬 더 낮다는 것입니다.60)

진화론 과학자 앤 기븐스(Ann Gibbons)는 자신의 논문에 변이 속도를 직접 측정한 후 계산을 하면 미토콘드리아 이브가 6,000년 전 사람임을 인정한다.

원인과 관계없이, 진화론자는 가장 빠른 돌연변이율의 효과에 대해 크게 우려하고 있다. 예를 들어, 과학자들은 그동안 mtDNA를 가진 "미토콘드리아 이브"가 아프리카에서 1만 년에서 20만 년 전에 살았던 조상이었다고 계산했다. 그러나 새로운 시간 계산법을 이용해 보니, 그녀는 단지 6,000살일 것이란 결론을 얻었다.61)

이는 이브가 살았던 연대가 6,500년 정도밖에 되지 않음을 의미한다. 그러자 진화론자들은 즉각 반발했고, 네이처지에 올라온 논문을 부정하고 비난했다. 왜냐하면, 6,000년 정도의 연대는 진화론을 부정하고 오히려 성경을 지지하기 때문이었다. 이후 진

---

59) T. J. Parsons, et al., A high observed substitution rate in the human mitochondrial DNA Control region, Nature Genetics 15. 1997.

60) Finger of thomas 홈페이지, "침팬지와 인간 DNA의 98%가 같다고?" 2016.09.09.

61) Ann Gibbons, Calibrating the mitochondrial clock, Science 279, 1997.10.28.

행된 인간의 미토콘드리아 DNA의 돌연변이 속도 계산에 따르면, 초기 Parsons 박사의 연구가 어느 정도 정확했음을 지지한다. 즉, 인간과 침팬지의 공통 조상을 가정하고 계산한 돌연변이 속도보다 훨씬 더 빠름을 확인한다.[62]

Science daily는 "모든 인류의 가장 최근 공통 조상이 놀랄 정도로 최근이다"라는 기사에 따르면 예일 대학의 Joseph Chang은 현재 인구의 수와 그 인구의 양부모의 존재, 인종에 따른 번식과 인구 증가율을 모델화해 컴퓨터로 시뮬레이션 했다. 그 결과 놀랍게도 모든 인류의 공통 조상은 대략 169세대(5,000년 전)에 있었다는 결론을 내리게 된다.[63]

처음 공통 조상, 즉 미토콘드리아 이브와 Y 염색체 아담의 존재를 인지했을 때 진화론자들은 이들이 각각 20만 년 전 그리고 6만 년 전 사람이라고 결론 내렸다. 하지만 이후 이들이 언제 사람인지에 대한 계산은 지속해서 바뀌어 왔는데 10만 년, 15만 년, 25만 년 등 진화론 내에서도 다양한 이견들이 쏟아져 나왔다. 그러나 현대과학의 발달로 진화론보다는 성경이 더 과학적인 것으로 밝혀지고 있다. 인류의 기원은 약 15만 년 전에 유인원 공통의 조상에서 진화된 것이 아니라 약 6,000년 전부터 살아왔음이 증명되고 있다. 진화론이 성경의 창조를 소설화시켰지만, 과학이 발달하므로 과학은 진화론이 소설인 것을 밝혀내고 성경에 나오는 창조가 과학적인 것을 증명하고 있다.

---

62) Nathaniel T. Jeanson, New Genetic-Clock Research challenges Millions of Years.

63) Joseph Chang, et al., Modelling the recent common ancestry of all living humans, Letters to Nature Vol 431, 2004.09.30.

인간은 유인원의 후손일까?

인간은 유인원하고는 생김새가 비슷하면서도 다른 점이 많다. 그 가운데 가장 중요하고 차이가 크게 나는 것만 살펴보자.

1. 신체적으로 다른 점

인간은 척추가 S자로 휘어져 있어 서서 생활하기 편하다. 팔보다 다리가 길고 굵어 똑바로 서서 걸어 다니고 뛰어다닐 수 있다. 뇌의 크기도 유인원보다 크고 손가락도 유연하여 다양한 작업을 할 수 있다. 객관적으로 봐도 인간은 유인원보다 비교할 수 없을 만큼 훨씬 아름답다.

2. 생활의 차이

모든 동물은 불을 무서워한다. 그러나 인간은 불을 무서워하지 않고 불을 사용하여 음식을 익혀 먹고 추울 땐 몸을 따뜻하게 한다. 지금도 불을 이용하는 유인원은 없다. 인간은 말로 의사소통을 하고 교육까지 한다. 뇌와 손이 발달하여 도구를 개발하고 문화 활동을 한다. 식물을 재배하고 가축을 사육하여 식량으로 사용한다. 신체적 차이보다 내면의 차이는 비교할 수 없을 정도로 크고 많다. 인간을 만물의 영장이라고 하는 이유는 몸의 형태의 차이보다 내면이 다른 데서 온다.

3. 인간 내면의 독특함

진화론 과학자들은 유인원과 인간이 비슷하게 생겼다고 유인원 공통의 조상에서 나왔다고 주장한다. 겉모습만 보면 그렇게 추측할 수 있다. 그러나 인간은 생활의 모든 면에서 어느 동물과도 도저히 비교할 수 없는 탁월함이 있다. 이제 인간만 가지고 있는 독특한 것들을 살펴보면서 인류가 유인원 공통의 조상에서 나왔다는 것이 허구란 것을 밝혀보고자 한다. 인간 내면의 세계는 그 어느 동물에서도 볼 수 없는 아주 특별한 부분이 있다. 인간만이 가진 내면의 독특한 부분 몇 가지만 살펴보자.

4. 양심(良心, Conscience)

동물은 양심이 없다. 모든 유인원도 양심이 없는 것은 마찬가지다. 오직 인간만 양심이 있다. 내 몸에 있는 오장육부와 팔다리와 심지어 뇌까지도 다 나를 위해 존재하고 작동한다. 그러나 유독 내 안에 있는 보이지 않는 양심만 내 편이 되지 않는다. 평소에는 인간의 내면에 양심이 있는 것을 느끼지 못한다. 그러다가 내가 감정과 욕심을 따라 그릇된 행동을 하려고 하면 양심은 그러면 안 된다고 신호를 보낸다. 양심은 내 편이 되어 내가 하고 싶은 대로 하게 내버려 두지 않는다. 내가 감정과 욕심에 끌려 하지 말아야 할 짓을 했을 때는 양심이 나를 비난하고 정죄하여 죄책감으로 내 마음을 힘들게 한다. 사람이라면 마땅히 해야 할 일을 하지 않았을 때도 양심의 가책을 느끼게 된다. 도와줘야 할 순간 자기만을 생각하여 못 본 척하고 지난 다음에 후회가 되고 마음이 괴로운 것은 양심이 작용한 탓이다. 다른 사람은 내가 무슨 짓을 했는지 알지 못하지만, 양심은 나의 잘못을 비난하고 정죄한다. 양심은 부모나 교사가 가르쳐 주어서 가지게 되는 것이 아니다. 도덕과 윤리처럼 배워서 갖는 것도 아니다.

다윈은 생존에 유리한 방향으로 진화된다고 주장했다. 리처드 도킨스는 유전자조차 이기적이라고 했다. 그런데 양심은 생존에 전혀 유리하지 않다. 양심의 가책 때문에 마음에 병이 들거나 육체에 병이 생기기도 한다. 어떤 이는 자기가 한 짓에 대해 양심의 가책을 심하게 느껴 극단적인 선택도 한다. 양심을 따라 행동하다가 내가 피해를 보거나 고통을 받을 때도 있다. 양심은 나를 위한 기능이 아니라 다른 사람을 위해 내 안에서 작동한다. 리처드 도킨스의 주장과 반대로 이기적으로만 살지 못하게 하는 기능이 인간의 내면에 있는 양심이다. 양심은 인간을 동물과 다르게 살아가도록 하는 의식이다. 이 양심은 인간사회가 정글의 법칙처럼 약육강식이나 무법천지가 되지 않게 하는 역할을 한다. 법적으로 처벌되지 않는 나쁜 짓도 자기 양심이 정죄하기 때문에 감정대로 살지 못하게 된다. 양심 때문에 인간사회가 평화롭게 유지되는 것이다. 양심은 다른 사람을 위한 것이고 사회를 위한 것이다. 인간을 인간답게 만드는 것이 양심이다. 결국, 양심은 본질적으로 나를 위한 것이다. 그래서 양심을 '신의 대리자'라고 한다. 양심에 어긋하지 않게 산다면 사회는 평안하고 화목한 세상이 될 것이다.

2016년 4월 21일에 대형마트 지하 주차장에서 여성을 납치한 뒤 금품을 빼앗은 이모씨(42)가 수원서부경찰서를 찾아와 자수했다. 그는 공범과 함께 45살 여성 A씨를 납치한 뒤 그녀의 차량을 이용하여 2시간 가량 끌고 다니면서 카드를 빼앗아 500여만 원을 인출한 뒤 동탄의 한 공사장에 A씨와 그녀의 차량을 버려두고 달아났다. 그 후 이모씨는 양심의 가책을 느껴 경찰에 자수한 것이다.

양심의 가책을 느껴 자살하는 사람도 있다. 자신이 한 짓을 스스로 용서할 수 없고 피해자에게 속죄하는 심정으로 자살하는 사람도 있다. 그 가운데 가장 유명한 사람은 예수님의 제자 가운데 한 사람인 가롯 유다다. 그는 자기의 스승을 은(銀) 30냥에 팔아먹은 후 예수님이 체포당하자 양심의 괴로움을 견디지 못하고 자살했다. 누가 그를 비난하지도 않았고 그것 때문에 체포되거나 재판을 받아야 할 상황도 아니지만, 그는 양심의 괴로움을 견딜 수가 없었다. 이처럼 자기가 한 잘못된 행동에 양심의 가책을 받아 괴로워하는 이들이 많이 있다.

양심은 모든 인간에게 공통으로 있는 고귀한 것이다. 이런 양심은 유인원의 어느 부분이 진화되었을까? 침팬지에게 상속받았을까? 양심이 있는 동물은 없다. 진화의 산물이 아니다. 교육을 잘 받았기 때문도 아니다. 이런 양심의 근원은 무엇일까?

5. 의분(義憤, Righteous Indignation)

불의한 일을 볼 때 일어나는 분노가 의분이다. 사람은 자기나 자기 가족이 아닌 전혀 모르는 사람이라도 심히 부당한 대우를 받거나 피해당하는 것을 보면 화가 치밀어 오른다. 불의한 짓을 보면 의분이 일어나 약자 편에 서서 불의한 자에 대항한다. 자기가 피해를 볼 줄 알면서도 정의로운 사람은 그냥 지나치지 못한다. 선악을 분별할 줄 알고 다른 사람이 불의한 일을 당할 때 분노하고 대항하는 것은 인간에게서만 볼 수 있다. 그런 상황을 보거든 그냥 지나치면 안 된다고 가르치는 교사는 없다. 학교에 다니거나 종교를 가지지 않은 아프리카 원주민도 의분이 있다. 이런 의분은 누구를 위한 것일까? 자신이나 가족을 괴롭힐 때 분노가 일어나는 것은 당연하지만 전혀 모르는 사람 때문에 분노가 치밀어 약한 자의 편을 들다가 자기가 어려움을 당할 것을 알면서도 그냥 지나치지 못하는 것도 이기적인가? 이런 의문은 어떤 동물에게서 진화된 것인가? 아니면 퇴화한 것인가?

6. 사랑(Love)

동물도 사랑한다고 할 수 있다. 어미가 새끼를 돌보고 먹이고 가르치는 것은 사랑의 행위처럼 보인다. 모성적 본능으로 새끼를 돌보는 것이다. 그건 진정한 의미에서 사랑이라고 할 수 없다. 동물은 새끼가 성장하여 자립하면 보고 싶어 하지도 않고 찾아가지도 않는다. 사랑의 관계라기보다는 본능의 관계였기 때문이다. 동물은 자기 무리 안에서 친하게 지내지만 다른 무리와 친하게 지내지 않는다. 사람은 자녀를 사랑하여 정성껏 돌보아 준다. 부모는 자식을 죽을 때까지 사랑한다.

그리고 사람은 자기 가족만 사랑하지 않는다. 주위에 있는 사람들과 친밀하게 지낸다. 친구가 있다는 것은 사랑이란 감정이 있어야 가능한 것이다. 국가와 인종과 언어 등이 달라도 미워하거나 싸우지 않는다. 민족과 언어가 다르고 생김새도 다르고 피부색도 다르지만 처음 보는 사람에게도 친절을 베푸는 것은 인간에게서만 볼 수 있다. 내가 전혀 모르는 사람이지만 불행한 일을 당했을 때 같이 울어 줄 수 있고 어렵거나 힘들 때 나누어 주고 힘이 되어주고 섬겨주기도 하는 것은 사랑이 있어서 가능한 것이다. 동물 가운데 어릴 때 자기를 돌봐주던 사람을 찾아오는 경우가 있다고 한다. 작년에 읽은 기사인데 어미를 잃은 새끼 코끼리를 잘 키워 야생으로 보냈는데 그 코끼리가 새끼를 낳고 나면 꼭 새끼를 데리고 자기를 돌봐주던 사육

사에게 찾아왔다는 마음이 따뜻해지는 기사를 보았다.

어떤 사자는 어릴 때 자기를 돌봐주던 사육사를 몇 년 후에 들판에서 다시 만났을 때 애완견처럼 다가가서 반가워하는 동영상을 본 적이 있다. 그것은 사람의 사랑을 받았기 때문이다. 새끼 사자가 성체가 된 후 어미 사자를 우연히 만나도 그렇게 반가워하지는 않는다. 사랑을 받은 적이 없기 때문이다. 오직 사람만 이웃도 동물도 사랑하기 때문에 동물조차 그 사랑을 느끼고 사랑으로 반응하는 것이다. 전혀 모르는 사람이 곤경에 처한 소식을 들으면 마치 자기 가족이 그런 일을 당한 것처럼 도와준다. 아무 대가를 바라지 않고 자기 몸과 시간과 돈을 사용하며 남을 도와줄 줄 아는 것이 인간이다.

2001년 1월 26일 오후 7시 15분경 일본 신오쿠보 역에 어떤 사람이 선로에 떨어지는 것을 본 이수현이란 한국청년은 전동차가 진입하고 있는 것을 보고도 그 사람을 구조하려고 선로로 뛰어내렸다가 전동차에 치여 사망한 사건이 있었다. 이수현은 일본에 유학 중이었다. 그는 알지도 못하는 사람이 위험에 처한 것을 보고 자기 목숨이 위험하다는 것을 알면서도 망설이지 않고 뛰어내렸다. 알지도 못하는 사람, 민족도 다른 사람을 위해 위험을 무릅쓰고 철로에 뛰어내린 것이다. 이것이 인간이다. 유전자조차 이기적이라지만 인간은 이기적이지 않다.

동물은 자기 새끼나 가족이 포식자에게 잡혀 죽어가는 것을 보고도 그냥 가버리는 경우가 많다. 인간은 어려운 상황에 부닥친 이웃을 위해 기꺼이 도움의 손길을 내민다. 지나가는 나그네를 위해 대가 없이 베풀 줄 아는 것이 인간이다. 더구나 자기 목숨이 위험한 줄 알면서도 전혀 모르는 사람을 위험한 데서 구출하기 위해 뛰어드는 것이 인간이다. 인간의 반의반만큼이라도 이타적인 동물을 본 적이 없을 것이다. 다른 동물에게서 찾아볼 수 없는 이웃을 사랑하는 마음과 행동은 진화로 생긴 것일까? 진화된 것이라면 어떤 동물에게서 진화된 것일까?

7. 정서적 활동

동물도 화를 낼 경우가 있다. 쓰다듬어 주면 좋아한다. 그래서 감정이 없다고 할 수는 없다. 그러나 정서적 욕구는 인간만이 가지고 있는 특별한 것이다. 이것이 없다고 생존과 번식을 하지 못하는 것도 아니다. 본능적인 욕구라고 할 수 없다. 정서적 욕구와 활동은 모든 사람에게서 찾아볼 수 있다. 밀림에 독립적으로 모여 사는 적은 부족에게서도 발견된다. 그들도 노래하고 춤추고 즐거워한다. 지능이 높다는 원숭이나 침팬지가 사람처럼 춤을 추고 노래하는 것을 본 사람은 없을 것이다. 모든 동물은 배부르고 안전하면 그걸로 만족한다. 그러나 인간은 그런 것으로는 만족할 수 없다. 정서적 욕구를 충족하기 위하여 돈을 지불하는 것이 인간이다. 그런 것들이 문화와 예술로 승화된 것이다. 어느 동물에게도 없는 정서적인 욕구나 활동을 인간만이 가지고 있다.

8. 창의성

인류의 조상이 서서 생활하고 손을 사용하기 시작하면서 지능이 탁월해졌다고 한다. 그러나 어떤 동물에게도 창의성의 그림자도 찾을 수 없다. 동물은 생존에 필요한 지능만 가지고 있다. 지능이 높은 축에 속하는 돌고래, 쥐, 개, 까마귀, 유인원도 도구를 만들어 사용할 줄 모른다. 동물 가운데 도구를 사용하는 것도 있지만 창의성이 있다고 할 수는 없을 정도다. 그러나 인간은 돌도끼나 돌칼과 활 등을 만들어 사용하다가 나중에는 동력기관을 발명하고 자동차와 비행기까지 발명하여 편리하게 생활하고 있다. 이런 창의성은 서서 생활하고 손을 많이 사용하기 시작하면서 얻어질 수 있는 수준이 아니다. 즉, 뇌의 진화로 창의성이 생기는 것은 아니다. 다른 동물보다 지능이 높은 것으로 인정받는 영장류도 창의성이 전혀 없으니 진화의 결과로 볼 수 없다.

9. 인간은 영적인 존재

동물은 배부르고 안전하면 만사 OK다. 그러나 인간은 혼적인 부분이 있으므로 그 부분의 만족을 위해 대화를 하거나 책을 읽거나 노래를 부르기도 하고 듣기도 한다. 사람을 독방에 가두어 두고 좋은 음식을 주고 편히 쉬게 해주어도 만족하지 않는다. 또한, 밖에서 자유롭게 생활하고 생활의 여유와 안락함이 있어도 인간은 참으로 만족하지 못한다. 가난하고 궁핍한 자보다 모든 것이 풍족하고 여유 있게 사는 자들이 오히려 목마른 사슴처럼 헤매고 있다. 그 공허함을 채우기 위해 술과 섹스와 마약까지 하게 된다. 그러나 마음이 텅 빈 것은 그 어떤 것으로도 채워지지 않는다.

인간에게는 영적인 부분이 있다. 그 부분은 영적인 것으로만 채워진다. 육체적인 만족을 주는 그 어떤 것으로도 그 부분은 채워지지 않는다. 육체의 쾌락을 누리면 누릴수록 목이 마른 자가 바닷물을 마신 것처럼 더 목마르게 된다. 인간을 꼬리가 없는 원숭이로 아는 진화론자들 가운데도 알 수 없는 목마름이 있다.

블레즈 파스칼(Blaise Pascal, 1623~1662. 프랑스의 수학자, 과학자, 발명가, 작가)은 인간에게는 하나님만으로 채울 수 있는 공간이 있다고 했다. 그것은 인간에게 영적인 부분이 있기 때문이다. 성경에는 하나님이 흙으로 사람의 형상을 만드신 후에 코에 생기를 불어넣어 생령이 되게 하셨다고 한다. 그러다가 아담과 하와가 타락하자 거룩하신 하나님의 영이 아담과 하와에게서 떠나자 심령 깊은 곳에 공간이 생긴 것이다. 인간의 공허함은 그래서 생긴 것이다. 모든 것을 다 가지고 누려도 여전히 목마른 사슴이 물을 찾아 헤매듯이 자신의 공허함을 채우기 위해 술과 도박과 마약과 사치와 권력욕, 명예욕, 성적인 타락에 빠지는 것이다. 하나님의 영이 떠나고 생긴 공간은 다른 것으로 채울 수가 없는 것을 모르기 때문이다. 그래서 그들에겐 진정한 만족과 평안함이 없다.

신(神, God)은 인간이 만든 존재가 아니다. '하나님'이란 단어는 어느 민족에게나 있다. 밀림에 사는 소수부족도 신을 인정하고 섬기고 의지한다. 아담은 타락하여 에덴동산에서 추방당하기 전에는 하나님과 매일 만나서 교제를 했었다. 그러다가 그들은 하나님의 말씀을 믿지 못하고 불순종하여 에덴동산에서 추방당하여 하나님께로 가까이 갈 수가 없게 되었다. 그러나 아담의 후손들은 하나님이 계신 것을 분명히 알기 때문에 흩어져 살면서 자기 나름대로 신의 형상을 만들고 신의 이름을 지어 섬기기 시작한 것이다. 인간에겐 신의 존재에 대한 분명한 인식이 있다. 그러나 성경에 나오는 창조주 하나님을 알지 못하는 자들이 자기 나름대로 신을 만든 것이다. 성경이 없어서 그 하나님이 어떤 분이신지 모르니 우상을 만들어 놓고 신이라고 절하는 것이다. 신에 대한 의식은 모든 민족에게 있다. 종교생활을 하지 않는 대부분 사람도 신적 존재가 있음을 인식하고 있다.

10. 영적인 생활

영적인 활동은 어떤 동물에서도 찾아볼 수 없다. 오직 인간만 영적인 활동을 한다. 영적인 활동은 과학도 수학도 모르는 밀림 속에 사는 원주민이나 현대식 교육을 받은 지성인에게도 있다. 과학자들 가운데도 신의 존재를 인정하고 기도하고 종교생활을 하는 자들이 많다. 종교생활을 하지 않는 사람들도 영적인 존재에 대한 인식과 경험들이 있다. 현대인들뿐만 아니라 고대에 살던 사람도 종교생활을 한 흔적들은 발견된다. 그러나 고릴라나 침팬지가 기도하는 것을 본 자는 아무도 없다. 종교생활은 진화의 결과물이 아니다. 유인원에게서 전혀 찾아볼 수 없다. 유인원들은 지금도 종교생활을 하지 않고 있다. 영혼은 비물질적인 부분이고 생존과 번식과 상관없는 부분이다. 그러므로 영적인 생활은 진화의 결과물이 아니다. 인류의 절반 이상이 신을 인정하고 섬기고 있다. 종교생활은 하지 않지만, 신의 존재를 인정하는 사람까지 포함하면 인류의 약 3분의 2 정도가 유신론자다.

내세에 대한 의식도 사람 대부분이 가지고 있다. 동서고금을 막론하고 모두 가지고 있다. 신적인 존재를 인식하고 의지하는 것은 무능하고 어리석은 사람들만이 아니다. 거의 전 인류가 가지고 있는 기본적인 의식이다. 공산주의 국가에서 약 70년 동안 신의 존재는 허구라고 어릴 때부터 세뇌시켰지만 그들의 마음속에 있는 신에 대한 의식은 제거하지 못하였다. 공산주의 체제가 무너지고 나서 바로 수많은 사람이 공개적으로 종교생활을 하는 것을 보면 이를 명백히 알 수 있다. 신이 계신다는 의식은 종교를 만든 자의 가르침의 결과가 아니란 것을 보여준다. 종교생활을 하는 것은 종교교육의 결과가 아니라 인간에겐 본능적으로 영적인 갈망이 있기 때문이다. 무신론자라도 심각한 위기상황을 만날 때는 신을 찾게 되고 기도하는 경우가 많다. 신이 존재하기 때문에 신을 찾는 것이다.

11. 영적인 체험

기독교 안에서는 지금도 영적인 사건이 자주 일어난다. 신약성경에 예수님이 행하신 기적들이 지금도 교회에서 일어나고 있다. 기도로 불치병이 낫고 귀신이 떠나가는 일 등 많은 기적이 일어나고 있다. 언론이 그런 기적들을 보도하지 않기 때문에 알지 못하는 것이다.

프랑스의 위대한 수학자요, 철학자인 파스칼(Blaise Pascal)은 1654년 11월 23일 깊은 밤중에 영적인 경험을 하였다. 은총의 불을 자기 마음속에 분명히 느꼈다. 파스칼은 이 감격을 놓칠세라 한 장의 종이에 적고 나중에 아무한테도 알리지 않고 양피지 천에 정서하여 상의 안쪽에 바늘로 꿰매었다. 그 양피지는 없어지고 조카가 원본을 보고 기록한 것과 파스칼이 종이에 쓴 원본은 지금도 프랑스 국립도서관에 보관되어 있다. 유명한 파스칼의 메모리얼(le memo-rial, 각서)에는 다음과 같은 내용의 글이 있다.

불!(Fire!)
아브라함의 하나님
이삭의 하나님, 야곱의 하나님!

철학자와 학자의 하나님이 아닙니다.

확신, 확신, 감격, 기쁨, 평화.

예수 그리스도의 하나님.

예수 그리스도의 하나님.

나의 하나님 그리고 너의 하나님.

너의 하나님은 나의 하나님이 되리라.

하나님 이외에 이 세상과 온갖 것에 대한 일체의 망각.

하나님은 오직 복음서에서 가르치신 길에 의해서 알 수 있을 뿐입니다.

인간 영혼의 위대함이여.

의로우신 아버지,

세상이 아버지를 알지 못하여도 나는 아버지를 알았습니다.

기쁨, 기쁨, 기쁨, 기쁨의 눈물.

나는 당신에게서 떠나 있었습니다.

생수의 근원이신 하나님을 버렸습니다.

이제 나는 영원히 당신을 떠나지 않겠습니다.

영생은 곧 유일하신 참 하나님과

당신이 보내신 성자 예수 그리스도를 아는 것입니다.

예수 그리스도. 예수 그리스도.

나는 당신을 저버리고, 피하고, 부인하고, 십자가에 못 박았습니다.

이제 나는 절대로 당신에게서 떠나지 않겠습니다.

당신은 오직 복음서를 통해서만 알 수 있습니다.

일체의 모든 것을 기쁘게 포기합니다.

예수 그리스도와 나의 지도자에게 전적인 순종.

이 땅에서의 잠깐의 노력을 통해 얻는 영원한 기쁨.

나는 당신의 말씀을 결코, 잊지 않겠습니다. 아멘

파스칼은 그 후 8년밖에 더 살지 못했다. 그는 8년 동안 오직 하나님만을 추구하는 삶을 살기로 작정했다. 회심 이후 깨달은 것과 매일매일 떠오르는 생각을 메모하기 시작했다. 책을 쓰려고 메모를 시작한 것이 아니다. 그의 사후 유족들이 파스칼의 메모를 분류하여 책으로 엮은 것이 그 유명한 '팡세'다.

진화론은 생물, 특히 동물의 형태가 다양한 것에 대한 이론이다. 진화론으로는 인간만이 가지고 있는 내면의 정서적이고 영적인 부분은 결코 설명할 수 없다. 인간의 정서적 욕구나 양심 같은 것은 어느 동물에서도 찾아볼 수 없다. 특히 영적인 부분은 모든 동물, 특히 유인원에게서도 찾아볼 수가 없다. 그러므로 인간만이 가진 인격적인 부분이나 영적인 부분에 관해 설명할 방법이 없다.

성경에는 창조주 하나님이 인간을 하나님의 형상대로 창조하셨다고 기록되어 있다. 그래서 인간은 선과 악에 대해 분별하고, 선한 것을 좋아하고 악에 대해 분노하며, 자기희생적인 사랑이 있다. 창의성이 있다. 그래서 생존에 도움이 되는 도구를 개발할 뿐 아니라 문화나 예술이나 과학이 발달한 것이다.

나아가서 신의 존재와 내세가 있는 것을 알고 심판이 있다는 것과 천국과 지옥이 있다는 것을 알고 믿는다. 이런 의식은 지능이 좋아졌다고 해서 인간의 의식에 기본적으로 잠재될 수는 없다. 동물이 진화한 것이 인간이라면 보이지 않는 신을 인정하고 섬기고 의지하고 내세가 있다는 것을 상상할 수도 없다. 인간이 영적인 부분이나 내세에 대한 개념을 가지는 것은 진화로 불가능한 영역이다. 성경은 인간에 대해 다음과 같이 말씀하고 계신다.

하나님이 자기 형상 곧 하나님의 형상대로 사람을 창조하시되 남자와 여자를 창조하시고(창세기 1:27).

───────

인간은 하나님의 속성을 닮아 사랑이나 의분이나 창의성 등이 있는 것이다.

결론

위키백과에서는 진화의 요인을 이렇게 설명하고 있다. "진화는 세대에서 세대로 유전형질이 전달되는 도중에 일어나는 유전자의 변화가 누적된 결과이다. 유전자 변화가 일어나는 요인은 돌연변이와 유성생식에 의한 유전자 재조합 등이다"(2019.10.25.). 현대의 진화론 과학자들은 형질의 변이나 돌연변이로 진화된다는 말을 철회했다. 그것은 형질변이나 돌연변이로 진화되었다는 이론이 비과학적인 것으로 밝혀졌기 때문에 기존의 이론을 계속해서 주장할 수 없기 때문이다.

진화론의 근간이 되는 자연선택설과 돌연변이설은 가설에 지나지 않는다는 사실이 과학적으로 밝혀졌으면 그것을 밝히고 진화론을 폐기했어야 했다. 그러나 다윈에게 설득당한 과학자들은 기존의 이론은 틀렸지만 진화된 것은 분명한 사실로 인식하고 있어서 변화된 유전자의 누적으로 진화된다는 새로운 주장을 제시한 것이다. 그러나 이런 이론도 말장난에 지나지 않는다. 형질변이나 돌연변이로 진화되었다는 말처럼 허튼소리다.

변이된 유전자가 누적되어 진화되는 것이 진화의 원리라면 지금은 그 어느 때보다 변형이나 진화된 개체를 수만 가지 이상 볼 수 있어야 한다. 왜냐하면, 그동안 누적되어 온 것이 발현되기 때문이다. 기형이나 선천적으로 질병을 갖고 태어나는 개체보다 긍정적으로 변형되거나 진화된 개체를 훨씬 더 많이 볼 수 있어야 한다. 그런데 우리는 긍정적으로 변형이나 진화된 개체는 전혀 본 적이 없다. 오직 알비노처럼 선천적인 질병을 갖고 태어나거나 항문이 없이 태어나거나 머리가 둘이 되거나 송아지의 등허리에 다리가 하나 더 생기는 등 기형으로 태어난 개체만 볼 수 있다. 그것도 주위에서는 볼 수도 없고 해외토픽이나 인터넷에서나 볼 수 있을 만큼 아주 희귀하다. 그러므로 이 새로운 이론도 허구에 지나지 않는다.

진화의 기본 개념은 변이나 변형이다. 그러나 진화의 과정은 변형만 되는 것이 아니라 없던 기관도 생겨나야 한다. 진핵생물은 뇌와 눈이 없다. 입조차 없다. 당연히 소화기관도 없다. 그런데 진핵생물이 진화했다는 동물은 뇌와 눈과 입과 오장육부가 다 있다. 그것들은 세균의 몸에 있던 것이 변이나 변형된 것이 아니다. 세균에게 없던 기관(器官)이 새로 생겨났으니 변형된 것이 아니라 생성된 것이다. 혈관과 피와 신경과 피부와 이빨 등도 새로 생겨났다. 진핵생물에는 그런 것으로 변화될 원료나 기관이 전혀 없다. 진화론에서 말하는 상동성이 없다.

육상동물의 네 개의 다리는 물고기의 지느러미가 변화되었다고 우기지만 세균이나 연체동물의 몸에는 변이나 변화로 뼈와 단단한 껍질이 되었다고 우길 만한 재료가 없다.

모든 진화론은 '과'나 '속'이나 '종'에 속한 동물의 겉모습이 비슷비슷한 것을 보고 진화된 것으로 착각한 것을 그럴듯하게 설명한 것에 지나지 않는다. 그래서 그 이론은 논리적으로 모순이 있고 사례라고 제시한 것은 보편타당하지도 않고 인정받는 것도 없다. 무엇보다도 진화론의 모든 이론은 자연의 현실과 맞는 것이 하나도 없다. 그러므로 모든 진화론은 가상소설이다.

변이는 변형을 초래할 수 있지만 없던 기관을 생성할 수는 없다.

부록

그러면 어떻게 해야 할까?

진화론이 가상소설이란 것을 아는 것으로 끝내면 안 된다. 천지를 창조하신 하나님을 만날 준비를 해야 한다. 당신은 윤리 도덕적으로 부끄러움이 없이 살아왔다고 자부할 수도 있다. 주위 사람들에게 인격적으로 존경을 받고 있을지도 모른다. 그러나 당신의 죄를 심판하는 이는 이웃이나 당신 자신이 아니다. 당신에게는 아무도 모르는 죄와 당신이 잊어버린 죄가 있다. 다른 사람이 알면 부끄러운 것이 죄다. 당신은 다른 사람이 알면 부끄러운 것이 하나도 없을까? 당신은 잊어버렸지만, 전지전능하신 하나님은 당신의 모든 말과 행위를 다 기억하고 계신다. 물론 당신은 친절하고 남을 배려하며 착한 일을 한 것도 있다. 그러나 교도소에 가는 것은 착한 일보다 나쁜 짓을 한 것이 많아서 가는 것은 아니다. 한 가지라도 죄를 지으면 교도소에 간다. 거룩하신 하나님은 거짓말도 죄라고 하신다.

한번 죽는 것은 사람에게 정해진 것이요 그 후에는 심판이 있다(히브리서 9:27).

하나님의 심판은 사람이 죽은 후에 시작된다. 그래서 흉악한 죄인도 평안하게 잘 사는 경우가 있는 것이다.

지은 죄를 용서받을 수 있는 길

모든 종교에서는 착하게 살라고 가르친다. 남을 도와주고 베풀며 살라고 가르친다. 착하게 살면 복을 받고 죽어서 좋은 곳에 간다고 가르친다. 그러나 이미 지은 죄의 문제를 해결해 주는 종교는 없다. 지은 죄는 회개하면 용서받는다고 가르치는 종교는 많다. 그러나 지은 죄를 단순히 뉘우치고 회개한다고 용서받을 수 있는 것은 아니다. 신에게 속죄의 제물을 받친다고 용서를 받을 수 있는 것은 아니다. 그건 판사에게 뇌물을 바친 것과 다름이 없다. 강도가 판사 앞에 섰을 때 눈물로 용서를 구한다고 석방해주는 판사는 없다. 그처럼 일생을 사는 동안 지은 모든 죄를 가지고 하나님의 심판대 앞에 섰을 때 무릎을 꿇고 눈물로 용서를 구해도 형벌을 피할 수 없다. 하나님도 회개한다고 지은 죄를 용서해 주실 수가 없다.

하나님은 인간을 사랑하신다. 그러나 죄를 지은 인간을 무조건 용서해 주실 수가 없으시다. 만약 사랑 때문에 무조건 용서해 주신다면 하나님은 불의한 재판관이 된다. 그래서 하나님은 인간의 죄의 문제를 해결하기 위하여 하나님의 외아들 예수님을 인간의 몸으로 이 세상에 태어나게 하셨다.

"인자는 섬김을 받으러 온 것이 아니라 섬기러 왔으며 많은 사람을 위하여 자기 목숨을 몸값으로 치러 주려고 왔다(마태복음 20:28).**"** 인간의 죄를 대신하여 십자가에서 죽기 위해 오셨고 참혹하게 죽으셨다. **"그러나 그가 찔린 것은 우리의 허물 때문이고 그가 상처를 받은 것은 우리의 악함 때**

문이다. 그가 징계를 받음으로써 우리가 평화를 누리고 그가 매를 맞음으로써 우리의 병이 나았다. 우리는 모두 양처럼 길을 잃고 각기 제 갈 길로 흩어졌으나 주님께서 우리 모두의 죄악을 그에게 지우셨다(이사야 53:5,6)." 이 말씀은 예수님이 이 세상에 오시기 700년 전에(BC 700) 활동하던 이사야 선지자가 예수님이 우리의 죄를 대신하여 죽을 것을 예언한 말씀이다.

예수님은 베들레헴에서 태어나실 것과 다윗 왕의 후손에서 태어나실 것과 죽고 부활하실 것에 대해 예수님이 이 세상에 오시기 전에 이미 여러 선지자를 통하여 예언되었다. 그 예언이 그대로 성취된 것이다. 예수님은 십자가에 달리기 전부터 배신자가 있을 것과 십자가에서 죽고 사흘 만에 부활하실 것을 제자들에게 미리 말씀하셨다.

전능하신 하나님도 인간이 지은 죄를 용서할 수 있는 길은 그 아들을 이 세상에 보내어 인간의 죄를 대신하여 십자가에 못 박혀 죽게 하는 방법 외에는 다른 방법이 없었다. 그러므로 내가 지은 죄를 용서받을 길은 오직 예수 그리스도를 구주로 믿는 길 외에는 없다. 하나님은 외아들을 십자가에 못 박혀 피 흘려 죽게 하시므로 우리가 지은 죄를 용서받을 수 있는 길을 마련해 놓으셨다. 그 후에 이런 약속을 하셨다.

- 하나님께서 세상을 이처럼 사랑하셔서 외아들을 주셨으니 이는 그를 믿는 사람마다 멸망하지 않고 영생을 얻게 하려는 것이다(요한복음 3:16).
- 그러나 그를 맞아들인 사람들 곧 그 이름을 믿는 사람들에게는 하나님의 자녀가 되는 특권을 주셨다(요한복음 1:12).
- 내가 진정으로 진정으로 너희에게 말한다. 내 말을 듣고 또 나를 보내신

분을 믿는 사람은 영원한 생명을 가지고 있고 심판을 받지 않는다. 그는 죽음에서 생명으로 옮겨갔다(요한복음 5:24).

예수님은 누구도 할 수 없는 말씀을 하셨다

- 예수께서 이르시되 내가 곧 길이요 진리요 생명이니 나로 말미암지 않고는 아버지께로 올 자가 없느니라(요한복음 14:6).
- 예수께서 이르시되 나는 부활이요 생명이니 나를 믿는 자는 죽어도 살겠고 무릇 살아서 나를 믿는 자는 영원히 죽지 아니하리니 이것을 네가 믿느냐(요한복음11:25~26).
- 수고하고 무거운 짐 진 자들아 다 내게로 오라 내가 너희를 쉬게 하리라 (마태복음 11:28).
- 너희가 무엇이든지 내 이름으로 구하면 내가 다 이루어 주겠다(요한복음 14:14).

이런 말은 누구나 할 수 있다. 그러나 이런 말을 한 사람은 아무도 없다. 희대의 사기꾼도 이런 말을 한 적이 없다. 예수 그리스도 그분만 이런 약속을 하셨다.

예수님은 누구도 할 수 없는 일을 하셨다

예수 그리스도는 그런 약속만 한 것이 아니라 하나님의 아들인 증거를 친히 보여주셨다. 예수님은 각종 병자를 고쳐주셨다. 중풍 병자를 고쳐주셨고 소경으로 태어난 자를 고쳐주셨다. 귀신들린 자를 자유롭게 해 주셨다. 또한, 배고픈 자들을 위하여 떡 다섯 개와 물고기 두 마리로 오천 명을 배가 부르도록 먹게 해 주셨다. 제자들이 타고 가는 배가 심한 풍랑을 만나 배가 침몰할 지경에 일 때 바다를 잔잔하게 하셨다. 더 놀라운 것은 죽은 자를 다시 살려주시기도 하셨다.

옛날부터 나는 하나님이다. 나는 선지자다. 내가 재림예수다. 라고 주장하는 자들이 많았다. 누구나 그렇게 말 할 수 있다. 그러나 그가 이런 신적인 능력이 없다면 그 사람은 종교사기꾼이다. 지금 우리나라에도 자칭 하나님이란 자도 있고 자기가 재림예수란 자도 여럿 있다. 그들은 신도의 병을 고쳐주지 못했다. 심지어 자기의 병든 몸을 고치지 못하여 병원에서 수술로 병을 고치기도 했다. 그들은 신자들의 인생의 문제를 하나도 해결해 준 적이 없다. 그래서 그들은 내 이름으로 기도하면 내가 이루어 주겠다고 약속하지 못했다.

예수님은 **"내가 아버지 안에 있고 아버지께서 내 안에 계시다는 것을 믿어라. 믿지 못하겠거든 내가 하는 그 일들을 보아서라도 믿어라"**(요한복음 14:11)라고 하셨다. 그만큼 많은 기적을 행하신 것이다. 인간이 전혀 할 수 없는 놀라운 일을 많이 행하셨다. 성경에서는 그런 기적을 표적(sign)이라고 한다. 즉 구세주이며 하나님의 아들이란 증거다. 어느 종교의 경전에도 그 종교의 창시자가 기적을 행했다는 기록은 없다. 그러나 예수님은 인간이 도저히 할 수 없는 많은 기적을 행하셨다. 예수 그리스도는 보이지 않는 하나님을 능력으로 보여주셨다. 우리에게 영생을 주시겠다고 약속하신 예수님은 인간의 죄를 대신 지시고 십자가에 못 박혀 죽은 지 사흘 되던 날에 예고하신 대로 부활하셨다. 하나님이 그를 다시 살리신 것이다.

예수님은 이런 말씀도 하셨다. **"내가 진정으로 진정으로 너희에게 말**

한다. 나를 믿는 사람은 내가 하는 일을 그도 할 것이요 그보다 더 큰 일도 할 것이다. 그것은 내가 아버지께로 가기 때문이다"(요한복음 14:12). 실제로 예수님의 제자들도 수많은 기적을 일으켰다. 각종 병든 자를 고치고 심지어 죽은 자를 살리기도 하셨다. 박해 가운데서도 기독교회가 폭발적으로 성장한 것은 교리 때문만 아니다. 영적인 체험과 기적을 경험한 신도들이 십자가의 복음이 참 진리란 것을 확실히 알았기 때문에 목숨을 걸고 복음을 전파한 탓이다. "그들은 나가서 곳곳에서 복음을 전파하였다. 주님께서 그들과 함께 일하시고 여러 가지 표징이 따르게 하셔서 말씀을 확증하여 주셨다"(마가복음 16:20).

예수 그리스도는 인류의 선생이 아니고 선지자도 아니고 하나님의 아들이시다. 그분은 하나님만이 할 수 있는 약속을 하셨고 갖가지 기적으로 그것을 입증해 보여주셨다. 지금도 그 약속을 지키시고 계시기 때문에 기독교회 안에서는 수많은 기적이 일어나고 있다. 각가지 영적인 체험과 믿음으로 병을 고친 사례는 헤아릴 수 없이 많다. 기도와 믿음으로 인생의 문제를 해결 받은 간증은 예수 그리스도를 믿는 사람은 누구나 가지고 있다. 물론 저자도 그런 경험이 많다.

저자는 고등학교 1학년 때 기독교가 엉터리란 것을 밝히고자 신약성경을 읽었다. 노트의 표지에다 ELBIB라고 책 제목을 정했다. 책 제목의 뜻은 기독교와 성경을 대항한다고 BIBLE의 순서를 뒤집은 것이다. 그 노트에다 성경을 읽으면서 황당하다고 생각되는 것을 적어두었다. 그러다가 전도하러 온 사람에게 질문하면 그들이 대답하지 못하고 가는 것을 보고 '저런 바보'라며 기독교를 대항하고 기독교인을 비웃던 사람이다. 그러다가 직장동료였던 조소연씨가(저를 전도해 준 것이 고마워 이름을 밝힌다.) 선물로 준 일본의 미우라 아야꼬(빙점 작가)가 쓴 『빛이 있는 곳에서』란 책을 읽다가 예수님을 나의 구주로 영접했다. 지금은 내 모든 죄를 용서하시고 새사람이 되게 하시고 영생을 주신 예수님께 감사하며 살아간다. 하나님을 대적하던 나 같은 죄인을 용서하시고 영생을 주신 은혜를 보답하고자 목사가 되었다. 이제는 꽃 한 송이를 바라봐도 거기에 나타난 보이지 않는 하나님의 지혜와 능력을 보며 감탄하며 산다. 그리고 ELBIB 대신에 msinoitulove를 썼다.

저자는 내성적이지만 신경질과 짜증이 아주 많은 사람이었다. 혈기를 부리지는 않지만 잘 삐지고 짜증이 많이 났다. 어느 정도였나 하면 주방을 지나가다 바닥에 떨어진 물방울에 밟는 순간 짜증이 무릎을 타고 위로 올라오는 것을 느낄 정도였다. 이런저런 일이 있을 때마다 신경질을 부리기도 하고 때로는 속으로 짜증이 나기도 했다. 그러다가 예수님을 믿고 신앙생활을 하다가 하나님께서 주시는 은혜를 받은 후 모든 신경질과 짜증이 한순간에 사라졌다.

작년에 제 아내가 택배를 받아 상자를 문구용 칼로 테이프를 자르다가 외출했다가 돌아오는 저자에게 두 손으로 택배 상자를 건네주다가 그만 칼로 제 손을 베었다. 손에서 피가 나지만 짜증은 전혀 나지 않았다. 자신의 실수로 다쳐도 짜증이 나기도 한다. 그런데 그런 일을 당하고도 제 마음은 아무런 요동도 없이 아주 평안하였다. 옛날 같으면 속에서 짜증이 확 올라왔을 것이다. 이와 비슷한 경험이 몇 번 있다. 저자는 예수님을 믿고 새사람이 되고 새로운 피조물이 되었다. 마음에 평안이 있다. 종교나 교육으로도 타고난 성품은 변화시키지 못한다. 성장 과정에 형성된 인성도 변화되지 않는다. 예수 그리스도만이 사람을 변화시킬 수가 있다. 그분이 나를 놀랍도록 변화시켰다. 의지적인 노력과 훈련으로 된 것이 아니라 은혜로 된 것이다. 이건 분명 기적이다. 당신의 내세와 인생과 성품도 달라질 수 있다.

그런즉 누구든지 그리스도 안에 있으면 새로운 피조물이라 이전 것은 지나갔으니 보라 새것이 되었도다(고린도전서 5:17).

당신이 무슨 죄를 얼마만큼 지었든지 예수님을 구주로 믿으면 모든 죄를 다 용서받는다. 예수 그리스도가 십자가에서 당신 대신 흘린 피로 당신의 모든 죄를 다 용서받을 수 있다. 그리고 천국에 들어가게 된다. 당신도 새사람이 될 수 있다. 예수 그리스도는 당신을 기다리고 계신다. 이 세상에 내 죄의 문제를 해결하실 분은 오직 예수 그리스도밖에 없다. 그분만이 당신의 죄를 대신하여 십자가에서 돌아가셨다. 이제 당신이 진심으로 이런 기도를 하면 모든 죄를 용서받게 된다. 마음에 평안함이 임하게 된다. 영원한 생명을 얻게 된다.

"주 예수님, 나는 죄인입니다. 예수님이 나의 죄를 대신하여 십자가에서 죽으시고 사흘 만에 부활한 것을 내가 믿습니다. 이제 내가 예수님을 나의 구세주로 영접합니다. 내 안에 들어오셔서 나의 구세주가 되어 주옵소서. 예수 그리스도의 이름으로 기도합니다." 아멘

당신이 진심으로 이 기도를 드렸다면 당신의 모든 죄를 용서를 받았다. 영원한 생명을 얻었다. 예수님이 당신 안에 계신다. 그리고 하나님의 자녀가 되었다. 이번 일요일부터 가까운 기독교 교회에 나가서 신앙생활을 하면 당신도 하나님이 계신 것을 체험하며 하나님의 은혜를 누리며 살다가 천국에 들어가게 된다.

그래도 예수를 못 믿는 이들에게

생물의 다양성에 대한 해석은 두 가지다. 창조와 진화. 그러나 이제 진화는 과학적 근거가 없는 허구란 것이 밝혀졌다. 그렇다면 하나님의 창조를 인정하고 믿는 일만 남았다. 하지만 당신은 하나님의 존재를 인정하고 싶지 않거나 믿고 싶지 않을 수도 있다. 그러나 당신이 꼭 알아야 할 것이 있다. 인류의 절반 이상이 신과 내세의 존재를 믿고 있다. 종교생활을 하지 않는 자들도 본능적으로 신이 있는 것과 내세가 있는 것을 안다. 이건 배워서 아는 것이 아니다.

그런데 하나님의 존재에 대해 조금도 알아보지 않고 느낌을 따라 하나님은 존재하지 않고 내세도 없다고 단정하는 것은 이성과 지성을 가진 사람답지 않다. 당신은 신의 존재와 내세의 존재 영적인 세계의 유무에 대해 알아보려고 전혀 노력하지 않았을 것이다. 그냥 느낌을 따라 부인하는 것이다. 신이 없다는 확신은 무슨 근거로 그런 결론을 내렸을까? 이런 판단은 외출하기에 앞서 구름 낀 하늘을 보고 우산을 가지고 갈까 그냥 갈까 하는 판단처럼 단순한 것이 아니다. 그런 판단은 실수해도 비를 한 번 맞으면 그만이다. 그러나 내세에 관한 판단과 선택은 영원히 지속한다. 그것은 당신의 판단과 결정에 달렸다. 최소한도 성경을 구해 읽어 보는 노력은 해 보아야 하지 않을까?

당신은 앞으로도 하나님의 존재를 부정하고 진화론자로 살아도 당신의 삶에는 어떤 영향도 변화도 없다. 그러나 예수 그리스도를 구주로 믿고 나면 당신의 삶에는 놀라운 변화가 일어나게 된다. 죄를 용서받았다는 것과 창조주 하나님의 사랑을 받는 자가 되므로 마음의 평안과 기쁨이 넘치게 된다. 전능하신 하나님의 도우심을 받고 살게 된다. 하나님이 천지를 창조하신 것이 보인다. 자연에 나타난 하나님의 손길을 보고 감탄하게 되고 저절로 찬송이 나오게 된다. 이 말은 반기독교적이고 친불교적이었던 나의 고백이고 간증이다.

예수 그리스도는 당신을 사랑하신다. 당신이 돌아오길 기다리고 계신다. 예수 그리스도는 당신도 구원받기를 원하신다.

진화론은 가상소설이다

초판인쇄 2020년 2월 20일
초판발행 2020년 2월 20일

지은이 김학충
펴낸이 채종준
펴낸곳 한국학술정보㈜
주소 경기도 파주시 회동길 230(문발동)
전화 031) 908-3181(대표)
팩스 031) 908-3189
홈페이지 http://ebook.kstudy.com
전자우편 출판사업부 publish@kstudy.com
등록 제일산-115호(2000. 6. 19)

ISBN 978-89-268-9852-9 93400

이 책은 한국학술정보㈜와 저작자의 지적 재산으로서 무단 전재와 복제를 금합니다.
책에 대한 더 나은 생각, 끊임없는 고민, 독자를 생각하는 마음으로 보다 좋은 책을 만들어갑니다.